JIS使い方シリーズ

接着と
接着剤選択のポイント

改訂2版

編集委員長　小野　昌孝

日本規格協会

編集委員会名簿

編集委員長	小野　昌孝	実践女子大学名誉教授
		NPO法人接着剤・接着評価技術研究会　理事長
編集幹事	永田　宏二	NPO法人接着剤・接着評価技術研究会　副理事長
編集・執筆	岩田　立男	接着技術アドバイザー
	葛良　忠彦	包装科学研究所　主席研究員
	三重野　謙三	日本接着剤工業会　事務局長
	柳澤　誠一	東京都エンジニアリングアドバイザー
		神奈川県技術アドバイザー
	若林　一民	エーピーエスリサーチ　代表

（50音順，敬称略，所属は発刊時）

まえがき

　工業技術の著しい進歩とともに，ほとんどすべての産業にかかわり活用されている接着剤，接着技術も多様化し，種々の新機能化と高品質化などが進んでいます．このような接着剤の性能を十分に理解し上手に使いこなして行くことが大切です．

　このような背景から，今回『JIS使い方シリーズ接着と接着剤選択のポイント改訂2版』を発行することになりました．『JIS使い方シリーズ接着と接着剤選択のポイント』の初版は1979年11月30日に発行し，1986年2月17日に改訂版を発行しました．その後，内容の変更を行い1989年3月27日に『JIS使い方シリーズ新版　接着と接着剤』を発行してまいりました．

　10年以上前から著者らは，早く改訂版を発行しないと技術の進歩に対応できないと考えておりましたが，昨年（2007年秋頃），（財）日本規格協会から，読者の方々からの強い要望と，初版のように『接着と接着剤選択のポイント』の方がわかりやすく使いやすいとの希望があり，早く改訂したい旨のお話を受けて，早速，改訂作業に着手しました．

　工業製品の必要かつ十分な品質を維持し，正確かつ合理的に接着剤の性能を判断するための一つの方法であるJIS，ISO等も，この10年間に大きく改革，改良され，制定，改正が行われてきました．

　これらの最新の情報を的確に取り込みながら，読者の方々がより良い接着製品の品質向上と接着剤性能の発現を創造できることを心から願っています．

　特に現代では，地球環境の問題は不可避であり，環境問題に対する内外の情報を取り入れながら，接着剤及び接着技術がこれらの問題にどのように対処したらよいのかも，一つの重要な情報として編集いたしました．

　この改訂版を執筆分担された著者らは，多くの貴重なノウハウを蓄積されて

いる方や接着技術の最前線で多くのデータを駆使して活躍されています．こうした方々が，全力を投入して執筆されたものを，可能な限り読者の方々にわかりやすく，この本を活用していただけることに留意して編集しました．

　この改訂第2版の出版に，短期間の原稿〆切りにもかかわらず快い協力を惜しまれなかった著者各位を始め，（財）日本規格協会出版事業部編集第一課各位の並々ならぬご努力に対し編著者の一人として心より感謝いたします．

2008年5月

編集委員長
小野　昌孝

目　次

まえがき

1. 総　論

1.1 接着剤，粘着剤及びシーリング材の生産と用途 ……………(三重野)… 13
　1.1.1 接着剤の生産と用途 ……………………………………………………… 13
　1.1.2 粘着テープ類の生産と用途 ……………………………………………… 17
　1.1.3 シーリング材の生産と用途 ……………………………………………… 21
1.2 接着剤の位置付け ……………………………………………………(若林)… 22
　1.2.1 接着及び接着剤の定義 …………………………………………………… 22
　1.2.2 粘着及び粘着剤の定義 …………………………………………………… 24
　1.2.3 シーリング及びシーリング材の定義 …………………………………… 24
　1.2.4 接着の理論 ………………………………………………………………… 25
1.3 接着剤の構成 …………………………………………………………(若林)… 30
　1.3.1 接着剤の主成分 …………………………………………………………… 31
　1.3.2 溶　剤 ……………………………………………………………………… 32
　1.3.3 粘着付与剤 ………………………………………………………………… 32
　1.3.4 可塑剤 ……………………………………………………………………… 32
　1.3.5 充てん剤 …………………………………………………………………… 32
　1.3.6 老化防止剤 ………………………………………………………………… 33
　1.3.7 接着促進剤 ………………………………………………………………… 33

2. 接着剤

2.1 接着剤の種類と分類 ……………………………………(若林)… 37
    2.1.1 主成分による分類 ……………………………………………… 37
    2.1.2 固化および硬化方法による分類 ……………………………… 37
    2.1.3 形態による分類 ………………………………………………… 39
    2.1.4 接着強さによる分類 …………………………………………… 40
    2.1.5 その他の分類 …………………………………………………… 40

2.2 系統別接着剤の概説 ………………………………………(若林)… 41
    2.2.1 エラストマー系接着剤 ………………………………………… 41
    2.2.2 合成樹脂系接着剤 ……………………………………………… 45
    2.2.3 混合系接着剤 …………………………………………………… 56

2.3 機能別接着剤 ………………………………………………(柳澤)… 59
    2.3.1 構造用接着剤 …………………………………………………… 59
    2.3.2 耐熱性接着剤 …………………………………………………… 66
    2.3.3 導電性接着剤 …………………………………………………… 72
    2.3.4 電気絶縁性接着剤 ……………………………………………… 78
    2.3.5 弾性接着剤 ……………………………………………………… 80
    2.3.6 水中硬化接着 …………………………………………………… 86
    2.3.7 油面用接着剤 …………………………………………………… 89
    2.3.8 光硬化形接着剤 ………………………………………………… 90
    2.3.9 解体性接着剤 …………………………………………………… 94

3. 接着剤の選び方

3.1 被着材 ………………………………………………(岩田・永田)… 102
    3.1.1 木材 ……………………………………………………………… 103
    3.1.2 金属類 …………………………………………………………… 120

3.1.3	プラスチック	121
3.1.4	加硫ゴム	126
3.1.5	ガラス	128
3.1.6	紙	129
3.1.7	繊維・皮革	129
3.1.8	その他（コンクリート，セラミックスなど）	131
3.1.9	その他	131

3.2 実用条件を調べる ………………………………（永田）… 132

3.2.1	外　力	132
3.2.2	高　温	132
3.2.3	低　温	133
3.2.4	真　空	133
3.2.5	クリーン性	134
3.2.6	透明性	135
3.2.7	導電性	135
3.2.8	伝熱性（熱伝導性）	136
3.2.9	絶縁性	136
3.2.10	難燃性	136
3.2.11	制振性	137
3.2.12	耐水・耐湿性	137
3.2.13	耐薬品性	138
3.2.14	耐衝撃性	138
3.2.15	応力緩和性	138
3.2.16	耐久性	139
3.2.17	分解性	139
3.2.18	その他	140

3.3 作業性を考える ………………………………（永田）… 140

3.3.1	塗布性	140

3.3.2 硬化性 ……………………………………………………………… 141
3.4 コストほか ……………………………………………………（岩田）… 142

4. 接着向上技術

4.1 表面処理 ………………………………………………………（柳澤）… 149
 4.1.1 表面とぬれ ………………………………………………………… 149
 4.1.2 金属の表面処理 …………………………………………………… 151
 4.1.3 プラスチックの表面処理 ………………………………………… 151
 4.1.4 ゴム・エラストマーの表面処理 ………………………………… 156
4.2 プライマー ……………………………………………………（柳澤）… 160
 4.2.1 プライマーの目的 ………………………………………………… 160
 4.2.2 プライマーの種類 ………………………………………………… 160
4.3 接着助剤 ………………………………………………………（柳澤）… 161
 4.3.1 シラン系カップリング剤 ………………………………………… 161
 4.3.2 チタネート系カップリング剤 …………………………………… 163

5. 接着剤の使い方

5.1 被着材の準備 …………………………………………………（永田）… 171
 5.1.1 表面処理 …………………………………………………………… 171
 5.1.2 処理効果の確認 …………………………………………………… 172
 5.1.3 プレフィッティング（仮合せ） ………………………………… 173
5.2 接着剤の準備 …………………………………………………（永田）… 174
 5.2.1 かくはん …………………………………………………………… 174
 5.2.2 低粘化 ……………………………………………………………… 174
 5.2.3 充てん ……………………………………………………………… 174
 5.2.4 2液性接着剤の準備 ………………………………………………… 175

5.3	接着剤の適用 ………………………………………………………（永田）…	175
	5.3.1　片面塗布 ……………………………………………………………	176
	5.3.2　両面塗布 ……………………………………………………………	176
	5.3.3　点塗布，部分塗布 …………………………………………………	176
5.4	張り合せ ……………………………………………………（永田）…	177
5.5	接着硬化 ……………………………………………………（永田）…	177
	5.5.1　圧　力 ………………………………………………………………	177
	5.5.2　加　熱 ………………………………………………………………	178
5.6	養生 …………………………………………………………（永田）…	179
5.7	検査 …………………………………………………………（永田）…	180
	5.7.1　購買仕様書の決定 …………………………………………………	180
	5.7.2　社内品質認定試験 …………………………………………………	181
	5.7.3　工場における材料管理 ……………………………………………	181
	5.7.4　現場検査員の責務 …………………………………………………	181
	5.7.5　工程内検査 …………………………………………………………	181

6.　接合部（継手）の設計

6.1	接着接合部に働く応力の基本形 …………………………（若林）…	183
6.2	つき合せ接着（butt joint）………………………………（若林）…	186
6.3	重ね継ぎ（lap joint）……………………………………（若林）…	187
6.4	アングル及びコーナーの接合 ……………………………（若林）…	193
6.5	フランジの接合 ……………………………………………（若林）…	194
6.6	接着接合部設計上の注意点 ………………………………（若林）…	194

7.　製品（品質）規格にみる接着の実際

7.1	木質製品 ……………………………………………………（岩田）…	197

7.1.1　地球環境問題への木質製品の対応 ……………………… 197
7.1.2　合　板 ……………………………………………………… 203
7.1.3　集成材 ……………………………………………………… 211
7.1.4　木製品における接着 ……………………………………… 219
7.1.5　WPCへの木質廃材リサイクル ………………………… 233
7.2　建築 ………………………………………………(永田)… 238
7.2.1　内装下地工事用接着剤 …………………………………… 239
7.2.2　床仕上げ工事用接着剤 …………………………………… 241
7.2.3　壁・天井仕上げ工事用接着剤 …………………………… 248
7.2.4　断熱材取付け工事用接着剤 ……………………………… 250
7.2.5　内装陶磁器質タイル工事用接着剤 ……………………… 256
7.2.6　外装タイル張り工事用接着剤 …………………………… 256
7.2.7　注入材料 …………………………………………………… 259
7.2.8　その他 ……………………………………………………… 260
7.3　包装 ………………………………………………(葛良)… 262
7.3.1　ラミネート包装材料 ……………………………………… 263
7.3.2　段ボール …………………………………………………… 281
7.3.3　紙　器 ……………………………………………………… 283
7.3.4　紙　袋 ……………………………………………………… 285
7.3.5　封緘材料 …………………………………………………… 286
7.3.6　ラベル ……………………………………………………… 286
7.4　電気・電子 ……………………………………(永田・若林)… 287
7.4.1　マグネット ………………………………………………… 287
7.4.2　スピーカ …………………………………………………… 290
7.4.3　液晶ディスプレイ ………………………………………… 292
7.5　輸送 ………………………………………………(柳澤)… 293
7.5.1　ブレーキ …………………………………………………… 296
7.5.2　ダイレクトグレージング ………………………………… 306

7.5.3　接着絶縁レール …………………………………… 309

8. 環 境 側 面

8.1 環境対応のための基礎知識 ……………………………(岩田)… 319
　　　8.1.1　世界の流れ ……………………………………… 319
　　　8.1.2　日本の流れ ……………………………………… 322
8.2 環境性能基準 ……………………………………………(岩田)… 324

9. 接着試験方法

9.1 規格体系 ……………………………………………………(小野)… 333
　　　9.1.1　はじめに ………………………………………… 333
　　　9.1.2　国際規格 ………………………………………… 333
　　　9.1.3　国家規格 ………………………………………… 334
　　　9.1.4　地域規格 ………………………………………… 335
　　　9.1.5　団体規格 ………………………………………… 336
9.2 接着剤の試験，測定方法 ………………………………(小野)… 337
　　　9.2.1　試験，測定方法の定義 ………………………… 337
　　　9.2.2　試験，測定方法 ………………………………… 339

付　録 …… 349
索　引 …… 357

第1章 総　　論

1.1　接着剤，粘着剤及びシーリング材の生産と用途

1.1.1　接着剤の生産と用途

（1）生　産

表 1.1.1 に近年の接着剤生産量の推移を示す．接着剤の生産は，1990年の132万tをピークに，以降，低迷を続けている．全生産量の30%近くを占めていたユリア樹脂系接着剤が年々大きく減産したのが主な原因である．なお，エマルジョン形を中心とした水性系及び無溶剤系接着剤は，成長性が高い．中でも，熱溶解形のホットメルト形，反応形のポリウレタン系，アクリル系感圧形などが順調に伸びており，主要製品となっている．

(a) ユリア樹脂系，メラミン樹脂系，フェノール樹脂系の3品種は，主として合板用である．合板は，1979年以後，83年を除いて年々減産してきたことで，ユリア樹脂系，メラミン樹脂系は低調である．合板生産は，海外生産などで国内産の伸び率が鈍化し，さらに落ち込みが予想されることから，フェノール樹脂系以外は不振が続くであろう．

(b) 樹脂系溶剤形は，近年のVOC関連問題や無公害化傾向による脱溶剤化等の影響を受けて低調となっている．

(c) エマルジョン形は，主流であった酢酸ビニル樹脂系エマルジョン形が減産している．木工，建築，包装，繊維など，用途範囲は広く，水性の利点と近年のVOC関連問題化等もあり，EVA系，アクリルエマルジョン系を中心に順調に増加している．合成ゴム系ラテックス形は，建築床用に主な用途をもっており，今後も安定した生産が期待される．

(d) ホットメルト形は，紙・包装をはじめ，木工，合板，電機，自動車な

表 1.1.1 2001〜2006年接着剤生産量

単位：t

接着剤品種	2001年	2002年	2003年	2004年	2005年	2006年
ユリア樹脂系	131 000	127 000	120 000	104 000	112 400	107 000
メラミン樹脂系	132 000	114 000	109 000	110 000	114 000	107 000
フェノール樹脂系	43 500	51 000	65 500	77 000	79 000	78 000
酢酸ビニル樹脂系溶剤形	7 200	7 000	7 000	6 000	5 000	5 000
その他樹脂系溶剤形	13 100	17 000	15 000	15 000	14 000	13 000
CR系溶剤形	27 000	26 000	20 500	18 000	19 000	18 000
その他合成ゴム系溶剤形	10 000	8 000	11 000	13 000	12 000	11 000
天然ゴム系溶剤形	4 900	4 200	4 200	3 800	2 500	2 000
酢酸ビニル系エマルジョン形	116 000	111 000	110 000	106 000	97 000	96 000
酢ビ共重合系エマルジョン形	11 500	11 000	8 500	9 000	10 000	10 000
EVA系エマルジョン形	36 000	42 000	46 000	41 000	44 000	45 000
アクリル系エマルジョン形	57 000	57 000	71 000	78 300	83 000	85 000
その他樹脂エマルジョン形	26 000	31 000	35 000	45 000	48 000	48 000
水性高分子-イソシアネート系	14 000	16 700	21 600	22 000	22 000	24 000
合成ゴム系ラテックス形	17 500	16 900	16 000	17 000	18 000	18 000
その他水性形	6 000	9 000	11 000	11 000	12 000	12 000
ホットメルト形	92 000	93 000	100 700	108 000	118 000	123 000
エポキシ樹脂系	25 600	24 000	22 000	22 000	20 000	20 000
シアノアクリレート系	900	900	900	1 000	1 100	1 100
ポリウレタン系	59 500	60 700	61 000	59 000	52 000	57 000
その他樹脂系反応形	8 600	8 000	10 000	13 000	14 000	14 000
アクリル系感圧形	92 000	95 000	108 000	118 000	130 000	141 000
ゴム系感圧形	65 000	57 000	56 700	50 000	55 000	53 000
その他感圧形	4 000	2 800	400	900	2 000	2 000
その他	7 900	9 000	10 000	11 000	18 000	19 000
工業用シーリング材	41 800	41 900	43 000	46 000	43 000	45 000
合計	1 050 000	1 041 100	1 084 000	1 105 000	1 145 000	1 154 100
金額	2 410億円	2 370億円	2 540億円	2 420億円	2 650億円	2 720億円

備考：日本接着剤工業会の調査集計による．

どに用途を広げており,伸び率の高い品種の一つである.最近は,衛生製品など,プロダクト・アセンブリー分野の需要も増えており,さらに環境対応,無溶剤化,ラインのハイスピード化など,同形のもつ特性から,その成長性が期待される.

(e) 反応形のエポキシ樹脂系は,土木・建築用,電機用,自動車などの接着剤として数量は少ないが,高機能性接着剤として期待される.

(f) その他,反応形のシアノアクリレート系は,生産数量はわずかであるが単価が高く,接着剤として重要な品種となった.1975年ごろから爆発的な人気を呼び,毎年20～30%の高成長がみられたが,最近は,やや頭打ちの傾向にある.ポリウレタン系は,ラミネート包装用,靴用などが主体であったが,近年,自動車,建材,住宅部材の用途が開発され,順調に伸びている.

(g) 感圧形は,各種粘着テープや粘着ラベル・シートなど多方面に使用され,アクリル樹脂系を中心として,自動車市場やIT関連製品の生産プロセス用での採用が増え,大きく伸長している.

(h) 合成ゴム系は,全体の約60%がCR系である.異種材料の接着用として,靴,履物,自転車,建築,木工,電気,ゴム製品など,きわめて用途範囲が広いが,溶剤形のため,安全衛生,環境面などから敬遠され,減産となっている.

(i) 天然ゴム系は,主として履物用に使われてきたが,近年,合成ゴム系に切りかえられ,生産量は漸減している.

(2) 用 途

接着剤の需要は,主要な用途である合板,木工,建築などの不振により,数量的には低調である.しかし,これらの不振部門を除けば,成長率は大きくないが,必ずしも悲観的とはいえない.むしろ,高機能性を要求する用途は,今後,広範囲に伸びてゆくことが見込まれる(**表 1.1.2**).

(a) 合板・木工用は,接着剤の全需要の30%台と大きく低下した.特に合板は,関連需要の建築,家具,建材などにおけるホルムアルデヒドの法規

表 1.1.2 2001～2006 年接着剤用途別出荷量

単位：t

用途	2001 年	2002 年	2003 年	2004 年	2005 年	2006 年
合　　　板	303 000	290 000	267 000	234 000	293 000	271 000
二　次　合　板	33 000	27 000	30 000	31 000	32 000	30 000
木　　　工	64 000	60 000	69 000	67 000	48 000	47 000
建　築　現　場	92 000	94 000	104 000	109 000	97 000	102 000
建　築　工　場	51 000	38 000	39 000	42 000	59 000	50 000
土　　　木	24 000	24 000	25 000	26 000	19 000	22 000
製　　　本	17 000	17 000	19 000	18 000	19 000	17 000
ラ ミ ネ ー ト	37 000	37 000	41 000	43 000	37 000	40 000
包　　　装	104 000	101 000	103 000	108 000	112 000	119 000
紙　　　管	28 000	23 000	28 000	29 000	29 000	28 000
繊　　　維	43 000	39 000	47 000	45 000	45 000	47 000
自　動　車	39 000	62 000	77 000	75 000	70 000	67 000
他 の 輸 送 機	1 300	1 300	1 900	1 900	2 000	2 000
靴・履物	5 600	3 600	3 300	4 000	3 400	3 200
ゴ ム 製 品	1 300	1 600	1 400	1 000	800	800
電　　　気	17 000	14 000	13 000	15 000	13 000	31 000
家　庭　用	7 000	7 400	7 500	7 000	8 000	6 000
そ　の　他	87 000	96 000	109 000	115 000	110 000	116 000
合　　　計	954 200	935 900	985 100	970 900	997 200	999 000

備考：日本接着剤工業会の調査集計による．

制の強化等が大きく影響した．輸入品の増加等で，さらに減退が予測される．木工は，一時回復の兆をみせたが，大きな伸びは期待できない．

(b) 建築・土木用は，新設住宅着工数，リフォーム産業，建築工事が増加していることなどから，これらに使用される接着剤も順調に伸びている．土木用は低調であり，当面はこの傾向が続くと見込まれる．

(c) 紙・包装・製本用については，やや伸び悩んでいるが，包装用は，依然として大きく成長を続けている．食品包装などの多様化により，製函（かん），製袋，段ボール，ラミネート紙，箔など，各種の用途が開発され，接着剤

として第3位の需要量にまで拡大した．今後，さらに伸長が期待される．
- **(d)** 自動車・輸送機用については，一部溶剤形接着剤から他の品種への切換えがあったが，高機能性接着剤を中心に，順調に伸びている．生産の海外シフトなど，自動車生産の先行きが懸念されるが，当面，減退することはないと予測される．
- **(e)** 電気用は，一時期，電気製品の輸出不振により落ち込んだが，その後，回復し大きく伸びてきた．オーディオ関係，家電製品などだけでなく，IT関連の電子製品等への用途が拡大している．
- **(f)** その他，主な用途としては，靴，履物，繊維，ゴム製品などがあるが，いずれも低調である．家庭用も，シアノアクリレート系以外は，期待されるほどの伸長がみられない．

1.1.2 粘着テープ類の生産と用途

粘着剤は，感圧形接着剤といわれるように接着剤の一種であるが，一般の接着剤とは性質が異なるため，わけて考えることが多い．粘着剤は，そのままの形で使うこともあるが，ふつうは，紙，布，フィルム，金属はく，発泡体などの支持体の片面または両面に塗工した粘着テープ（比較的幅の狭いもの）や粘着シート（比較的幅の広いもの）の形状で使用される．このような粘着テープ類の歴史は，1882年にドイツの薬剤師 Beiesdorf が作った亜鉛華ばん創こうに始まるといわれる．わが国では1911年にゴムばん創こうが作られており，1920年代初期にはフリクションテープ（電気絶縁用ブラックテープ）や紙ばん創こうが発売されている．しかし，今日の多様な粘着製品が登場したのは，第2次大戦後のことである．1961年に発足した日本粘着テープ工業会は，1960年度の出荷額48億円が40年後には1200億円近くまで成長するのに，少なからず貢献したといえよう．

（1）生　産

近年の粘着テープ類の出荷数量の推移を表1.1.3に，出荷金額の推移を表1.1.4に示す．直近年度である2006年度の出荷数量は，1 167 899千 m^2，前年

表 1.1.3 粘着テープ,シート類の出荷数量実績推移

単位:千m²

種類 年度	紙粘着テープ類 数量	前年比%	布粘着テープ類 数量	前年比%	フィルム粘着テープ類 数量	前年比%	特殊粘着テープ類 数量	前年比%	粘着シート類 数量	前年比%	合計 数量	前年比%
2001年度	469 461	92.6	130 921	90.0	381 987	86.8	45 829	104.4	33 757	95.9	1 061 955	90.6
2002 〃	452 212	96.3	132 207	101.0	383 454	100.4	51 310	112.0	35 554	105.3	1 054 737	99.3
2003 〃	459 218	101.5	130 446	98.7	403 043	105.1	57 814	112.7	37 701	106.0	1 088 221	103.2
2004 〃	459 270	100.0	132 100	101.3	428 036	106.2	63 821	110.4	36 837	97.7	1 120 064	102.9
2005 〃	478 615	104.2	145 808	110.4	427 328	99.8	67 044	105.0	36 003	97.7	1 154 798	103.1
2006 〃	467 097	97.6	155 042	106.3	436 827	102.2	71 822	107.1	37 112	103.1	1 167 899	101.1

備考:日本粘着テープ工業会の統計による。

表 1.1.4 粘着テープ,シート類の出荷金額実績推移

単位:百万円

種類 年度	紙粘着テープ類 金額	前年比%	布粘着テープ類 金額	前年比%	フィルム粘着テープ類 金額	前年比%	特殊粘着テープ類 金額	前年比%	粘着シート類 金額	前年比%	合計 金額	前年比%
2001年度	23 047	90.2	20 299	87.9	43 701	85.2	25 396	98.6	4 743	93.7	117 186	89.6
2002 〃	21 411	92.9	19 200	94.6	43 615	99.8	27 780	109.4	4 965	104.7	116 971	99.8
2003 〃	21 006	98.1	18 250	95.1	43 092	98.8	30 939	111.4	5 163	104.0	118 451	101.3
2004 〃	20 852	99.3	18 145	99.4	44 622	103.5	34 289	110.8	4 966	96.2	122 873	103.7
2005 〃	22 430	107.6	19 155	105.6	44 480	99.7	36 169	105.5	4 818	97.0	127 053	103.4
2006 〃	21 923	97.7	19 747	103.1	45 078	101.3	38 179	105.6	4 903	101.8	129 830	102.2

備考:日本粘着テープ工業会の統計による。

比101%，出荷金額は1300億円，前年比102%と，好調であった．支持体別の数量構成比は，紙粘着テープ類40.0%，布粘着テープ類13.3%，フィルム粘着テープ37.4%，その他の特殊粘着テープ類6.2%，そして粘着シート類3.2%で，過去の推移からみると，特殊粘着テープが少しずつ構成比を高めているものの，全体としての大きな構成比変化はみられない．

　野菜結束テープ，粘着メモ，カーペットクリーナといった新製品にみられるように，今後も，新しい用途に適合した粘着テープ類の出現によって，順調に成長していくものと期待される．

(2) 用　途

　粘着テープ・シート類の用途として，特に共通して多いのは，包装，結束，封緘(かん)，保持，絶縁などであるが，近年，液晶用や自動車の保護用が急増している．ただ粘着といっても，それぞれの用途により粘着に対する要求が異なるので，それぞれに適した粘着テープが用いられている．粘着テープ類に対して使用上の要求が厳しいほど，よりそれに適合した粘着テープが開発され，より高度な専用テープとなっていく．粘着テープの分類は，用途によるものではなく構成材料上より分けられている．この分類にしたがって，それぞれの主な用途を列記する．

(a) 紙粘着テープ
　　①和紙　　　　　　　塗装用マスキング用，スプライス用，医療用
　　②クラフト　　　　　包装用，スプライス用
　　③クレープ紙　　　　電子機器用，製図用
(b) 織物粘着テープ
　　①スフ織布　　　　　重包装用，マスキング用
　　②アセテート織布　　電気絶縁用（これ以外にもガラス布などが電気絶縁用として用いられる．）
　　③その他（不織布）　医療用テープ
(c) フィルム粘着テープ
　　①セロハン　　　　　一般事務用（軽包装，封緘結束など）

②ポリエステル		電気部品絶縁用，液晶光学フィルム保護用
③ビニル		自動車ワイヤーハーネス結束，絶縁用，表面保護用（プロテクト用）
④ポリプロピレン		包装用，野菜結束用
⑤ポリエチレン		表面保護用，カイロ用
⑥アセテート		マット処理品（メンディングテープ）は事務用，補修用，スプライス用
⑦ふっ素樹脂		耐熱，耐薬品用，すべり用途，剥離性用途，マスキング用

(d) 金属はく粘着テープ
 ①銅はく　　　　　シールド用，静電気放電用，導体接続用
 ②鉛はく　　　　　電気めっきマスキング，放射線の遮蔽（しゃへい），防音用，ゴルフ用
 ③アルミ　　　　　ふく射による伝熱防止用，防湿用，電気めっき用マスキング，パネルの共振による材料疲労の防止用

(e) フィラメント粘着テープ
 　　　　　　　　　重包装用，鋼材線材などの結束，薄鋼板のコイルの端止め

(f) 両面粘着テープ
 ①基材：不織布　　物品の接着，銘板，印刷版固定，各種スプライス用，自動車，建築等
 ②基材：布　　　　カーペット，タイルの固定用，建築施工用
 ③基材：発泡体　　自動車，電機部品の固定，コンクリートなどの粗面接着用，スピーカの固定，ハンガー，ペーパタオルなどのディスペンサーの固定，防振緩衝用
 ④基材：フィルム　テープが薄く均一で，寸法安定性，透明性に

富むので精密部品接着，平滑な面への固定など

⑤基材なし　　　粘着剤層と剥離紙のみのテープ（薄手品の貼合わせや粘着剤塗工が困難なシート類の粘着加工などに使われる.）

これらは，多数の実用例，実施例の一部にすぎない．これからも粘着テープ及びシートの使用例は増えていくだろう．

1.1.3　シーリング材の生産と用途

シーリング材には長い歴史がある．ノアの箱舟伝説に使用例が伝えられ，紀元前から地中海を航行する舟の水もれ防止に使われたとされる．古来，天然の炭化水素化合物（れき青質，天然樹脂など）を原料として作られ，ピッチ材，コーキング材といわれた．第2次大戦後の合成高分子材料の出現によってゴム弾性が付与されると，シーリング材（sealant）とよばれ，新しい定義づけで用途開発が行われてきた．

現在もシーリング材の圧倒的な地位を占める建築用シーリング材は，わが国では，1954年の油性コーキング材の輸入からスタートし，翌年に国産化，1961年にJIS化（JIS A 5751）され，1960年代以降には各種弾性シーリング材が開発されたこともあって，折からの高度経済成長の波に乗り，1980年までは2けた成長を遂げてきた．それ以降も着実に成長を続け，2000年代も安定路線を歩んでいる．今後も，基剤の特性に応じた適材適所の使われ方により，基剤ごとに消費が分化することになろう．

日本シーリング材工業会の資料（**表1.1.5**）によれば，2006年の建築用シーリング材の販売推定量は，約117 000 tと，前年比2.3％増であった．建築用は，1973年当時，51.3％を占めていた油性コーキング材が，1980年には14.4％，2000年になると0.5％と著しい低落を示しているのに対し，シリコーン系，変成シリコーン系，ポリウレタン系といった弾性シーリング材が，大きな伸びをみせた．建築工法の乾式化，改訂JASS（建築工事標準仕様書，日本建築学会，

1981年）の普及などによる目地設計の適正化に伴う目地幅・目地数の増加，建築関連業種への普及などが要因となっている．

シーリング材は，建築用以外には，自動車用を主要に鉄道車両，コンテナ，船舶や航空機などの輸送・機器用がある．

1.2 接着剤の位置付け [1)~3)]

1.2.1 接着及び接着剤の定義

材料と材料をつけることを接合という．接合の方法には，釘打ち，ねじ止め，

表1.1.5　2001～2006年建築

年	シリコーン			変成シリコーン			ポリサルファイドPS	変成ポリサルファイド	アクリルウレタン
	SR-1	SR-2	計	MS-1	MS-2	計			
2001年	27 678	1 313	28 991	16 143	23 280	39 423	7 829	122	314
				(8 953)	(8 355)	(17.308)	(448)		
2002年	29 191	1 588	30 779	15 514	23 224	38 738	7 250	110	265
				(9 214)	(7 897)	(17 111)	(523)		
2003年	27 587	1 510	29 097	16 778	22 214	38 992	7 120	99	315
				(8 935)	(7 325)	(16 260)	(705)		
2004年	30 893	1 848	32 741	18 163	23 388	41 551	6 915	101	323
				(9 893)	(8 196)	(18 089)	(815)		
2005年	23 103	2 817	25 920	19 142	23 289	42 431	6 764	97	332
				(9 253)	(8 019)	(17 272)	(739)		
2006年	23 693	2 817	26 510	19 142	23 289	42 431	6 834	75	377
				(9 253)	(7 058)	(16 311)	(712)		

注　1．SBR系は，1991年廃止．
　　2．（　）内の数値は，2000年より住宅用シーリング材（サイディング用のみ，ALCは除く）を追加．ただし（　）内は上段数字の内数．
　　3．2003年より，材種のポリイソブチレン（IB-2）を追加．
　　4．材種の〇〇-1は，1成分形，〇〇-2は，2成分形を表す．
備考：日本シーリング材工業会の調査集計による．

1.2 接着剤の位置付け

リベット打ち，あるいは溶接，縫合わせ，はめ込みなど，多くの種類があり，数えあげたらきりがない．

接着剤による接合も，材料と材料をつける一つの手段であり，これを接着という．

ここで接着及び接着剤の定義づけをしておく．国際標準化機構である ISO (International Organization for Standardization) の接着用語説明を引用するならば，接着 (adhesion) とは，二つの面が，化学的なあるいは物理的な力，あるいはその両者によって一体化された状態であり，接着剤 (adhesive, bond agent) とは，接着によって 2 個以上の材料を一体化することができる物質，

用シーリング材の年別出荷量

単位：t

年度	ポリウレタン系			アクリル AC	ポリイソブチレン IB-2	ブチル BU	油性 OR	合計
	PU-1	PU-2	計					
2001年	11 141	16 989	28 130	6 530	—	769	503	112 611
	(5 908)		(5 908)					(23 664)
2002年	11 323	18 247	29 570	5 702	—	823	530	113 767
	(5 992)		(5 992)					(23 626)
2003年	11 043	19 280	30 323	4 978	117	663	474	112 178
	(5 724)		(5 724)					(22 689)
2004年	11 777	20 518	32 295	4 886	131	637	600	120 180
	(5 886)		(5 886)					(24 790)
2005年	11 936	22 245	34 181	4 872	145	687	469	115 898
	(5 679)		(5 679)					(23 690)
2006年	11 751	23 664	35 415	3 990	147	811	420	117 010
	(6 059)		(6 059)					(23 082)

ということができる．

図 1.2.1 は接着のモデル図を示したものである．接着される材料（A 及び B）を被着材（adherend）とよび，接着する材料を接着剤（adhesive）とよぶ．

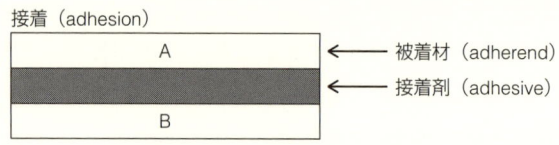

図 1.2.1 接着のモデル図[6]

1.2.2 粘着及び粘着剤の定義

JIS Z 0109 によれば，粘着とは"接着の一種で，一時的な接着．一般には永久接着に対して用いる語．特徴として，水，溶剤，熱などを使用せず，常温で短時間，わずかな圧力を加えただけで接着することができ，また凝集力と弾性を持っているので強く接着する反面，硬い平滑面からはがすこともできる．ただし，後処理によって永久接着になるものもある．"としている．

また粘着剤とは"粘着させるために使用する材料．粘着剤は熱可塑性及び熱硬化性のものに大別され，それぞれ溶剤形，水分散形，ホットメルト形及び反応形がある．"としている．

これらの粘着及び粘着剤の定義からすれば，"粘着も接着のうち，粘着剤も接着剤のうち"と解釈できる．

1.2.3 シーリング及びシーリング材の定義

シーリング材とは，気密，水密の目的で接合部に充てんする材料の総称であり，建築分野に限らず，土木，車両，自動車，船舶，航空機など多方面で使用されている．

建築の場合には，部材相互の接合部，窓枠と躯体との取合い部，目地あるいは亀裂の発生によってできる有害な間隙などへ充てんする材料を指す．

JIS K 6800（接着剤・接着用語）では，"シーリング材とは構造体の目地，

間げき部分に充てんして防水性，気密性などの機能を発揮させる材料"と定義されている．英語では，sealing compound, sealant とよぶ．

接着剤の定義との大きな違いは，シーリング材は気密，水密を主な目的として充てんする材料との解釈であり，被着材に対する接着強さには重きを置いていないことである．

しかし，最近，シーリング材に関する考え方は，被着材に対する接着性を重んじるものに変わりつつあり，シーリング接着なる用語も生まれている．本来，シーリングとは，シーリング材を充てんする行為そのものを指した言葉である．

1.2.4 接着の理論

ここで簡単に"なぜ接着するのか"，その仕組みに触れておく．このことに対して断定的な答えが無いのが真実であるが，広く支持されている説を紹介する．

まず，接着を，字のごとく"接"と"着"とに分けて考えてみたい．

理論的な考えを導入するならば，"接する"ということは"ぬれの理論"に対応させることができる．

一方，"着"ということは，固着することにより離れなくなることであり，接着剤が固化あるいは硬化することにより発現する"接着強さ"を論ずるものである．

説明を容易にするために，接着の理論を分解して図式化したものが，**図 1.2.2**（接着理論の分解図）である．

(1) "ぬれる"ということ

"ぬれる"ということは，接着の第一歩であるといわれる．物を接着するためには，まず接着剤を塗布しなければいけないが，どんなタイプの接着剤も，塗布されるときには液状である．接着剤を液状にすることにより，流動性を与え，被着材の隅々にまで入り込ませることができる．

接着剤を液状にする方法として，①溶剤あるいは水に溶解させて溶液にする方法，②エマルション及びラテックス形接着剤のように，水に微粒子分散させる方法，③ホットメルト形接着剤のように，接着剤を熱で溶融させる方法，④

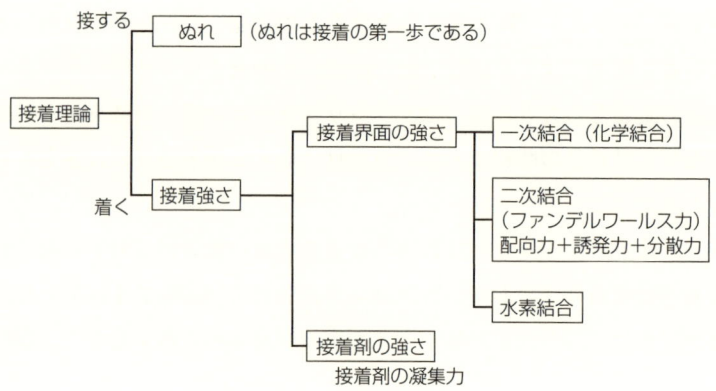

図 1.2.2 接着理論の分解図[7]

高分子化しうるモノマーあるいはオリゴマーを用いる方法の四つがある．
"ぬれ"に対する評価は，接触角を測定することによりおこなわれる．**図 1.2.3** は接触角とぬれの関係を示したものである（詳細は **4.1.1** 参照）．

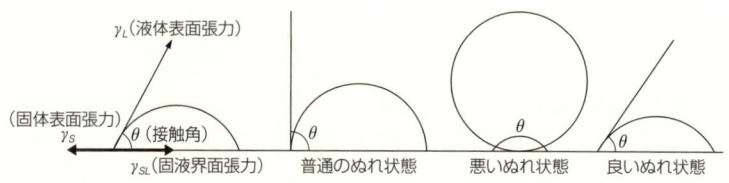

図 1.2.3 接触角とぬれの関係[7]

図 1.2.3 で明らかなように，接触角が 180° のときにはまったくぬれない状態であり，逆に 0° のときには完全にぬれた状態である．このときの液体の表面張力を臨界表面張力とよぶ．ぬれるということは，正確に表現するならば，固体表面を固液表面に置き換えることであり，接着の第一歩である．

(2) "着く"ということ

"着く"ということは，液状の接着剤が何らかの作用で固状に変わり，接着強さを発揮することである．

接着強さを考えるときには，**図 1.2.2** で示したように，接着界面の強さと

接着剤自体の強さに分けて考える必要がある．

　接着剤は被着材へ塗布されることにより，ぬれの作用で被着材との間に結合力の働く距離へ接近することができ，接着強さが発現する．被着材との間には，一次結合とよばれる化学結合，電気的な吸引である二次結合，接着剤の分子構造により起こる水素結合が，単独で，あるいは複雑に混ざり合って，接着界面の強さになる．

　表 1.2.1 は一次結合，二次結合，水素結合の働く距離と結合エネルギーを示したものである．

表 1.2.1　一次結合，二次結合，水素結合の働く距離と結合エネルギー[8]

結合の力	距離（Å）	結合エネルギー〔kcal/mol〕
一次結合	1～2	50～200
二次結合	3～5	1～5
水素結合	2～3	5～10

注　$1Å$（オングストローム）$= 10^{-8}$ cm

　接着剤は，被着材に対して"ぬれ"ることにより結合の力が働く距離に近づき，何らかの作用で固化あるいは硬化して接着強さが発現する．

　接着強さを得るためには，いくら接着界面が強固であっても，接着剤自体の強度が弱ければ何にもならない．接着剤自体の強さは，接着剤成分の凝集力によって発揮される．凝集力とは，接着剤を構成する分子相互の引き合う力のことで，この力が強ければ強いほど，接着剤皮膜は強固になる．

(3)　力学的な接着効果

(a)　被着材表面でのアンカー効果

　"なぜ接着するのか"に対して，今まではミクロ的な見方をしてきたが，マクロ的な見方も，当然のことながら重要である．

　被着材表面は常に平滑であるとは限らず，実際の接着作業においては，凹凸の激しい面の接着にしばしば出会う．

　塗布時に液状である接着剤は，凹凸部の細部にまで入り込み，入り込んだ状態で固化又は硬化する．これがアンカー効果（投錨効果）とよばれるもの

である．そのモデルを図 **1.2.4** に示す．

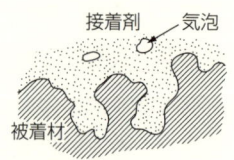

固体凹部に接着剤が流入して
固まり抜けなくなる

図 **1.2.4** 投錨効果（アンカー効果）[9]

(b) その他の力学的接着効果

アンカー効果と同じくマクロ的な見方をするならば，幾つかの力学的接着効果を挙げることができる．ジッパー効果，塑性変形による融着効果，毛細管効果，hooking 効果である．図 **1.2.5** は，これらのモデルである．

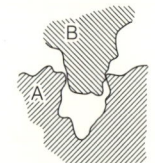

ジッパー効果
A が B を弾性的に
しめつける

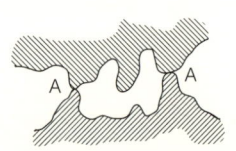

塑性変形による融着効果
凸起部にかかる圧力が大きい
ため A 点では相互に融着する

毛細管効果
相互に接着している部分以外は
毛細管のようになり負圧を生じ
る．そのため大気圧との差だけ
押さえつけられる

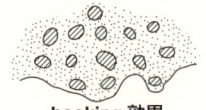

hooking 効果
たとえば繊維束などを接
着剤が包みこんでしまう

図 **1.2.5** 単純力学的接着効果[9]

(4) 接着の破壊

どんな接着でも，接着部分に過剰の力が加われば，接着の破壊が起こる．接着の破壊は最も強度の弱い部分で起こるが，実用強度以上の力を保持している場合には，凝集破壊を理想とする．図1.2.6は破壊の場所についてモデル化したものである．

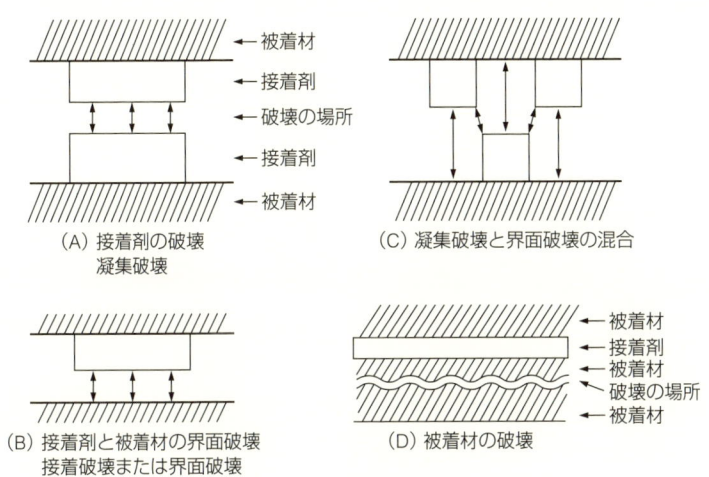

図1.2.6　破壊の場所[10]

破壊に関する5原則をまとめると，以下のようになる．

①破壊は，最も弱い場所で起こる．

②破壊の強さ（強度）は，応力の種類に依存する．すなわち，破壊の方法が変われば強度も変わる．せん断強さとはく離強さの間に大きな差があるのは，このためである．

③強度は，破壊の条件，すなわち測定温度，時間（破壊の速度），材料の寸法に依存する．

④温度と時間については，相互換算法則が成立する．また，接着剤の厚さ（寸法）は，温度，時間に相互換算される．

⑤破壊の場所は，温度，時間，寸法によって移動する．

(5) 接着の阻害因子

接着の阻害因子には，大きく分けて次の三つがある．

　①被着材表面の問題
　②接着剤自体の問題
　③接着後の実用条件に影響を受ける被着材変化の問題

"被着材表面の問題"とは，被着材表面の汚染による"ぬれ"の不足である．被着材表面が水膜，油膜，あるいは埃などで汚れている場合，ミクロの状態においては接着剤が被着材へ近づくことができず，接着に必要な分子間力の働く距離が得られない．また，被着材表面の粗さなど，表面状態の悪さも，阻害因子の一つである．

"接着剤自体の問題"とは，接着剤の収縮による応力分布の不均一性である．どんなタイプの接着剤でも，硬化及び固化過程での溶剤揮散，冷却，化学反応により硬化収縮が起こる．硬化収縮により接着剤皮膜中の応力分布が不均一になり，ストレスが発生して，本来の接着強さが得られない．

"接着後の実用条件に影響を受ける被着材変化の問題"とは，被着材の熱膨張係数の差による応力のひずみを意味する．

どのような材料でも，熱膨張係数を持っている．熱膨張係数の異なる材料を接着した場合，外気の温度変化により被着材料が伸縮して，接着皮膜にストレスが発生する．

1.3　接着剤の構成 [4), 5)]

物を接着するためには，まず接着剤を塗布しなければいけない．前述のとおり，どんなタイプの接着剤でも，塗布されるときには液状である．接着剤を液状にすることにより接着剤に流動性を与えて，被着材の隅々にまで入り込ませ，接着の第一歩である"ぬれ"が与えられる．

接着剤を液状にする方法として，次の四つがある．

　①溶剤あるいは水に溶解させて溶液にする方法

②エマルジョン及びラテックス形接着剤のように，水に微粒子分散させる方法

③ホットメルト接着剤のように，接着剤を熱で溶融させる方法

④高分子化しうるモノマーあるいはオリゴマーを用いる方法

液状にするための構成成分は，溶剤，水，水に微粒子分散させるための界面活性剤，モノマーおよびオリゴマーなどである．

接着剤の性能は，固化物および硬化物の性能によって決まる．そして，大方の性能は，主成分の性能によって決まる．

接着剤は一般に，単一成分である場合は少なく，接着剤の基本組成物に加え，種々の目的に応じた添加剤が，ブレンドという操作によって加えられている．

例えば，接着剤皮膜への初期粘着性や被着材表面に対する密着性を上げるための粘着付与剤，接着剤皮膜に柔軟性を与える可塑剤，接着剤皮膜を三次元化するための硬化剤（ゴムでは加硫剤とよぶ），接着剤の皮膜厚さの確保やたれ防止のための充てん剤などである．

最近では機能性接着剤なるものが出現し，接着本来の物をつけるという目的のほかに，難燃性，導電性などの機能が付与されている．難燃剤や導電剤が添加されるが，これらも接着剤の構成成分の一つである．以下，主なる構成成分について説明する．

1.3.1 接着剤の主成分

接着剤の主成分はエラストマーや合成樹脂などの高分子物質であるが，何を取り上げるかは，接着される材料や接着後の実用条件を考えて決定される．

材料とは，例えば，ユリア樹脂，フェノール樹脂，メラミン樹脂，エポキシ樹脂，酢酸ビニル樹脂，エチレン・酢酸ビニル（EVA）樹脂などの合成樹脂，クロロプレンゴム（CR），ニトリルゴム（NBR），スチレン・ブタジエンゴム（SBR），天然ゴムなどのエラストマー類，ニトロセルロース，にかわ，でんぷんなどである．

1.3.2 溶　　剤

　溶剤形接着剤における溶剤の役割は，接着剤の粘度を下げて流動性を与えることにより，被着材の隅々にまで接着剤を入り込ませることである．

　溶剤形接着剤の場合には，主成分をよく溶かすものでなければいけない．溶解の目安としてしばしば利用されるのが，溶剤および主成分のSP値である．SP値の近似したものはよく溶かし合うといわれている．

　水，アルコール類，トルエン，キシレンなどの芳香族炭化水素類，アセトン，メチルエチルケトン，シクロヘキサノンなどのケトン類，酢酸エチル，酢酸ブチルなどの酢酸エステル類，その他n-ヘキサン，シクロヘキサン，塩化メチレンなどが，溶解性，乾燥速度，不燃性などの性能と作業性などを考慮して使用される．近年，環境に優しい溶剤として，メチルシクロヘキサン，エチルシクロヘキサンの使用量が増えている．

1.3.3 粘着付与剤

　粘着付与剤は，接着初期に必要な粘着性を付与するために配合される．主成分の性能を低下させることなく粘着を付与させるためには，主成分との相溶性が優れていなければいけない．

1.3.4 可　塑　剤

　主成分へ柔軟性を与えるもので，ビニル樹脂系によく使用される．DOP，DBPのようなフタール酸エステル系，脂肪族2塩基酸エステル系，グリコールエステル系，樹脂酸エステル系，りん酸エステル系などがある．

　しかし，近年の環境問題から，環境負荷材料に指定されているDOPやDBPは使用されない傾向にある．

1.3.5 充てん剤

　接着剤へ充てん剤を配合する目的は，接着剤の粘度を調節し，多孔質材料に対するしみ込みを防止することや，接着剤層の補強効果を期待するためである．

充てん剤としては，炭酸カルシウム，クレー，タルク，珪藻土などの無機化合物が主体になっているが，セルロース粉，再生ゴム，粉末ゴムなどの有機物質も用いられる．

1.3.6 老化防止剤

老化防止剤は，接着剤の主成分である高分子物質が酸化，熱，光，オゾン，銅，マンガン，機械疲労などにより劣化するのを防ぎ，製品寿命を延長させるために配合されるものである．

老化防止剤の選定に当たっては，老化防止機能（酸化，熱劣化，オゾン劣化など）はもちろんのこと，汚染性，ブルーム性，毒性などの副作用についても十分に考慮する必要がある．

老化防止剤の種類は多く，分類することは難しいが，対応する老化の形式によって，酸化防止剤，光亀裂防止剤，オゾン劣化防止剤，銅害防止剤などに分けることができる．また，成分からの分類として，①ナフチルアミン系，②ジフェニルアミン系，③p-フェニレンジアミン系，④その他のアミン系，⑤アミン混合系，⑥キノリン系，⑦ヒドロキノン誘導体，⑧モノフェノール系，⑨ビス・トリス・ポリフェノール系，⑩チオビスフェノール系がある．

1.3.7 接着促進剤

接着促進剤とは，接着剤と被着材との接着強さを上げる目的で使用される材料である．

使用方法としては，接着促進剤をそのまま，あるいは溶剤で希釈してプライマーにする場合と，接着剤中に配合して使用する場合の二通りがある．接着促進剤のタイプは，その成分から，シラン系，有機チタン系，有機りん酸塩系，クロムコンプレックス系などに分類できる（**4.3**に詳述）．

（1） シラン系カップリング剤

シラン系カップリング剤は，当初，FRP用ガラス繊維の表面改質剤として用いられたが，現在では使用分野が拡大されて，熱硬化性樹脂，熱可塑性樹脂，

エラストマーに対して適用されるようになっている.

シラン系カップリング剤は,分子中に不飽和結合,NH基,NH_2基,$\overset{C-C}{\underset{O}{\diagup}}$基,SH基,Cl基などの有機材料と化学的に結合する官能基と無機材料と反応する加水分解性基とを有するけい素化合物であり,図1.3.1に示す化学結合モデルでその硬化が説明される.

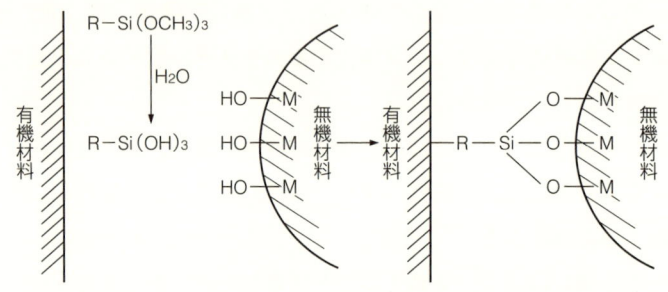

図1.3.1 シラン系カップリング剤の化学結合モデル[11]

シラン系カップリング剤が発揮する最大の性能は,水分子が複合材料の界面に浸透することによって機械的および電気的特性が著しく低下する傾向を阻止して,耐水性を付与する点である.

(2) チタネート系カップリング剤

多くの物質が,有機チタン系カップリング剤として市販されている.作用機構については明確でないが,チタニウムエステルが水分により部分的に加水分解を受けて,そこに生じた水酸基が被着材表面の官能基に配位結合もしくは縮合による共有結合を形成し,さらにチタニウムエステル同士が重合して,表面に酸化チタンに似た皮膜を形成すると理解されている.

(3) クロム系コンプレックス

クロム系コンプレックスは図1.3.2に示す化学構造である.

クロム系コンプレックスは,主としてガラス表面の処理に用いられるが,金属,セルロース,ゴム,皮革などの表面処理にも用いることができる.

(4) 有機りん酸塩系接着促進剤

表1.3.1に代表的な有機りん酸塩系接着促進剤を示した.ガラスへの応用

1.3 接着剤の構成

例が多く，ガラス表面のシラノールと反応して Si—O—P 結合を形成してガラス表面を改質すると考えられている．

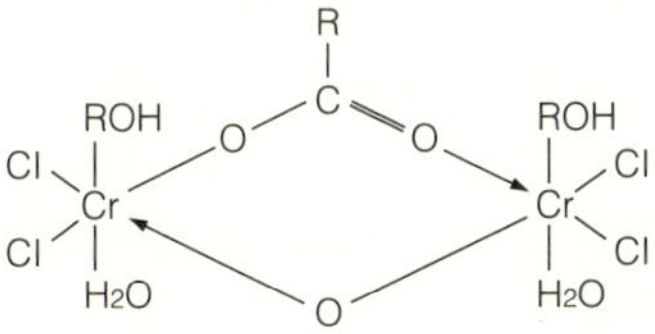

図 1.3.2 クロム系コンプレックスの化学構造 [12]

表 1.3.1 代表的な有機りん酸塩系接着促進剤 [12]

種　　類	アルキル基
Phosphates $\quad R-O-P(=O)(OH)(OH)$	ethyl
	buthyl
	isoamyl
Phosphonates $\quad R-P(=O)(OR)(OR)$	methyl
	ethyl
	butyl
	2-ethylhexyl
	phenyl
Phosphites $\quad HO-P(OR)(OR)$	methyl
	ethyl
	isopropyl
	octyl
	Weslink E [1]

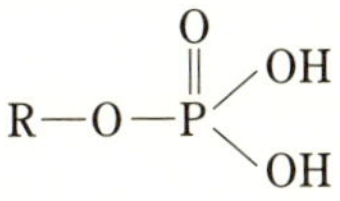

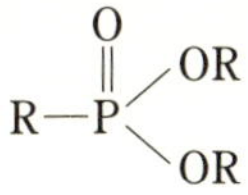

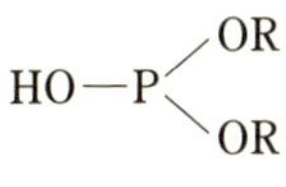

注　[1] Trifunctional phosphorus ester （詳しい構造不明）
　　Weston Chemical Co.

引用・参考文献

1) 若林一民（1990）：接着管理（上），p.1-16 より，高分子刊行会
2) 若林一民（1989）：新版接着と接着剤，p.19-24 より，日本規格協会

3) 日本接着剤工業会技術委員会編（2002）：接着剤読本，p.1-8 より，日本接着剤工業会
4) 日本接着剤工業会技術委員会編（2002）：接着剤読本，p.9-12 より，日本接着剤工業会
5) 若林一民（1989）：新版接着と接着剤，p.25-45 より，日本規格協会
6) 若林一民（1990）：接着管理（上），p.1，高分子刊行会
7) 若林一民（1990）：接着管理（上），p.8，高分子刊行会
8) 若林一民（1990）：接着管理（上），p.11，高分子刊行会
9) 若林一民（1990）：接着管理（上），p.12，高分子刊行会
10) 若林一民（1990）：接着管理（上），p.14，高分子刊行会
11) 若林一民（1992）：接着管理（下），p.251，高分子刊行会
12) 小野昌孝編（1989）：新版接着と接着剤，p.41，日本規格協会

第2章 接着剤[1)~4)]

2.1 接着剤の種類と分類

　接着剤の種類は多く，市販されているだけでも2万品種をはるかに上回るといわれている．接着剤の品種が整理整頓してあれば，接着剤を選定するときに大変重宝である．ここに"接着剤の種類と分類"の存在意義が出てくる．

　整理整頓の仕方には，幾つかの方法がある．主なものとしては，主成分による分類，固化および硬化方法による分類，形態による分類，接着強さによる分類がある．その他，耐久性による分類や対象とする産業（市場）による分類もある．そして，ここでは特に接着剤開発のコンセプトによる分類も加えてみたい．

2.1.1　主成分による分類

　最も一般的な分類方法で，系統的な分類ができる．天然材料，天然材料を化学処理した材料，合成高分子材料などの主成分による分類である．まとめると，図2.1.1のようになる．

2.1.2　固化および硬化方法による分類

　どんな接着剤でも塗布されるときには液状である．そして，化学反応，溶媒の蒸発，温度低下によるゲル化によって固化および硬化して，接着が完了する．接着剤は，そのタイプにより固化および硬化方法が異なるが，これにより分類する方法である．

　図2.1.2に固化および硬化方法による分類を示す．

第2章 接着剤

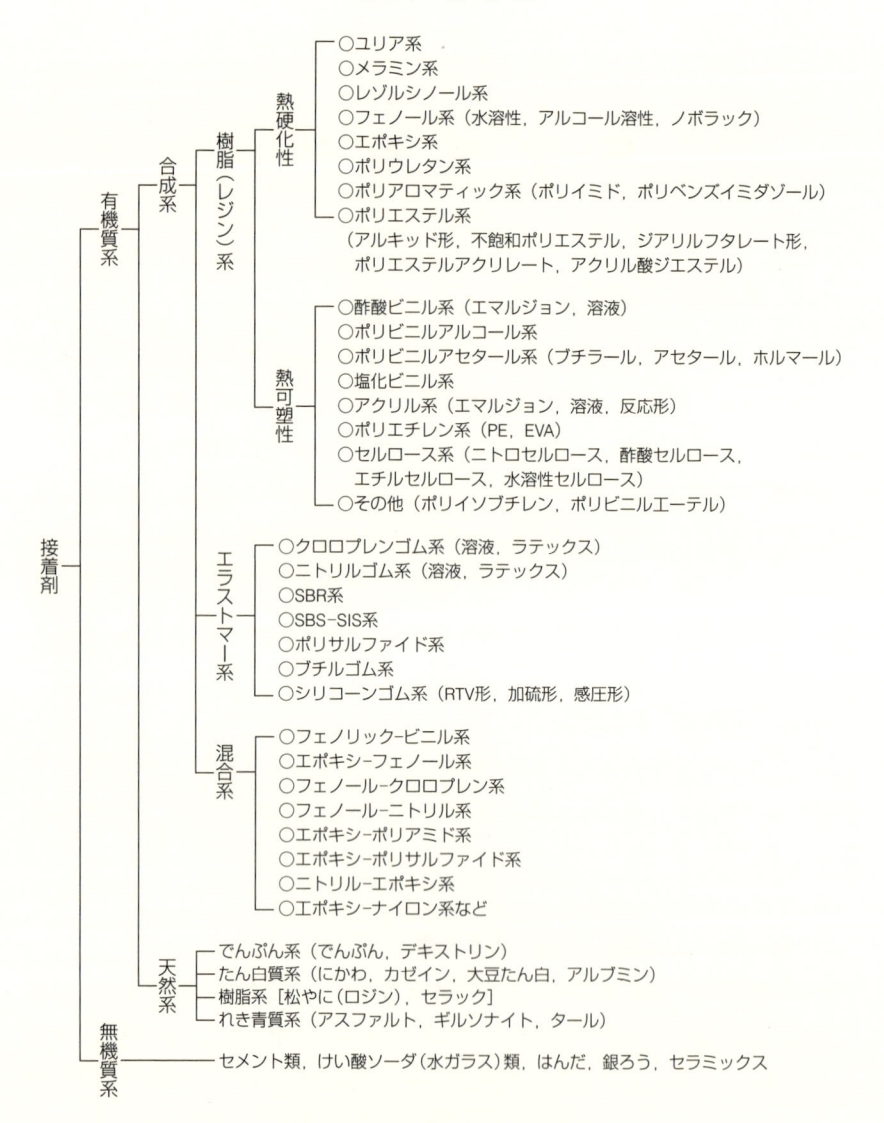

```
接着剤 ─┬─ 有機質系 ─┬─ 合成系 ─┬─ 樹脂(レジン)系 ─┬─ 熱硬化性 ─┬─ ○ユリア系
       │           │         │                │           ├─ ○メラミン系
       │           │         │                │           ├─ ○レゾルシノール系
       │           │         │                │           ├─ ○フェノール系(水溶性,アルコール溶性,ノボラック)
       │           │         │                │           ├─ ○エポキシ系
       │           │         │                │           ├─ ○ポリウレタン系
       │           │         │                │           ├─ ○ポリアロマティック系(ポリイミド,ポリベンズイミダゾール)
       │           │         │                │           └─ ○ポリエステル系
       │           │         │                │               (アルキド形,不飽和ポリエステル,ジアリルフタレート形,
       │           │         │                │                ポリエステルアクリレート,アクリル酸ジエステル)
       │           │         │                └─ 熱可塑性 ─┬─ ○酢酸ビニル系(エマルジョン,溶液)
       │           │         │                            ├─ ○ポリビニルアルコール系
       │           │         │                            ├─ ○ポリビニルアセタール系(ブチラール,アセタール,ホルマール)
       │           │         │                            ├─ ○塩化ビニル系
       │           │         │                            ├─ ○アクリル系(エマルジョン,溶液,反応形)
       │           │         │                            ├─ ○ポリエチレン系(PE, EVA)
       │           │         │                            ├─ ○セルロース系(ニトロセルロース,酢酸セルロース,
       │           │         │                            │    エチルセルロース,水溶性セルロース)
       │           │         │                            └─ ○その他(ポリイソブチレン,ポリビニルエーテル)
       │           │         ├─ エラストマー系 ─┬─ ○クロロプレンゴム系(溶液,ラテックス)
       │           │         │                ├─ ○ニトリルゴム系(溶液,ラテックス)
       │           │         │                ├─ ○SBR系
       │           │         │                ├─ ○SBS-SIS系
       │           │         │                ├─ ○ポリサルファイド系
       │           │         │                ├─ ○ブチルゴム系
       │           │         │                └─ ○シリコーンゴム系(RTV形,加硫形,感圧形)
       │           │         └─ 混合系 ─┬─ ○フェノリック-ビニル系
       │           │                    ├─ ○エポキシ-フェノール系
       │           │                    ├─ ○フェノール-クロロプレン系
       │           │                    ├─ ○フェノール-ニトリル系
       │           │                    ├─ ○エポキシ-ポリアミド系
       │           │                    ├─ ○エポキシ-ポリサルファイド系
       │           │                    ├─ ○ニトリル-エポキシ系
       │           │                    └─ ○エポキシ-ナイロン系など
       │           └─ 天然系 ─┬─ でんぷん系(でんぷん,デキストリン)
       │                     ├─ たん白質系(にかわ,カゼイン,大豆たん白,アルブミン)
       │                     ├─ 樹脂[松やに(ロジン),セラック]
       │                     └─ れき青質系(アスファルト,ギルソナイト,タール)
       └─ 無機質系 ── セメント類,けい酸ソーダ(水ガラス)類,はんだ,銀ろう,セラミックス
```

図 2.1.1 主成分による分類[6]

2.1 接着剤の種類と分類

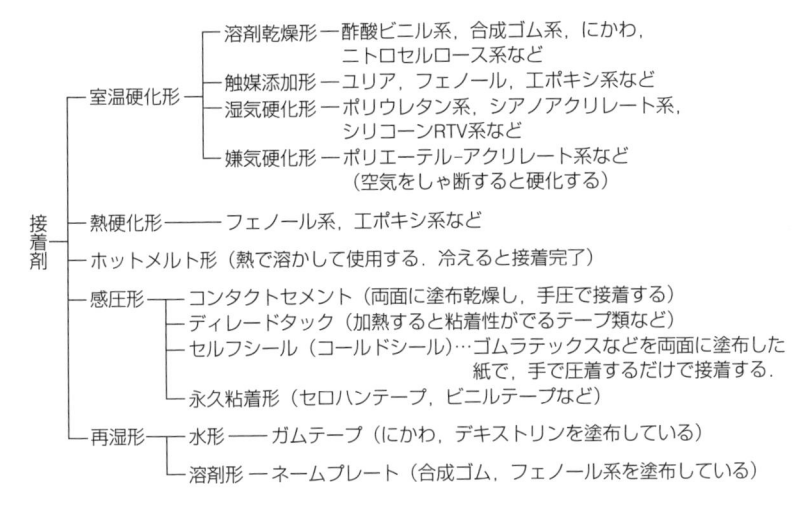

```
          ┌─ 室温硬化形 ─┬─ 溶剤乾燥形 ── 酢酸ビニル系,合成ゴム系,にかわ,
          │             │              ニトロセルロース系など
          │             ├─ 触媒添加形 ── ユリア,フェノール,エポキシ系など
          │             ├─ 湿気硬化形 ── ポリウレタン系,シアノアクリレート系,
          │             │              シリコーンRTV系など
          │             └─ 嫌気硬化形 ── ポリエーテル-アクリレート系など
          │                             (空気をしゃ断すると硬化する)
          │
          ├─ 熱硬化形 ─── フェノール系,エポキシ系など
          │
接着剤 ──┼─ ホットメルト形 (熱で溶かして使用する.冷えると接着完了)
          │
          ├─ 感圧形 ─┬─ コンタクトセメント (両面に塗布乾燥し,手圧で接着する)
          │          ├─ ディレードタック (加熱すると粘着性がでるテープ類など)
          │          ├─ セルフシール (コールドシール)…ゴムラテックスなどを両面に塗布した
          │          │                          紙で,手で圧着するだけで接着する.
          │          └─ 永久粘着形 (セロハンテープ,ビニルテープなど)
          │
          └─ 再湿形 ─┬─ 水形 ── ガムテープ (にかわ,デキストリンを塗布している)
                     └─ 溶剤形 ── ネームプレート (合成ゴム,フェノール系を塗布している)
```

図 2.1.2 固化および硬化方法による分類[7]

2.1.3 形態による分類

接着剤が製造されて,出荷されるときの見かけ形態によって分類される方法である(図 2.1.3).

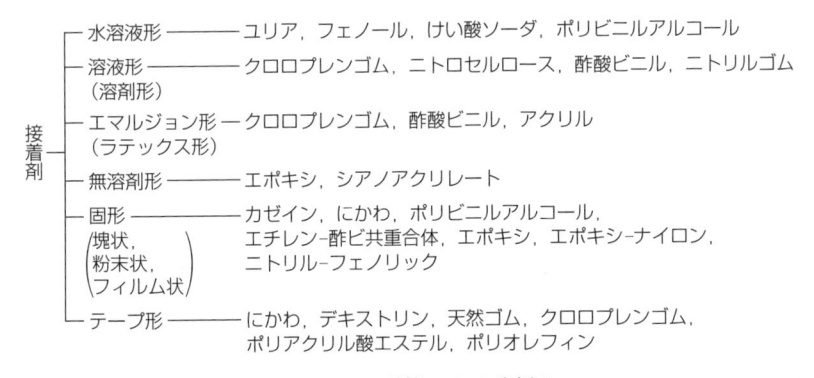

```
          ┌─ 水溶液形 ───── ユリア,フェノール,けい酸ソーダ,ポリビニルアルコール
          │
          ├─ 溶液形 ─────── クロロプレンゴム,ニトロセルロース,酢酸ビニル,ニトリルゴム
          │   (溶剤形)
          │
          ├─ エマルジョン形 ─ クロロプレンゴム,酢酸ビニル,アクリル
接着剤 ──┤   (ラテックス形)
          │
          ├─ 無溶剤形 ───── エポキシ,シアノアクリレート
          │
          ├─ 固形 ───────── カゼイン,にかわ,ポリビニルアルコール,
          │  (塊状,           エチレン-酢ビ共重合体,エポキシ,エポキシ-ナイロン,
          │   粉末状,          ニトリル-フェノリック
          │   フィルム状)
          │
          └─ テープ形 ───── にかわ,デキストリン,天然ゴム,クロロプレンゴム,
                             ポリアクリル酸エステル,ポリオレフィン
```

図 2.1.3 形態による分類[7]

2.1.4 接着強さによる分類

表 2.1.1 のように,強い順に構造用,準構造用,非構造用と分類する方法である.

表 2.1.1 接着強さによる分類[5]

	概　要	接着剤の種類
構造用	狭義には高温時でも高いモジュラスを示し,長時間の大きい荷重でも耐えられるもの.広義には接着物が実際に使用される用途,目的の実用温度範囲内で高い接着力を示すものを構造用接着剤とよんでいる.	熱硬化性 　フェノール系,エポキシ系,不飽和ポリエステル系,ポリイミド系,レゾルシノール系,ポリベンズイミダゾール系 混合系 　フェノール-ニトリルゴム系,フェノール-クロロプレンゴム系,エポキシ-フェノール系,エポキシ-ポリサルファイド系,ナイロン-エポキシ系
準構造用	構造用と非構造用の中間的な特徴を持ち,ある程度の荷重に耐えるもの.	熱硬化性 　フェノール系,レゾルシノール系,ユリア系,エポキシ系,アクリル酸ジエステル系,シリコーン系 熱可塑性 　ポリアミド系,ポリウレタン系,飽和ポリエステル系 エラストマー 　ポリサルファイド,シリコーンゴム,ウレタンゴム
非構造用	構造用のように高温時に高いモジュラスを要求しない場合の非構造物の接着に用いるもので,一般に温度上昇によって接着層のクリープが起こり,接着力が急速に低下する.反対に低温になると剛性が高くなってもろさが現れる.	熱可塑性 　酢ビ系,アクリル系,ポリスチレン系,アルキッド系,セルロース系,シアノアクリレート系 エラストマー 　再生ゴム系,SBR系,クロロプレンゴム系,ニトリルゴム系,ブチルゴム系 天然系 　でんぷん,カゼイン,ロジン,セラック,アスファルト

2.1.5 その他の分類

(1) 耐久性による分類

耐熱性接着剤,耐水性接着剤,耐寒性接着剤,耐薬品性接着剤などにより分

(2) 対象とする産業（市場）による分類

合板用接着剤，木工用接着剤，建築用接着剤，土木用接着剤，包装用接着剤，履物用接着剤，自動車用接着剤，車両用接着剤，航空機用接着剤，船舶用接着剤，電気用接着剤，医療用接着剤，家庭用接着剤などのように，対象とする産業（市場）により分類する方法である．接着剤メーカのカタログ集に，よくこの分類方法が採用されている．

(3) 接着のコンセプトによる分類

接着剤を開発するときに設定したコンセプトにより分類する方法で，接着剤の位置付けがわかるという利点がある．

具体的には，構造用接着剤，機能性接着剤，短時間接着剤，粘接着剤，弾性接着剤，シーリング接着剤，解体性接着剤などに分類できる．

2.2 系統別接着剤の概説

2.2.1 エラストマー系接着剤

ゴム状弾性物を主成分にする接着剤を総称して，エラストマー系接着剤とよぶ．接着剤の供給形態から見れば，溶剤形，ラテックス形，フィルム形（キャストフィルム），ブロック形になる．フィルム形およびブロック形はホットメルト形接着剤としての形態である．

天然ゴムや合成ゴムなどのエラストマーは，熱可塑性樹脂に比較して，加熱すると軟化するが，完全には溶融しない．これは，長大な分子鎖が複雑に絡み合った分子構造（分子会合）をもっているためであり，ゴム弾性は，この分子構造に起因している．ここでは，使用量の多いものに限り概説する．

(1) クロロプレンゴム系接着剤

クロロプレンゴム系接着剤は，クロロプレンゴムを主成分にして，これに接着性付与のためのフェノール樹脂，老化防止剤，加硫剤，無機充てん剤などを加え，有機溶剤に溶解させたり，界面活性剤を使用して水に微粒子分散させた

ものである．

クロロプレンゴム系接着剤の主な長所は，次の点である．

＜長所＞
①エラストマー系の長所である柔軟性，可とう性に富む．
②耐老化性に優れる．
③クロロプレンゴムの極性から考えて，被着材への適用範囲が広い．
④高い接着強さが得られる．
⑤クロロプレンゴムのタイプ，配合法を選ぶことにより，接着力，粘着保持時間，耐熱性などの特性を広い範囲で調節できる．

以上の長所は，すべて，クロロプレンゴムの極性および結晶性が高いことによる高凝集力に起因している．**表2.2.1**は，エラストマー系接着剤の特性比較を行ったものである．この表から明らかなように，クロロプレンゴム系接着剤は，あらゆる特性においてバランスがとれていることがわかる．しかし，環境問題から，近年の溶剤形接着剤の生産量は徐々に減る傾向にある．

表2.2.1　エラストマー系接着剤の特性比較[8]

物性 接着剤の主成分	可とう性	強度	伸び	塑性変形抵抗	耐酸素性	耐熱性	耐水性	耐溶剤性
クロロプレンゴム	••••	••••	••••	••••	•••	•••••	•••	•••
天然ゴム	••••	••••	•••••	••	•••	••	•••	•
再生ゴム	•••	•••	•••	••	••	••	•••	•
スチレン-ブタジエンゴム	••	•••	•••	••	•••	•••	•••	••
ブチルゴム	•••	••	•••	••	•••••	•••••	•••••	••
多硫化ゴム	•	•	••	•••	•••••	•••	•••••	••••
ニトリルゴム	••	•••	••	•••	•••	••••	•••	•••••

注　•••••秀，••••優，•••良，••可，•不可

(2) ニトリルゴム系接着剤

ニトリルゴム系接着剤は，アクリロニトリル-ブタジエンの共重合物であるニトリルゴム（NBR）を主成分にする接着剤であり，その供給形態により，溶液形とラテックス形に分けられる．

接着剤の組成は，ニトリルゴムを主成分にして，これに接着性付与のためのフェノール樹脂，老化防止剤，加硫剤，加硫促進剤，無機充てん剤などを加え，有機溶剤に溶解したり，界面活性剤を使用して水に分散させたものである．接着剤として市販されているポピュラーなタイプを次に紹介する．

① ニトリルゴム-フェノール樹脂配合
② ニトリルゴム-塩化ゴム配合
③ ニトリルゴム-塩ビ-酢ビ共重合樹脂配合
④ ニトリルゴム-クマロン-インデン樹脂配合
⑤ ニトリルゴム-ビンゾール樹脂配合

ニトリルゴム系接着剤には，クロロプレンゴム系接着剤ほどの汎用性はないが，耐油性のよさを生かして，次のような用途がある．

① 耐油性の良さから，接着後に油のかかる箇所の接着，例えばトランス容器のパッキン類の接着，モータなどの機械部品へのネームプレートの接着，自動車のガソリンタンクと燃料パイプのジョイント接着．
② 強い強度と耐熱性を利用して，ブレーキライニングとシューの接着．
③ 可塑剤移行を受けづらい性質を利用して，軟質塩化ビニル製品の接着．
④ その他，極性プラスチック，例えばABS，ポリ塩化ビニル，ナイロン，ポリエステルなどの接着．

ニトリルゴム系接着剤の長所と短所を，次に示す．

＜長所＞
① 耐油性に優れる．
② 耐可塑剤移行性に優れる．
③ 耐熱性に優れる．適正に配合された接着剤は100℃以上の連続加熱に耐える．

④ABS，ポリ塩化ビニル，ポリエステル，ナイロンなどの極性プラスチックに対して優れた接着性を示す．

⑤金属への接着性に優れる．

＜短所＞

①汎用クロロプレンゴム系接着剤に比べて価格が高い．

②極性溶剤が使用されるために，熱可塑性プラスチックに対してクラック，クレージング，溶解，膨潤などが起こることがある．

③クロロプレンゴム系接着剤に比べて，初期接着強さが劣る．

④粘着性に乏しく，粘着保持時間が短い．

⑤非極性材料への接着性が劣る．

(3) スチレン-ブタジエンゴム系接着剤

スチレン-ブタジエンゴム系接着剤は，スチレン-ブタジエンの共重合物(SBR)を主成分にする接着剤の総称である．形態としては溶液形とラテックス形がある．

SBR系接着剤の組成は，主成分であるSBRのほかに，加硫剤，加硫促進剤，無機充てん剤および石油系樹脂を，有機溶剤に溶解させたり，水に微粒子分散させたものである．

加硫剤の役目は，加硫によって接着剤の皮膜物性を高めるものであり，加硫促進剤は，加硫速度および加硫度合いを高めるために配合されるものである．

無機充てん剤は皮膜の凝集力を高める効果があり，石油系樹脂は接着初期に必要な粘着付与剤として配合される．

同系の天然ゴム系および再生ゴム系との比較で，SBR系接着剤の長所と短所を，次に示す．

＜長所＞

①原料としてのSBRが合成ゴムであるために，品質のばらつきが少ない．

②耐老化性が優れている．

③高温での熱劣化性が天然ゴム，再生ゴムほど悪くない．

＜短所＞

①接着力が弱く，粘着性が少ない．

(4) 熱可塑性エラストマー系接着剤

熱可塑性エラストマー系接着剤は SBS（スチレン-ブタジエンのブロック重合エラストマー），SIS（スチレン-イソプレンのブロック重合エラストマー），SEBS（スチレン-エチレン-ブチレンのブロック重合エラストマー），SIPS（スチレン-イソプレン-プロピレンのブロック重合エラストマー）を主成分にする接着剤の総称で，溶剤形とホットメルト形がある．

熱可塑性エラストマーの長所と短所を，次に示す．

＜長所＞

①加硫しなくても加硫ゴムと同じ性質を示す．

②クリープ耐性が良好である．

③接着剤の汎用ポリマーおよび種々の配合成分と相溶する．

④広範囲の材料によく接着する．

⑤容易に押出し成型が可能である．ホットメルトでの使用ができる．

⑥高不揮発分で低粘度の溶液が得られる．

⑦直接溶解が可能なために，製造費が安くつく．

＜短所＞

①耐熱性が悪い．

②使用温度範囲は低荷重下で 77～82℃，高荷重下で 49～60℃に限定される．

③紫外線に弱い．

④炭化水素系溶剤に対する耐性が低い．

これらの性質は，すべて，熱可塑性エラストマーが持つ分子構造によるものである．**図 2.2.1** は熱可塑性エラストマーの分子配列模型図である．そして，**表 2.2.2** は接着剤の基本組成を示したものである．

2.2.2 合成樹脂系接着剤

合成樹脂系接着剤は熱可塑性および熱硬化性樹脂を主成分にする接着剤で，溶剤形，水性形，ホットメルト形，オリゴマー反応形などの形態で供給される．

熱可塑性樹脂系接着剤は，ビニル樹脂，アクリル樹脂などの熱可塑性樹脂を溶剤に溶解させたり，界面活性剤を使用して水に分散させたものである．EVA（エチレン-酢酸ビニル共重合樹脂），ポリアミド樹脂などの熱可塑性樹脂は，

```
S S S B B B B B B B S S S
S S S I I I I I I I S S S
S S S EB EB EB EB EB EB EB S S S
```
(注) S: スチレン
　　 B: ブチレン
　　 I: イソプレン
　　 EB: オレフィン（エチレン-ブチレン）

図 2.2.1 熱可塑性エラストマーの分子配列模型図[9]

表 2.2.2 熱可塑性エラストマー接着剤の基本組成[9]

熱可塑性エラストマー	100（重量部）
クマロン-インデン及びメチル-インデン樹脂	75～100
安定剤	0.5～2
炭化水素系溶剤	0～80%（重量）
トルエン，シクロヘキサン，MEK，MIBK など	（100～20%）
不揮発分	20～40%

ホットメルト形としての使用が多い．

　熱硬化性樹脂系接着剤は硬化剤との反応や加熱することにより架橋構造を形成するタイプの接着剤で，溶剤形，水性形，オリゴマー反応形，フィルム形で供給される．

　熱可塑性樹脂系接着剤の長所と短所を，次に示す．

　＜長所＞

　　①使用しやすい．

　　　接着時に溶融するものは冷却するだけで，溶液形や水性形は溶媒が蒸発するだけで固化接着する．

　　②組成を変更しやすい．

　　　用途に応じてポリマーの組成を変えることができる．共重合やブレンドにより広範囲の被着材への対応が可能である．

　　③熱可塑性樹脂を主成分にした接着剤は一般に安定であり，接着剤の保存中に分解したり変質する傾向は少ない．

　＜短所＞

　　①耐熱，耐溶剤性が劣る．

　　　熱可塑性樹脂は一般に線状ポリマーが多く，一定温度で軟化したり，溶剤に溶解する．

　　②耐クリープ性が劣る．

　　　熱可塑性樹脂はガラス転移温度以上で長期間の力がかかるとクリープしやすい．熱可塑性樹脂系接着剤で接着した場合，接着面に平行な荷重に対して弱い．

　　③特別な場合を除き，接着剤相互のブレンドが難しい（相溶性が問題）．

　以上のように，熱可塑性樹脂系接着剤は，多くの長所を持つ反面，短所も多い．しかし，現実には，これらの短所が支障にならない利用分野が多くある．

　熱硬化性樹脂系接着剤の長所と短所を，次に示す．

　＜長所＞

　　①硬化前の分子量が小さく，反応性の高い官能基をもっていることから，

被着材に速く低温で拡散浸透する．特に木質，多孔質材に浸透し，投錨効果を期待できる．

②エポキシ系，ポリウレタン系のように液状オリゴマー形態の接着剤は，無溶剤で接着できる．

③薄い，ひずみの少ない皮膜を形成する．

④被着材との間に一次結合が期待できる接着剤もある．

⑤硬化剤は架橋構造をとるために耐溶剤性，耐熱性に優れる．

⑥被着材の性質に応じて接着剤の構造を変えて，親和性を高めることができる．

＜短所＞

①硬化前の分子量が小さいために初期粘着力が小さく，高分子量に達するまで圧締を続ける必要がある．

②硬化前の分子量が小さいために，木材，紙，織物，皮革のような多孔質被着材においては，接着剤が毛細管現象によって表面にしみ出し，被着材の表面を汚染することがある．

③硬化時の重・縮合の際に体積収縮するので，ひび割れを起こしやすい．ひび割れを防ぐ目的で，充てん剤を加えたり，エラストマーを添加することがある．

④貯蔵安定性が悪いものもある．

⑤エポキシ樹脂の硬化剤としてのエチレンジアミン誘導体およびジイソシアナートは，分子量が低いために，硬化前の揮散によって中毒を起こしやすい．

表 2.2.3 および表 2.2.4 は，熱硬化性樹脂系および熱可塑性樹脂系接着剤の一般的性質および用途についてまとめたものである．

(1) エポキシ樹脂系接着剤

エポキシ樹脂系接着剤とは，分子中にエポキシ基を 2 個以上もつエポキシオリゴマーと，活性水素をもつ硬化剤成分や触媒作用をもつ硬化剤成分を基本組成にする，熱硬化タイプの接着剤である．

エポキシ樹脂系接着剤には，一液形と二液形がある．一液形は，エポキシオリゴマーにジシアンジアミド，ボロンフロライドモノエチルアミンアダクト，ジヒドラジッド，イミダゾール化合物などの潜在性硬化剤を配合して一液化したもので，加熱により硬化するタイプである．また，通常，二液形の硬化剤として使用されるポリアミンなどをマイクロカプセル化してエポキシオリゴマーに配合した一液形もあり，加熱あるいは加圧により硬化が完了するように設計されている．二液形は，エポキシオリゴマーをポリアミド，ポリアミン，アミン変性物，酸無水物，ルイス酸などを硬化剤にして硬化させるもので，室温あるいは加熱により硬化するように設計されている．

接着剤の性能は，エポキシオリゴマーと硬化剤の組合せにより決定される．**表 2.2.5** はエポキシオリゴマーと硬化剤系の諸性質と作業性をまとめたものである．

(2) ポリウレタン系接着剤

接着剤として用いられるポリウレタンを分類すると，次の三つのタイプに分けることができる．

すなわち，①ポリイソシアナート接着剤，②プレポリマー接着剤，③熱可塑性ポリマー接着剤である．またその形態も水分散形（ディスパージョン），溶液形および無溶剤形の各種があり，ユーザーニーズに合わせて使い分けられている．

①ポリイソシアナート接着剤

表 2.2.6 は市販のポリイソシアナートを紹介したものである．接着剤として，これらを単独で使用する場合もあるが，多くはポリエーテルポリオールあるいはポリエステルポリオールの硬化剤として使用され，二液タイプの室温硬化形の接着剤になる．

表 2.2.3　熱硬化性樹脂系接

樹脂	形態	接着方法 温度(℃)	接着方法 圧力(kgf/cm²)	溶剤	硬化時間	室温における性質 クリープ抵抗	室温における性質 せん断強さ(kgf/cm²)	室温における性質 はく離強さ	室温における性質 衝撃強さ
フェノール樹脂	液体	120～150	10～20	アルコール,アセトン,水	5～10分	○		●	●～△
	粉末	120～150	10～20	アルコール,アセトン,水	5～10分	○		●	●～△
	フィルム	120～150	10～20	アルコール,アセトン,水	5～10分	○		●	●～△
レゾルシノール樹脂 フェノール-レゾルシノール樹脂	液体	24～120	0.7～14	アルコール-水	8～24時間	○	210		
					1分～8時間	○	210		
エポキシ樹脂	液体	常温		アセトン	16～76時間	◎	70～210	●	△
	ペースト	常温			12～48時間	◎	70～210	●	△
	液体	120～260		アセトン	10分～24時間	◎	140～280	●	△
	ペースト	120～280			10分～24時間	◎	210～350	●	△
	粉末	120～260			10分～24時間	◎	210～350	●	△
	液体	120～260			10分～24時間	◎	210～350	●	△
ユリア樹脂	液体	常温	2～18		10分～12日	○		×	●
	粉末	115～125	10～18		10分～12日	○		×	●
メラミン樹脂	液体	115～125	1.8～3.5		5分～12日	○		×	●
	粉末		10～18		5分～12日	○		×	●～△

備考：◎○△●×の順に優良→不良

表 2.2.4　熱可塑性樹脂系接

樹脂	形態	接着方法	溶剤	硬化時間	室温における性質 クリープ抵抗	室温における性質 せん断強さ	室温における性質 はく離強さ	室温における性質 衝撃強さ
酢酸ビニル樹脂	液体	溶剤揮散	ケトン,トルエン,酢酸エステル	120～175℃ 3秒	×～●	○	●～△	×～○
	エマルジョン	水蒸発	トルエン,トリクロルエチレン		×～●	○	○	○
	乾燥塗膜	再活性	トルエン,MEK		×～●	○	○	○
ポリビニルアルコール	液体	水蒸発	水		×～●	●	●	○
アクリル樹脂	液体	溶剤揮散	カスチル,ケトン	室温,30分～24時間	×	○	×	○
	液体	エマルジョン			×	○	×	○
	液体	触媒			●～○	○	○	○
硝酸セルロース	液体	溶剤揮散	酢酸エステル,ケトン,アルコール		×～△	●～○	△～○	△～○
アスファルト	液体	溶剤揮散	ナフサ		×～△	×～△	×	●
	液体	水蒸発	水		×～△	×～△	×	●
	固体	加熱			×～△	×～△	×	●
オレオ樹脂	液体	溶剤揮散	ナフサ		×～●	△	×～○	●

備考：◎○△●×の順に優良→不良

2.2 系統別接着剤の概説

着剤の一般的性質及び用途 [10]

実用温度(℃)		耐液性				その他の性質	適応性		用途
最低	最高	水	油,グリース	ガソリン	溶剤		構造用	非構造用	
-30	100	◎	◎	◎	◎		○	◎	合板,木製品,金属,ガラスの接着,エラストマー及び熱可塑性接着剤の改質剤
-30	100	◎	◎	◎	◎		○	◎	
-30	100	◎	◎	◎	◎		○	◎	
-30	175	◎	◎	◎	◎	耐沸騰	○	◎	合板,ある種のプラスチック製品,ボート,運動用具
-30	175	◎	◎	◎	◎	水性-◎	○	◎	
-50	105	◎	◎	◎	△~◎	ぬれ-○	○	◎	金属どうし,金属とガラス,陶器,プラスチック,環化ゴム及び木との接着
-50	105	◎	◎	◎	△~◎	ぬれ-△	○	◎	
-50	190	◎	◎	◎	○~◎	ぬれ-○			
-50	190	◎	◎	◎	○~◎	ぬれ-○			
-50	190	◎	◎	◎	○~◎	ぬれ-○			
-50	190	◎	◎	◎	○~◎	ぬれ-○			
-30	50	◎	◎	◎	◎		○	◎	合板,木製品の接着
-30	50	◎	◎	◎	◎		○	◎	
-30	50	◎	◎	◎	◎		○	◎	合板,木製品の接着
-30	100	◎	◎	◎	◎		○	◎	

着剤の一般的性質及び用途 [10]

実用温度(℃)		耐液性				その他の性質	適応性		用途
最低	最高	水	油,グリース	炭化水素	溶剤		構造用	非構造用	
-30	50	×~●	○~◎	○~◎	×~●	粘着性-○	×	◎	金属,ガラス,陶器,マイカ,木,コルク,レザー,布,紙,プラスチックフィルムの接着
-30	50	×~●	○~◎	○~◎	×~●	粘着性-○	×	◎	
-30	50	×~●	○~◎	○~◎	×~●	粘着性-○	×	◎	
-30	65	●	◎	◎	○	湿潤粘着性	×~●		紙及びフィルムの接着
	50	●~○	○	●~○	×	透明結合		○	プラスチック,繊維,紙の接着
	50	●~○	○	●~○	×	透明結合		○	
	50	●~○	○	●~○	×			○	
			●	◎	◎			○	金属,ガラス,木,レザー,布,熱可塑性樹脂などの接着
-18~-1	38~90	◎	×	×	×~●	粘着性-○	×	◎	アスファルトタイル,コンクリート,ガラス,紙,フィルムの接着
-18~-1	38~90	◎	×	×	×~●	粘着性-○	×	◎	
-18~-1	38~150	◎	×	×	×~●	粘着性-○		◎	
-23	36~65	●~○	●~○	×~●	×	粘着性-○	○		磁器タイル,マゾナイト,リノリューム,プラスターボード,コルクなどの接着

表 2.2.5　エポキシ樹脂／

樹脂／硬化剤	強　度	強靭性	電気的性質	化学的性質
① ビスフェノールAのジグリシジルエーテル（ビス-エピ型）				
芳　香　族　ア　ミ　ン	△〜◎	●	◎	◎
脂　肪　族　ア　ミ　ン	△〜◎	●	●◎△	○
酸　無　水　物	●〜△	●	◎	○
フェノリックノボラック	●〜△	●	○	○
触　　　媒	●〜△		△	○
ポ　リ　ア　ミ　ド	●〜△	●〜△	●〜△	○
ポリサルファイド	●〜△	◎〜△	×〜●	×〜●
② エポキシ-ノボラック				
芳　香　剤　ア　ミ　ン	△	●	△	△
脂　肪　族　ア　ミ　ン	○	△	○	○
酸　無　水　物	●〜△	×	○	●〜△
フェノリックノボラック	●	×	△	●〜△
触　　　媒	△	×	○	○
ポ　リ　ア　ミ　ド	○	×	○	●
ポリサルファイド	××	××	××	××
③ 環状脂肪族エポキシ				
芳　香　族　ア　ミ　ン	◎	●	○	○
脂　肪　族　ア　ミ　ン	××	××	○	○
酸　無　水　物	×	×	◎	◎
フェノリックノボラック	—	—	—	—
触　　　媒	—	—	—	—
ポ　リ　ア　ミ　ド	××	××	××	××
ポリサルファイド	××	××	××	××
④ 臭素化エポキシ				
芳　香　族　ア　ミ　ン	△〜◎	●	△	△〜◎
脂　肪　族　ア　ミ　ン	△〜◎	●	●〜×	○
酸　無　水　物	●〜△	●	◎	△
フェノリックノボラック	●〜△	●	○	○
触　　　媒	●〜△	●	△	○
ポ　リ　ア　ミ　ド	●〜△	●	●	×
ポリサルファイド	××	××	××	××
⑤ フレキシブルエポキシ				
芳　香　族　ア　ミ　ン	●〜△	●〜△	●〜△	●〜×
脂　肪　族　ア　ミ　ン	×〜●	●	●〜△	△〜●
酸　無　水　物	●〜△	●	●〜△	×
フェノリックノボラック	××	××	××	×
触　　　媒				×
ポ　リ　ア　ミ　ド	●〜△	●〜△	●	×
ポリサルファイド	●〜×	◎	×〜●	×

備考：注型品による．ランク付けは単に特定の樹脂と硬化剤系による．異なった樹脂と硬化剤の間の区別は不可能．
　　×××…推せんできない，◎…秀，○…優（非常に良好），△…良，●…可，×…不可，
　　L…低，M…中，H…高，S…短，V…非常に，Lo…長，HT…高温，RT…室温

2.2 系統別接着剤の概説

硬化剤系の諸性質と作業性[11]

耐熱性	寸法安定性	耐湿性	粘度	可使時間	硬化	発熱
◎	○	○	L	S	HT	H
△	○	○	L	S	RT	H
△	◎	△	L	Lo	HT	H
○	△	△	VH	VLo	HT	H
△	○	△	L	VLo	HT	H
×〜●	●〜△	●〜△	H	Lo	RT	M-H
×	×〜●	×〜●	L	S	RT	M-H
△	○	△	H	M	HT	H
●	△	●	H	S	HT	H
◎	○	△	H	Lo	HT	H
○	○	●	VH	Lo	HT	H
●〜○	△	△	H	VLo	HT	H-VH
●	●〜△	●	H	S-Lo	RT	M-H
××	××	××	××	××	××	××
△	△	○	M	S	HT	VH
××	××	××	××	××	××	××
◎	○	◎	M	M	HT	VH
—	—	—	—	—	—	—
—	—	—	—	—	—	—
××	××	××	××	××	××	××
××	××	××	××	××	××	××
△	△	○	H	M	HT	M
●	△	△	H	S	RT	H
△	△	●	H	Lo	HT	M
△	○	○	H	Lo	HT	M-H
△	△	●〜△	H	VLo	HT	M-H
×	●〜△	●〜△	H	Lo	RT	M-H
××	××	××	××	××	××	××
●	●〜△	●	M	M	HT	M
×	●	●	L	S	RT	H
●〜△	●	●	H	Lo	HT	H
××	××	××	××	××	××	××
×〜△	●	●	L	Lo	HT	M-H
×〜●	×〜●	×〜●	H	Lo	RT	M-H
×	×	×	L	Lo	RT	L-M

表 2.2.6　各種ポリイソシアナートアダクト体,

	商品名	構造式又は化学式
ポリイソシアナート	Desmodur R [1] mondur TM [2] Cyanotix [3]	トリフェニルメタントリイソシアナート
	Desmodur RF	$OCN-\text{\textlangle}\bigcirc\text{\textrangle}-O)_3-PS$
	特殊ポリメックMDI	$\underset{}{NCO}\text{\textlangle}\bigcirc\text{\textrangle}-CH_2-[\underset{}{NCO}\text{\textlangle}\bigcirc\text{\textrangle}-CH_2-]_n\underset{}{NCO}\text{\textlangle}\bigcirc\text{\textrangle}$
アダクト体	Coronate L [1] Desmodur L [2] Takenate D 102 [3]	$CH_3-CH_2-C\begin{pmatrix}CH_2OC(O)NH-\text{\textlangle}\bigcirc\text{\textrangle}(CH_3)-NCO\\CH_2OC(O)NH-\text{\textlangle}\bigcirc\text{\textrangle}(CH_3)-NCO\\CH_2OC(O)NH-\text{\textlangle}\bigcirc\text{\textrangle}(CH_3)-NCO\end{pmatrix}$
	Desmodur N (非黄変)	$OCN-(CH_2)_6-N\begin{pmatrix}CONH(CH_2)_6NCO\\CONH(CH_2)_6NCO\end{pmatrix}$
	Coronate HL (非黄変)	$CH_3-CH_2-C\begin{pmatrix}CH_2OCONH(CH_2)_6NCO\\CH_2OCONH(CH_2)_6NCO\\CH_2OCONH(CH_2)_6NCO\end{pmatrix}$
重合ポリイソシアナート	Daltosec 3240 [1] Coronate 2031 [2] Desmodur 1 L [3]	(イソシアヌレート三量体構造)
ブロックポリイソシアナート	Coronate AP [1]	$\text{CoronateL}-NHCO-\text{\textlangle}\bigcirc\text{\textrangle}$ フェノール等でマスク又はポリメックMDIのNCOをマスクしたもの

2.2 系統別接着剤の概説

重合ポリイソシアナート及び接着用ポリイソシアナート [12]

販売会社	注
Bayer SBU[1],[2] mobay Socland[3]	20%塩化メチレン溶液 50%塩化メチレン溶液
Bayer SBU	20%塩化メチレン溶液
MDI メーカ	50%又は40%溶液
NPU[1] SBU[2] Takeda[3]	75%酢酸エチル溶液 （NCO 0.5%以下）
SBU	NV，75%，エチルグリコールアセテート/キレシン溶液
NPU	NV 75%酢酸ブチル溶液
NPU[1],[2] SBU[3]	[1] NV，40%溶液 [2] NV，50%溶液 [3] NV，50%溶液
NPU[1]	粉体又は固体加熱によりNCOが活性化する

②プレポリマー接着剤（液状ポリウレタン接着剤）

プレポリマー接着剤には一液形と二液形がある．一液形は，分子末端にイソシアナート基をもつポリエーテルあるいはポリエステルで，空気中及び被着材表面の湿分を利用して硬化するタイプである．

二液形は，分子末端にイソシアナート基をもつプレポリマーを，分子末端に水酸基をもつポリオールで硬化させる方法で，一液形に比べて，硬化速度のコントロールがしやすい反面，ポットライフの制限を受けるという欠点がある．

プレポリマー接着剤は，プレポリマーを主成分にすることから，高不揮発分の接着剤を調製しやすいことと，粘着保持時間が長くとれる接着剤を調製できるという利点があり，ラミネーションの業界で広く利用されている．

③熱可塑性ポリマー接着剤

ポリウレタンポリオールを溶剤に溶解することにより接着剤にしたもので，溶剤が揮散することにより接着強さが発現することから，コンタクトタイプとして利用できる．

また，接着強さはさほど大きくないが，この接着剤を被着材の一方へ塗布しておき，熱再活性により他方の被着材へ接着する方法がある．

表2.2.7 はポリウレタン系接着剤の主な用途と構成成分及び技術動向についてまとめたものである．

2.2.3 混合系接着剤

接着剤の製造技術の一つに，ポリマーブレンドがある．接着剤を設計するときには，被着材に対する接着性はもちろんのこと，耐水性，耐熱性，耐衝撃性などの実用条件を満足させなければいけない．

（1）ニトリル-フェノリック系

ニトリルゴムとフェノール樹脂の混合系接着剤で，一成分形の溶液又はフィルムで供給される．

表 2.2.7 ポリウレタン系接着剤の主な用途と構成成分及び技術動向[13]

用　途	接着剤加工技術	被　着　材	接着剤の形態・成分	技術動向
食品包装用	ドライラミネーション 押出ラミネーション	プラスチックフィルム（ポリオレフィン，ナイロン，ポリエステルなど），アルミ箔	二液形がほとんどポリイソシアナート／ポリエーテル，ポリエステル	無溶剤化，ハイソリッド化，硬化時間短縮などによる省エネとコストダウン，食品安全性，包装形態の変革
靴・履物用	刷毛塗り ロールコーティング	塩ビ，天然皮革，合成皮革	一液又は二液形 MDI／結晶性ポリエステル	低温接着と耐熱強度
磁気テープバインダー	ロールコーティング	PET フィルム	二液溶剤形 MDI／ポリエステル，$\gamma\text{-Fe}_2\text{O}_3$	長時間録画に対応できる強靭性，耐摩耗性必要
美粧紙用	プリントラミネーション	OPP，PVC／印刷紙	二液溶剤形，水系形，イソシアネート／ポリエーテルポリオール エポキシ／PUポリアミン	耐黄変性の付与必要 無溶剤化
木材用 (集成フリッチ建築施工)	ロールコーター ストリングマシーン 刷毛塗り ディスペンサー	木材／木材，金属，プラスチック，無機材	一，二液無溶剤水性ビニルウレタン MDI／ポリエーテル系	可使時間のコントロール 耐煮沸性改良
構造用 (自動車) (浄化槽) (住　宅)	ディスペンサー	FRP，SMC，金属，無機材	二液無溶剤形 MDI系イソシアナート／ポリエーテル，その他ポリオール	可使時間のコントロール 耐久性データの蓄積
その他 (極低温用) (ホットメルト)	ロールコーター ディスペンサー	合板／ウレタンフォーム，スチレンフォーム，金属	二液無溶剤形 MDI系イソシアナート／ポリエーテル，その他ポリオール	LNG 断熱材用 耐アンモニア性 耐液状メタンガス性 耐水性

　一般に耐振動・耐衝撃性が良好で，薬品，油，溶剤などに耐性があり，また加工が容易であるために，広く利用されている．

　ニトリル-フェノリック系の主たる用途は，自動車のブレーキライニングの接着，航空機構造の軽合金の接着，プリント配線の銅はくと積層板の接着など

である．

(2) クロロプレン-フェノリック系

クロロプレンゴムとフェノール樹脂の混合系接着剤である．耐振動性，耐寒性の良さから金属の接着に多く使用されたが，最近ではニトリル-フェノリック系にとって代わられた．

はく離及び曲げ強さ，耐疲労及び耐衝撃に優れている．耐油性はニトリル-フェノリック系には劣るが，耐水，耐薬品性には優れている．

(3) エポキシ-フェノリック系

超音速航空機やミサイルに使用する目的で開発された高温用接着剤が，エポキシ-フェノリック系である．

代表的な組成は，エポキシ樹脂とフェノール樹脂を主成分にして，多量のアルミ粉末とアミン系硬化剤で変性したものである．

接着剤の形態としては，一般にガラス布を支持体としたプリプレグの形で供給されるが，用途によっては，一成分でペースト状の場合もある．

(4) エポキシ-ナイロン系

エポキシ-ナイロン系は，エポキシ樹脂と可溶性ナイロンの混合系接着剤である．

可溶性ナイロンとは，アルコールやアルコール混合溶剤に溶解するタイプのナイロンで，N-メチルメトキシナイロン及びナイロン 6，6/10，6/6 の三元共重合ナイロンである．

接着剤の調整は，ナイロンの熱アルコール溶液にエポキシ樹脂及び潜在性硬化剤を加え，この溶液からフィルムに注型する．また，支持体として，ガラス布，ナイロン布などを用いてキャストフィルムにする．硬化条件は 170～180℃で1時間以内である．

エポキシ-ナイロン系はハニカムサンドイッチ構造の接着でフィレットを形成しやすく，はく離強さが特に優秀である．この系の接着剤は，金属に対して優れた接着性を示し，チタン合金同士の接着では 35 MPa 以上の引張りせん断強さを示す．

(5) エポキシ-変成シリコーン系

A 剤と B 剤からなる 2 成分形の接着剤である．A 剤は，エポキシ樹脂，有機錫触媒，接着付与剤，充てん剤などからなる．B 剤は，変成シリコーン樹脂，エポキシ樹脂硬化剤，接着付与剤，充てん剤などからなる．

使用時に A 剤と B 剤を混合すると，エポキシ樹脂はエポキシ硬化剤により硬化し，変成シリコーン樹脂は空気中などの水分により硬化する．お互いの系の中でお互いが硬化し，硬化物においては IPN (Inter Penetrating Network) 構造が期待できる．この接着剤は，変成シリコーン樹脂成分とエポキシ樹脂成分の比率を変えることにより，皮膜硬度と接着強さのコントロールが可能である．

変成シリコーン樹脂を多くすると皮膜は柔らかくなり，逆にエポキシ樹脂を多くすると皮膜は硬く強靱になる．

一般的に，引張りせん断接着強さとはく離接着強さの両者が強いのが特長で，金属，エンジニアリングプラスチックなどの準構造強度及び耐久性を要求される自動車部品，電気部品などの準構造接着，そして，皮膜が柔軟かつ強靱であり硬化ひずみ（一時ひずみ）が少なく，外部応力ひずみ（二次ひずみ）を吸収できることから，建築用パネル，車両ドアパネルなどの広い面積の接着に適している．

2.3 機能別接着剤

2.3.1 より解説する構造用接着剤，耐熱用接着剤，導電性接着剤などは，機能性接着剤に分類される接着剤である．機能性接着剤とは，接着剤本来の特性を保持したままで別の機能を付加させたもの，または接着剤の硬化過程が従来と異なる特殊な接着剤のことである．主な機能性接着剤を**表 2.3.1** に示す．

2.3.1 構造用接着剤
(1) 構造用接着剤の特徴

JIS K 6800（接着剤・接着用語）では，構造用接着剤とは"長期間大きな荷

表 2.3.1 主な機能性接着剤[14), 19), 20)]

機能	接着剤	特徴・用途
A	構造用接着剤	長時間大きな荷重がかかっても接着特性の低下が小さく信頼性の高い接着剤であり、ニトリル-フェノリック、変性エポキシ、変性アクリル、ポリイミドなどを主成分としている．航空機の一次構造接着、自動車のブレーキライニングの接着、プリント配線などに応用されている．
B	耐熱性接着剤	米国連邦試験規格 FS MMM-A-132B に合格する程度の耐熱性がある接着剤で、主に芳香族複素環ポリマーが代表的なものである．超耐熱性としてはポリベンズイミダゾール、ポリイミド、シリコーン-イミドなどであり、航空宇宙産業、エレクトロニクス分野で応用されている．
C	導電性接着剤	エポキシ、ポリイミドなどの合成樹脂をバインダーとした導電性接着剤は銀、銅、カーボン粉、および酸化スズ、酸化インジウムなどの金属酸化物を導電性フィラー、さらに添加剤、溶剤などより構成されている．$10^6 \sim 10^{-6} \Omega \cdot cm$ と広範囲の導電性と接着特性が要求される．銀ペーストの主な用途はモバイル、キャッシュレジスター、パソコンのキーボードや LCD コネクターに応用されている．
C	電気絶縁性接着剤	電気絶縁性接着剤の要求性能は、絶縁性、熱伝導性、防湿性などであり、少なくとも $10^{12} \Omega \cdot cm$、$10 \sim 35$ kv/mm の絶縁性能である．エポキシ、シリコーン、ポリイミド、ウレタン、UV 硬化形などが各々の用途に応じて用いられている．また電子部品の小型化、高密度化に伴い高熱伝導形も実用化されている．
A	弾性接着剤	接着強さより伸び、硬さなどの硬化特性が重要で、主成分としてはポリウレタン、シリコーン、ポリサルファイド、弾性エポキシ、変成シリコーンなどが用いられている．自動車のダイレクトグレージング、複層ガラスなどに応用されている．
D	水中硬化接着剤	湿潤あるいは水中にて被着材を接着できる接着剤である．新旧コンクリートの打継、防水、止水工法などに主としてエポキシ系接着剤が応用されている．
D	油面用接着剤	プレス油、防錆油などが付着している被着材の接合に使用される接着剤でハイブリッドプラスチゾル系、1液形エポキシベースのペースト、フィルム状の加熱硬化タイプ、SGA、変性アクリル系、変性嫌気性接着剤などがある．
E	光硬化形接着剤	UV 照射により硬化する接着剤でアクリル系、ポリエン-ポリチオール系を主成分とするラジカル重合形と芳香族ジアゾニウム塩、鉄芳香族錯体などの硬化剤を用いてエポキシで硬化させるカチオン重合形に大別される．カチオン形は耐熱性、接着性、酸素による阻害もない利点がありエレクトロニクス関係などで広く応用されている．
F	解体性接着剤	循環型社会への転換が課題となっている昨今、リサイクル対応形接着剤が注目されている．接着材へのアプローチとしては、マイクロカプセル、膨張材料、結晶性ポリマーなどを接着剤主成分に配合されている．

注　機能：A　力学的，B　熱的，C　電気的，D　界面，E　放射線，F　リサイクル

重に耐える信頼できる接着剤"と定義されている．構造用接着剤は航空機産業と共に発展してきたものであるが，今日では，リベット，スポット溶接，ハンダなどの代替として自動車，エレクトロニクス，航空・宇宙産業で応用されている．次に構造用接着剤の長所と短所を示す．

　　＜長所＞　　　　　　　　　　＜短所＞
　　①異種材料の接合ができる　　　①一般に表面処理が必要である
　　②応力が均一に分布して　　　　②加熱，加圧硬化が必要である
　　　疲れ強さを増大する　　　　　③初期接着性に乏しい
　　③密封作用がある　　　　　　　④信頼性に問題がある
　　④表面が平滑になる
　　⑤電気絶縁作用がある

(2) 構造用接着剤の種類と特性

構造用接着剤は，せん断，はく離，曲げ，クリープなどの高性能な接着特性のほか，耐熱性，耐水性，耐薬品性が要求されるので，熱硬化性樹脂を主成分とした接着剤が主体となっている．しかし，熱硬化性樹脂は，せん断接着強さ，耐クリープ接着強さなどに優れているが，はく離接着強さ，可とう性に乏しいので，この欠点を補う目的で，熱可塑性樹脂，エラストマー，スーパーエンプラとの複合により強靭化された複合形接着剤（アロイ化）が使用されている．複合形接着剤としては，ニトリル-エポキシ，ニトリル-フェノリック，ナイロン-エポキシなどがあり，次に代表的な構造用接着剤を示す．

　＜構造用接着剤＞　　　　　　＜先進複合材料マトリックス＞
　　ビニル-フェノリック　　　　　熱硬化性タイプ，熱可塑性タイプ
　　ニトリル-フェノリック　　　　ポリイミド
　　エポキシ-ナイロン　　　　　　ビスマレイミド
　　エポキシ-ニトリル，変性エポキシ　ポリエーテルスルホン
　　エポキシ-フェノリック　　　　変性エポキシ
　　ビスマレイミド，ポリイミド

図 **2.3.1** に，自動車のドラムブレーキライニングに適用されているエラス

トマー変性フェノリック系接着剤におけるフェノリックエラストマー比と，せん断接着強さ，はく離接着強さとの関係を示す．航空機構造用接着剤には，**表 2.3.2** に試験条件等の概要を示す米国連邦規格 FS MMM-A-132B に合格した接着剤が適用される．以前はナイロン-エポキシ，ビニル-フェノリックなど 177℃硬化タイプも用いられていたが，今日では 121℃硬化タイプの変性エポキシが主流となっている．さらに，ポリイミド，ビスマレイミド，ポリイミドスルホンなど耐熱性に優れている接着剤も適用されている．構造用接着剤の主成分としてよく用いられるエポキシ樹脂は，ハイカー CTBN を少量添加して海島構造にして強靭化したり，ポリスルホン，ポリエーテルスルホン，ポリエーテルイミドなどのスーパーエンプラとのポリマーアロイによりエポキシ樹脂を改質して使用される．また，コア／シェルアクリル微粒子のように，はじめから架橋ゴム／エラストマーを調整しておき，これをエポキシ樹脂に分散させて強靭化したものが応用されている．代表的なエポキシ-ニトリル系接着剤 (FM-73) の接着特性を**表 2.3.3** に示す．

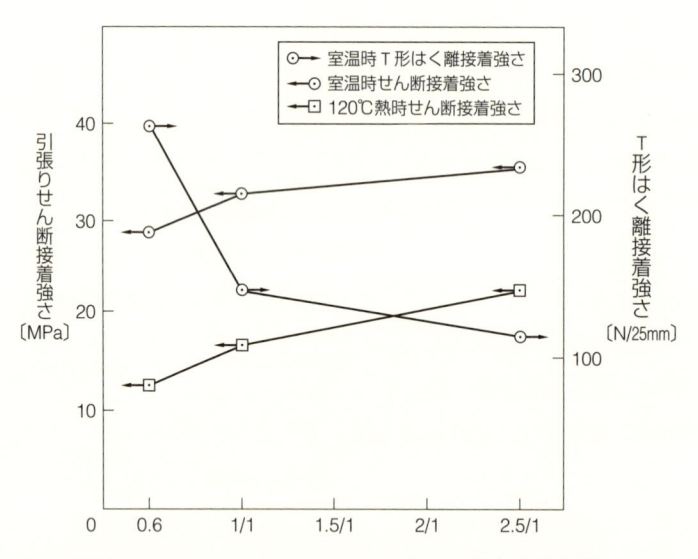

図 2.3.1　フェノリック／エラストマー比と接着特性 [16]

2.3 機能別接着剤

表 2.3.2 FS MMM-A-132B 米国連邦規格の概要[24]

試験項目	試験条件	タイプI クラス1	タイプI クラス2	タイプI クラス3	タイプ II	タイプ III	タイプ IV
引張せん断強さ (MPa)	24±2.8℃	37.73	24.01	20.58	18.82	18.82	18.82
	82±2.8℃,10分	18.82	13.72	13.72	—	—	—
	149±2.8℃,10分	—	—	—	15.44	13.72	13.72
	149±2.8℃,192時間	—	—	—	15.44	13.72	13.72
	260±2.8℃,10分	—	—	—	—	12.69	12.69
	260±2.8℃,192時間	—	—	—	—	—	6.86
	−55±2.8℃,10分	37.73	24.01	20.58	18.82	18.82	18.82
	24±2.8℃ (49±2.8℃ 95% RH 30日後)	30.87	22.34	18.82	18.82	17.15	17.15
	24±2.8℃ (21±2.8〜27±2.8℃ 浸せき(^{1})7日後)	30.87	22.34	18.82	18.82	17.15	17.15
Tはく離強さ (kN/m)	24±2.8℃	8.8	3.5	—	—	—	—
ブリスター試験 (MPa)	24±2.8℃	30.87	22.34	—	—	—	—
疲労強さ	24±2.8℃	5.12 MPa で 10^6 サイクル					
クリープ破壊	24±2.8℃,10.98 MPa	192 時間後のクリープ変形 0.381 mm 以下					
	82±2.8℃,5.49 MPa	192 時間後のクリープ変形 0.381 mm					
	149±2.8℃,5.49 MPa	—	—	—	192 時間後のクリープ変形 0.381 mm		
	260±2.8℃,5.49 MPa	—	—	—	—	—	192時間後のクリープ変形 0.381 mm

注 (^{1}) 浸せき液：JP-4（ジェットエンジン油），不凍液，作動油，標準試験油

(3) 構造用接着剤の応用

自動車産業にて応用されている準構造・構造用接着剤は，ドラムブレーキライニング，ヘッドランプなど自動車部品工場でアッセンブリーされている部品と，ヘミング用，ウェルドボンド（スポット溶接と接着剤の併用）など自動車生産ラインで使用されるものに大別できる．自動車生産ラインで使用される接

表 2.3.3　FM-73 の接着特性（FS MMM-A-132B，タイプⅠ，クラス 2）[27]

試験項目および試験条件		規格値	測定値
引張せん断接着強さ（MPa）			
24±2.8℃		17.25	43.27
82±2.8℃		8.62	32.43
−55±2.8℃		17.25	47.06
疲労強さ		5.17 MPa,	
24±2.8℃		10^6サイクル	破壊なし
クリープ破壊（mm）			
24±2.8℃，11.04 MPa，192 時間		最大変形 0.38 mm	0.0036
82±2.8℃，5.52 MPa，192 時間		最大変形 0.38 mm	0.0122
引張せん断接着強さ（MPa）			
塩水噴霧 30 日	24±2.8℃	15.52	43.92
50℃，100% RH 30 日	24±2.8℃	15.52	44.40
JP-4（MIL-J-5624）7 日浸せき	24±2.8℃	15.52	44.54
不凍液（MIL-F-5566）7 日浸せき	24±2.8℃	15.52	44.13
作動油（MIL-H-5606）7 日浸せき	24±2.8℃	15.52	41.95
炭化水素液（TT-S-735）7 日浸せき	24±2.8℃	15.52	44.51
蒸留水 30 日浸せき	24±2.8℃	15.52	43.44
T はく離（KN/m）	24±2.8℃	2.64	7.88
ブリスター試験			
引張せん断接着強さ	24±2.8℃	15.52	34.64

着剤は，表 2.3.4 の塗装工程の炉の熱源を利用して硬化する油面接着性，導電性などの機能特性を付与した一液形エポキシ樹脂系接着剤が主に適用される．代表的な接着関連材料を表 2.3.5 に示す．

車両では，軽量と剛性，断熱などを目的として，アルミハニカム床構造部材に一液形エポキシ樹脂系接着剤が適用されている．

(4)　航空機用複合材料への応用

1944 年に De-Havilland 社の DH-103 ホーネットで，金属と木材の接着の接着接合にビニル-フェノリック Redux775 が初めて応用されて以来，接着剤の開発や接着技術は著しく進歩した．PABST プログラム（primary adhesively bonded structures technology）の研究においては，構造重量の 15% 軽減と生産コストの 20% 低減を目標に，その手段として，接着接合を航空機の主構造に適用する研究を実施した．その中で，実機レベルでの試験に用いられたマク

2.3 機能別接着剤

表 2.3.4 自動車組立生産ライン[28)]

	車体組立工程	塗装工程	艤装工程
接着剤の塗布状況	油面鋼板へ接着剤塗布 ◆仮接着	表面処理鋼板, ED面, 塗装面へ接着剤塗布 ◆シャワー ◆中塗り, 上塗り ◆加熱硬化	塗装鋼板へ接着剤塗布 ◆室温硬化

表 2.3.5 代表的な接着関連材料[30)]

工程	接着剤	主な使用目的
車体組立工程	ヘミング用接着剤 構造用接着剤 マスチック接着剤 スポットウェルドシーラ	ドア, フード, トランクリッドのヘミング部 防錆骨格部材, パネルなどの接合 フード, トランクリッドなどの外板と内板の接合 ホイルハウス部などのシール
塗装工程	ボデーシーラ パネル補強材 防振シート	ED塗装後の鋼板合わせ部のシール ドア, リアフェンダなどのパネル補強 ドアなどのパネル制振
艤装工程	ガラス用接着剤 アクリル系水性接着剤 両面粘着テープ ブチルゴム系接着剤	ウィンドウガラスの車体への接着（ダイレクトグレージング） ルーフインシュレータの接着 サイドガードモール, エンブレムなどの接着 リアコンビネーションランプ ドアスクリーンなどのシーリング・接着

ダネルダグラス社のYC-15型機の胴体構造を研究対象として，外板とストリンガーの接着接合にエポキシ樹脂系接着剤とプライマーの接着システムが用いられ，表面処理および接着剤とプライマーの組合せが重要であることが確かめられた．近年，機体構造材料への複合材料の応用が増加傾向にあり，軽量化，高温耐熱性，一体成形性などの特長がある先進複合材料へと技術革新している．1960年代後半，米国空軍材料研究所が中心となって戦闘機構造部用複合材料として検討され，F-14の二次構造材の一部に初めて使用された．その後，F-18では一次構造材に応用され，F-22ではアルミ，チタンなどの機体構成材料の

24%が複合材料である．**表 2.3.6** に，種々の航空機における複合材料の適用箇所を示す．民間機においては，1983年就航したボーイング社のB767では，方向舵や補助翼の一部などへ採用されたのみであったが，B777（**図 2.3.2**）では，炭素繊維—エポキシ樹脂／ポリアミド系微粒子による高強靭性プリプレグを用いて，尾翼トルクボックス，床下のフロアビームさらにB787の主翼，胴体などに応用され，機体の50%は軽量の炭素繊維複合材であるといわれている．また，エアバス社のA320では，垂直，水平尾翼の一次構造材に，超大型機A380では，客室後方圧力隔壁，センター・ウイング・ボックス，胴体上半面などに大量の複合材料が適用され，大幅な減量を達成している（**図 2.3.3**）．

　複合材料は，あらかじめ織物あるいは一方向に引き揃えられた強化繊維に樹脂を含浸させたシート状のプリプレグを作製し，これを積層してオートクレーブで加熱，加圧により硬化させる成形法と，RTM（resin transfer molding）が，主に検討されている．成型前のプリプレグの材質としては，半固体で取り扱いやすく，成形後に優れた機械的特性を発揮するエポキシ樹脂が主流であるが，更に耐熱性を要求される場合，ビスマレイミド，ポリイミドがマトリックス樹脂として使用される．ビスマレイミドの応用例としては，F-22の翼，胴体やC-17の後部フラッピングフェアリングなどがある．

2.3.2　耐熱性接着剤

　耐熱性接着剤は**表 2.3.2** のFS MMM-A-132Bの各タイプにランクされる接着剤である．また，超耐熱性としては**表 2.3.7** のように分類することもある．レジンIのポリマーはポリベンズイミダゾール，ポリキノキサリン，レジンIIはポリイミド，ポリフェニルキノキサリン，レジンIIIはアセチレン末端ポリイミド，ポリフェニルキノキサリン，ビスマレイミドなどである．

（1）　ポリベンズイミダゾール（PBI）

　芳香族ポリベンズイミダゾールは，芳香族テトラミンと芳香族ジカルボン酸のジフェニルエステルとの溶融重縮合によって合成される．接着剤として用いられるものは2量体，3量体の低分子ポリマーであり，加熱，加圧時にフェノ

2.3 機能別接着剤

表 2.3.6 種々な航空機における複合材料の適用箇所 [33]

複合材料部位	F-14	F-15	F-18	AV-8B	DC-10 Demo	L-1011 Demo	B-737	B-757	B-767	Lear Fan2100
ドアー	○		○	○				○	○	○
方向舵		○		○	○			○	○	○
昇降舵		○			○			○	○	○
垂直尾翼		○	○	○	○	○				○
水平尾翼	○	○	○	○			○			
スポイラー						○	○			
フラップ				○				○	○	
ウイングボックス			○	○				○		
胴体				○						
その他	フェアリング	スピードブレーキ	スピードブレーキ、フェアリング	フェアリング		フェアリング		フェアリング	フェアリング	プロペラブレード

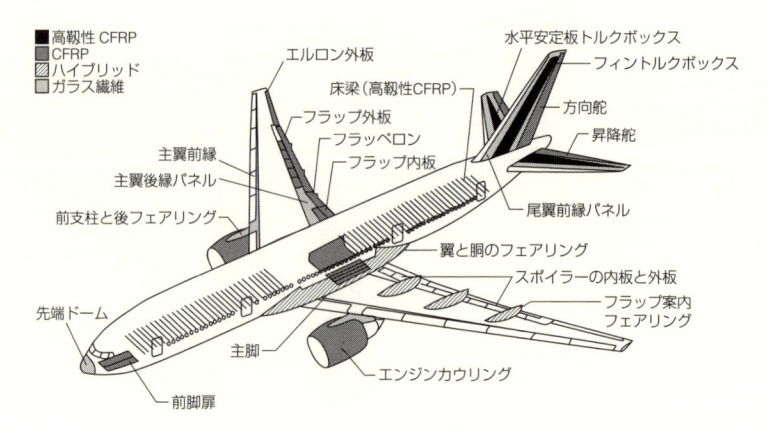

図 2.3.2 B777 機の高分子系複合材料適用部位[36]

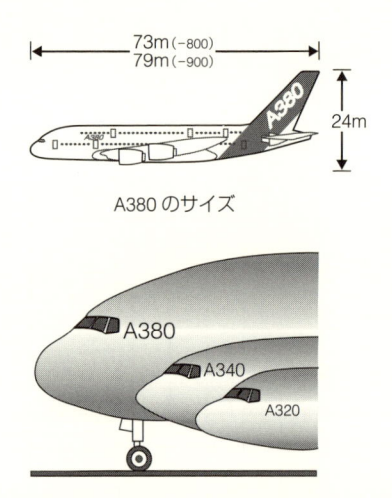

図 2.3.3 超大型旅客機 A380 と A320，A340 とのサイズの比較[37]

表 2.3.7 耐熱性ポリマーのレンジ[42]

レンジ	使用温度（℃）	使用時間	ポリマー（例）
I	538〜760	数分	ポリベンズイミダゾール
II	288〜371	数百時間	ポリイミド
III	177〜232	数千時間	ポリフェニルキノキサリン

ールと水が発生する難点があるが,最も耐熱性のある代表的な接着剤である.PBI/カーボンコンポジットは,689℃×3分間熱劣化後で室温時の曲げ接着強さの約18%を保持しているといわれている.

(2) ポリイミド (PI)

ポリイミドは,縮合形ポリイミド,熱可塑性ポリイミド,付加形ポリイミドに大別される.縮合形ポリイミドは,芳香族ジアミンと芳香族酸二無水物との反応によって合成される.使用温度288℃までの付加形ポリイミドと使用温度371℃まで耐える縮合形ポリイミドの耐熱性接着剤の耐熱特性を**表 2.3.8**,**表 2.3.9**に示す.このような耐熱ポリマーは,航空・宇宙産業へプリプレグのマトリックスとしてよく応用されている.超音速旅客機の表面温度は,マッハ2.0(コンコルドクラス)で104℃であり,エポキシ樹脂で対応できるが,マッハ2.4で160℃,マッハ2.7では232℃となりエポキシ樹脂でなくポリイミドなどが一般に用いられる.未硬化では無毒,長期貯蔵安定性,作業性がよく,硬化後は−55〜177℃において高強度の機械的性質があり,耐湿性,耐薬品性に富む PETI(phenyl ethynyl terminated imide)の耐熱特性を**表 2.3.10**に示す.

表 2.3.8 付加形ポリイミドの接着特性[45]

引張接着強さ	PSi (MPa)
−55℃	3 300 (22.8)
24℃	3 250 (22.4)
175℃	2 300 (15.9)
288℃	2 170 (14.9)
260℃熱劣化	
500 時間後	
24℃	1 800 (12.4)
288℃	1 930 (13.3)
1 000 時間後	
24℃	2 110 (14.5)
288℃	1 680 (11.6)
2 000 時間後	
24℃	1 980 (13.7)
288℃	1 400 (9.7)

表 2.3.9 縮合形ポリイミドの接着特性[46]

引張接着強さ	6Al-4V チタニウム (1.27 mm) PSi （MPa）	AvimidN (2.54 mm) PSi （MPa）
－55℃	2 900 （20.0）	3 250 （22.4）
24℃	2 570 （17.2）	3 360 （23.2）
177℃	2 200 （15.2）	—
288℃	1 850 （12.8）	2 700 （18.6）
338℃	1 750 （12.1）	2 500 （17.3）
360℃	1 630 （11.2）	—
371℃	1 380 （ 9.5）	1 360 （ 9.4）
391℃	—	1 020 （ 7.0）
371℃熱劣化 75 時間後		
24℃	1 480 （10.2）	—
371℃	1 280 （ 8.8）	—
125 時間後		
24℃	1 300 （ 8.8）	2 690 （18.6）
338℃	1 000 （ 6.9）	1 750 （12.1）
371℃	1 000 （ 6.9）	1 400 （ 9.7）

表 2.3.10 PETI-1 のせん断接着強さ[43]

暴露時間 (177℃空気中)	室温 (MPa)	177℃ (MPa)
なし	52.9	30.7
10 000 時間	49.7	30.0
20 000 時間	23.9	30.6
30 000 時間	23.6	27.9

注　被着材：チタニウム合金 (6Al-4V)
　　表面処理：Pasa Jell 107

（3）エポキシ樹脂

　エポキシ-フェノリックタイプは，以前より耐熱性特性が優れている接着剤として知られている．代表的なエポキシ-フェノリックの接着特性を**表 2.3.11** に，**図 2.3.4** にはポリイミド，エポキシ-フェノリックなどとの比較した耐熱接着強さを示す．エポキシ樹脂は，前述したように耐熱性，接着性，機械的強度，電気特性などに優れているので，種々の分野で応用されている．

2.3 機能別接着剤

表 2.3.11 エポキシ-フェノリックの接着特性（MMM-A-132A，タイプ 2）[48]

試験項目および試験条件		規格値	測定値
引張せん断接着強さ（MPa）			
24℃		15.52	24.48
150℃	10 分	13.79	19.03
150℃	192 時間	13.79	19.93
260℃	10 分	—	13.79
−55℃		15.52	22.24
疲労強さ			
24℃			
5.20 MPa，10^6 サイクル		破壊なし	破壊なし
クリープ破壊（mm）			
24℃			
11.03 MPa，192 時間		0.38	0.07
150℃			
5.52 MPa，192 時間		0.38	0.25
引張せん断接着強さ（MPa）			
24℃	浸せき日数		
塩水噴霧	30 日	14.49	20.41
浸せき試験			
JP-4 燃料	7 日	14.49	23.00
不凍液	7 日	14.49	22.76
作動油	7 日	14.49	20.31
標準試験油	7 日	14.09	21.31
水	30 日	14.49	18.00

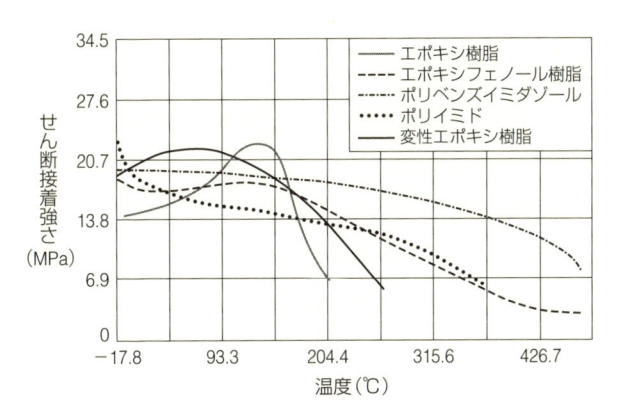

図 2.3.4 耐熱性接着剤の接着強さと温度 [41]

特に電気・電子分野では，封止材料，絶縁材料などとして幅広く使用されている．近年，ICカード，携帯電話やノートパソコンなどの発展により，電子部品の小型化，高密化，薄型化に伴い，使用されるエポキシ樹脂も成形性，耐湿性，耐熱性などにより高度な性能が要求されるようになってきて，これらのニーズに対応した研究開発も盛んに行われている．ナフタレン系エポキシ樹脂は，比較的低吸水率を保持し，200℃以上の高いガラス転移点が得られる．また，エポキシ樹脂−シロキサン変性ポリアミドイミドは，銅箔などの金属，ポリイミド樹脂，エポキシ樹脂に対して優れた接着性を有する耐熱性樹脂となる．その硬化特性を**表 2.3.12**に，**図 2.3.5**には通常のエポキシ樹脂の化学構造とガラス転移温度（Tg）の関係を示す．

2.3.3 導電性接着剤

導電性接着剤は，電気・電子産業，航空・宇宙産業などで応用されている．従来，金属導体の接合はハンダ付けや溶接で行われてきたが，近年，電子産業を中心として，金属導体以外にカーボン，セラミックスなどを接合する分野が増大すると共に，電子部品の小型化，軽量化さらに高生産性などのニーズに，ハンダ付けや溶接では対応できなくなり，接着剤による導体の接合やシールする方法が実用化されてきた．例えば，回路用に適用されている銀ペーストは主に，モバイル機器，キャッシュレジスタ，パソコンのキーボード，電子レンジのタッチスイッチ，テレビのリモコンやLCDコネクターなどの導電性接着剤として応用されている．導電性接着剤は，**表 2.3.13**に示すように合成樹脂を主体としたバインダーと導電性フィラー，添加剤，溶剤などより構成されている．導電性接着剤に要求される特性は，通常，$10^6 \sim 10^{-6}$ Ω-cmと広範囲な導電性と接着強さが基本となる（**表 2.3.14**）．この他に，マイクロディスペンサー，スクリーン印刷など，使用目的，使用方法に応じて種々の特性が要求される．

2.3 機能別接着剤

表 2.3.12 エポキシ-シロキサン変性ポリイミドの性能[23]

弾性率	1.7 MPa
Tg	230℃
銅箔接着性	1.7 kN/m
ポリイミド接着性	1.5 kN/m

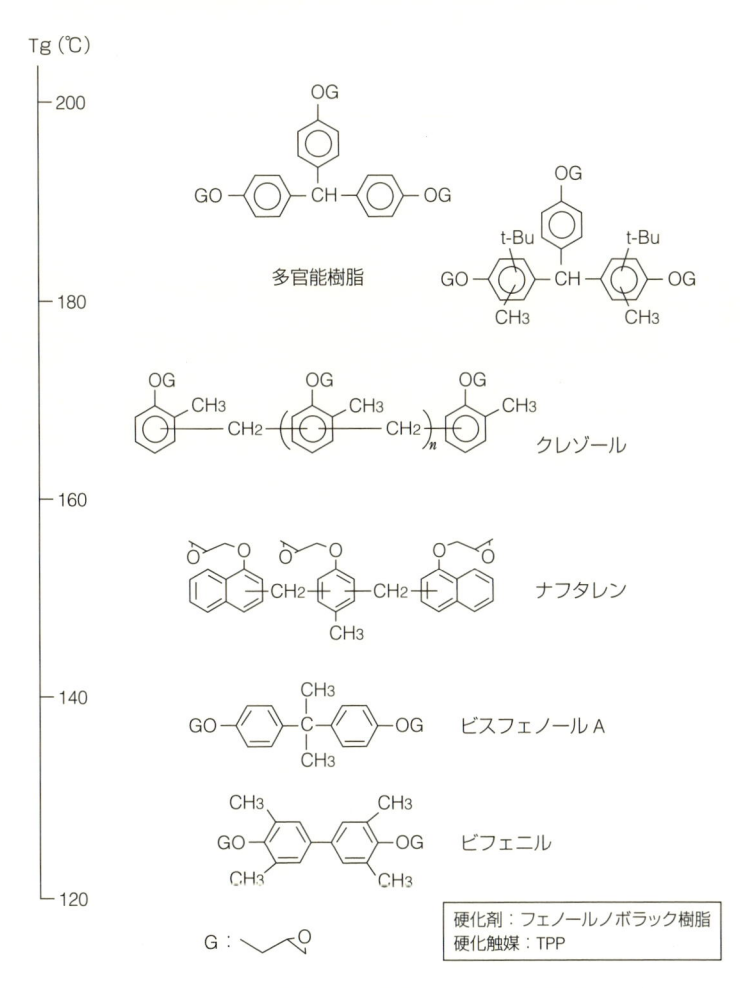

注　硬化剤：2E4MZ

図 2.3.5 エポキシ樹脂の化学構造とガラス転移温度（Tg）[56]

表 2.3.13 銀ペーストの成分 [15]

組　成		代　表　的　成　分
エポキシ樹脂組成物	エポキシ樹脂	ビスフェノールA形エポキシ樹脂 フェノールノボラック形エポキシ樹脂 クレゾールノボラック形エポキシ樹脂 脂環式エポキシ樹脂
	硬化剤	アミン 酸無水物 フェノール
	希釈剤	高沸点溶剤 各種グリシジルエーテル等
	その他	硬化促進剤 表面活性剤 消泡剤 各種添加剤
ポリイミド樹脂組成物	ポリイミド樹脂	ポリイミド 　⎰ ピロメリットタイプ 　⎨ ベンゾフェノンタイプ 　⎱ マレイミドタイプ ポリアミドイミド ポリエステルイミド
	硬化剤	アミン ⎫ パーオキサイド ⎬ 又はなし
	希釈剤	N-メチルピロリドン ジメチルホルムアミド
銀粉		粒状 りん片状

2.3.3.1　導電性接着剤の分類

　導電性接着剤のバインダーは，合成樹脂と低融点ガラスに大別され，導電性フィラーには，銀，銅，ニッケルなどの金属粉，カーボンブラック，グラファイトおよび酸化スズ，酸化インジウムなどの金属酸化物が使用される．低融点ガラスをバインダーとした高温焼成型は，コストが高く素材セラミックなどに限定される．ここでは，合成樹脂をバインダーとした導電性接着剤について述べる．

2.3 機能別接着剤

(1) バインダー

バインダーは，被着材を接着させるほか，導電性フィラーの粒子を鎖状に連結して導電性を持たせると共に，導電被膜の物理的，化学的安定性に付与する．バインダーとしては，エポキシ樹脂（図 2.3.6），ポリイミド，フェノール樹脂，アクリル樹脂，ポリエステル，シアノアクリレート，UV 硬化形エポキシ樹脂などがあり，要求特性と使用目的に応じて選定される．

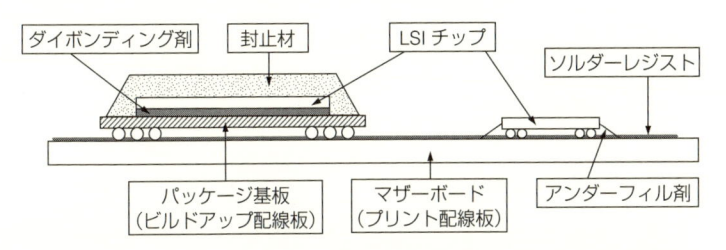

図 2.3.6 エレクトロニクス実装分野で用いられるエポキシ樹脂[50]

(2) 導電性フィラー

導電性フィラーは，無機系，有機系（有機半導体）に大別されるが，金属（金，銀，銅，ニッケルなど），金属酸化物，無定型カーボン粉，グラファイト，銀メッキした微粒子などの無機系フィラーを一般に使用する．その中でも銀は貴金属としては比較的安価であり，環境特性，粉末特性に優れているので，回路用の代表的な導電性フィラーである．導電性は，導電フィラーの種類，形状，大きさ，配合量により異なる．表 2.3.15 に，種々の物質の密度と体積固有抵抗，図 2.3.7 に銀含有量と体積固有抵抗の関係を示す．銀粉は，導電フィラーとして多く使用される．銀粉には，銀のマイグレーションによる電気的短絡などの難点があるが（図 2.3.8），オーバーコートやカーボンペーストを塗布することにより，マイグレーションを防いでいる．

表 2.3.14 各種導電性

フィラー	銘柄	タイプ	用途	比抵抗 (Ω-cm)	鉛筆硬度
銀粉	DW-250H-5	熱硬化型	回路用 ITO用	3.5×10^{-5}	2H
	DW-260H		回路用	6.0×10^{-5}	HB〜F
	DW-250H-7			3.5×10^{-5}	2H
	DW-117H-41		ITO用	3.0×10^{-5}	2H
	DW-351H-28		回路用	3.0×10^{-5}	2H
	DW-351H-30			1.8×10^{-5}	2H
	DW-114L-1	蒸乾型	回路用 ITO用	4.5×10^{-5}	2H
	DW-104H-3	熱硬化型	接着剤	1.0×10^{-4}	2H
	DW-545			2.0×10^{-4}	2H
	DP-120H-1	熱硬化型	めっき下地用	2.0×10^{-4}	H
銀粉／カーボン	DX-121H-1	熱硬化型	回路用	5.0×10^{-5}	2H
	DX-153H-90			2.8×10^{-5}	2H
	DX-153H-75			5.0×10^{-5}	2H
	DX-116L-1	蒸乾型		6.0×10^{-5}	2H
カーボン	DY-150H-30	熱硬化型	銀回路の押え用 (Agマイグレーション防止)	1.0×10^{-1}	2H
	DY-280H-3			8.0×10^{-2}	2H
	DY-200L-2	蒸乾型		1.0×10^{-1}	2H
	DY-150H-8L	熱硬化型	床暖房などの面状発熱体用	8.0×10^{-2}	H
	DY-150H-9H			1.8×10^{-0}	H
	DYP-020	蒸乾型	電極用など	2.0×10^{-2}	3H

2.3 機能別接着剤

ペーストの特性と用途[56]

粘度 (dPa·s)	特　　長
270	回路用の代表銘柄．低抵抗，耐屈曲性，ファインパターン印刷性．ITO に対する密着性およびリニアリティ良好
700	超低音時の耐屈曲性 超ファインパターン印刷性 LCD コネクター対応
250	DW-250H-5 の表面平滑性を低減した高性能品． ジャンパー仕様に適する
280	低抵抗，リニアリティ良好
185	低温硬化性，耐屈曲性
200	低抵抗タイプ
290	低温乾燥タイプの代表銘柄 ITO に対する密着性およびリニアリティが良好
250	銀接点接着用．仮乾燥後にヒートプレスして接着する
580	部品実装用．メタルマスク印刷性，ディスペンスも可能
200	アディティブ回路作成用 はくり強度，耐めっき性
240	Ag ペースト並の低抵抗
300	耐屈曲性
280	耐マイグレーション性
280	低温乾燥タイプの代表銘柄
230	標準タイプ，銀塗膜被覆性
350	耐屈曲性
370	低温乾燥タイプ
250	ブレンドして抵抗調整可能
250	抵抗値の熱安定性良好　PTC 特性なし
80〜300	耐溶剤性（ポリカーボネート系溶剤に耐える），耐熱性

表 2.3.15　種々の物質の密度と体積固有抵抗[55]

	密度 (g/cm³)	体積固有抵抗 (Ω-cm)
銀	10.5	1.6×10^{-6}
銅	8.9	1.8×10^{-6}
金	19.3	2.3×10^{-6}
アルミニウム	2.7	2.9×10^{-6}
ニッケル	8.9	10^{-5}
白金	21.5	21.5×10^{-6}
はんだ	—	$20 \sim 30 \times 10^{-6}$
銀を充てんした導電性インキ	—	1×10^{-4}
銀を充てんした導電性接着剤	—	1×10^{-3}
グラファイト	—	1.3×10^{-3}
低品質の含銀接着剤	—	1×10^{-2}
グラファイトまたはカーボンを充てんした導電性インキ	—	$10^2 \sim 10$
アルミナ充てんしたエポキシ樹脂接着剤	$1.5 \sim 2.5$	$10^{14} \sim 10^{-15}$
無充てんエポキシ樹脂	1.1	$10^{14} \sim 10^{-15}$
マイカ，ポリスチレンなどの絶縁用材料	—	10^{16}

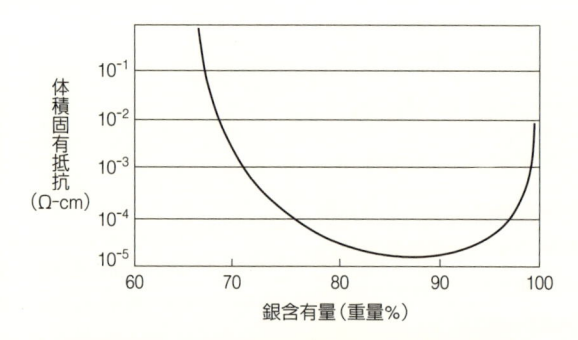

図 2.3.7　銀含有量と体積固有抵抗の関係[59]

2.3.4　電気絶縁性接着剤

　通常，導体・絶縁体は，図 2.3.9 に示すような体積抵抗率（Ω-cm）で区分している．絶縁性接着剤は，少なくても 10^{12} Ω-cm 以上の体積抵抗率が要求され，その他絶縁破壊接着強さ，防湿性などの性能も重要視される．JIS C 4003 では，絶縁の種類を 7 種類のクラス（表 2.3.16）に分けている．接着剤とし

2.3 機能別接着剤

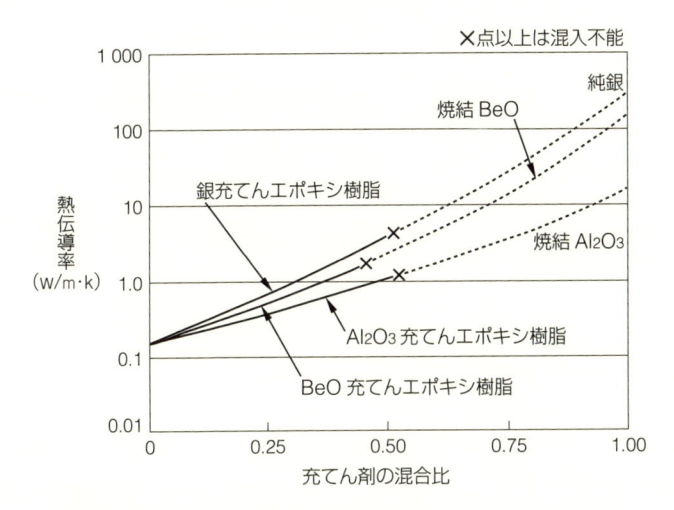

図 2.3.8 エポキシ樹脂と充てん剤量における熱伝導性[55]

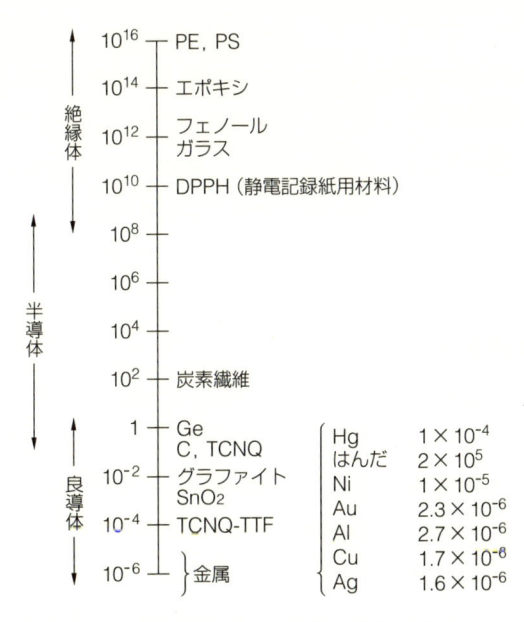

グラフ内ラベル:
- 縦軸: 熱伝導率 (w/m·k)
- 横軸: 充てん剤の混合比
- ×点以上は混入不能
- 純銀
- 焼結 BeO
- 焼結 Al_2O_3
- 銀充てんエポキシ樹脂
- Al_2O_3 充てんエポキシ樹脂
- BeO 充てんエポキシ樹脂

図 2.3.9 各種材料の体積固有抵抗値 σ_v (Ω-cm)[56]

絶縁体:
- 10^{16} — PE, PS
- 10^{14} — エポキシ
- 10^{12} — フェノール、ガラス
- 10^{10} — DPPH (静電記録紙用材料)

半導体:
- 10^8
- 10^6
- 10^4
- 10^2 — 炭素繊維
- 1 — Ge、C, TCNQ

良導体:
- 10^{-2} — グラファイト、SnO_2
- 10^{-4} — TCNQ-TTF
- 10^{-6} — 金属

金属	抵抗値
Hg	1×10^{-4}
はんだ	2×10^5
Ni	1×10^{-5}
Au	2.3×10^{-6}
Al	2.7×10^{-6}
Cu	1.7×10^{-6}
Ag	1.6×10^{-6}

表 2.3.16　各種絶縁の許容最高温度[57]

絶縁の種別	許容最高温度（℃）
Y	90
A	105
E	120
B	130
F	155
H	180
C	180を超えるもの

ては，導電性接着剤と同じように，各々の用途に応じて，エポキシ樹脂，シリコーン樹脂，ポリイミド，SGA，ポリビニルブチラール，紫外線硬化形などが用いられている．**表 2.3.17** に各種材料の電気特性を示す．近年，電子部品の小型化，高密化に伴う発熱が問題となり，電気絶縁性を保持して熱伝導性があるニーズが多くなってきた．一般に金属は熱伝導率が大きいが電気絶縁性はなく，一方プラスチックは熱伝導率が小さいが電気絶縁性がある．電気絶縁性があると共に熱伝導率が大きい絶縁熱伝導性材料としては，セラミックやその複合材料がある．**表 2.3.18** に各種材料の熱伝導率を示す．これらの絶縁熱伝導性材料をエポキシ樹脂などに充てんして熱伝導性を飛躍的に向上させた高熱伝導形接着剤が実用化されている．

2.3.5　弾性接着剤

　弾性接着剤には明確な定義はないが，低温（−60℃）から高温（120℃）まで広い温度範囲において接着剤の硬化物の弾性率がゴム状領域にあり，tan δ も広い温度範囲で大きい接着剤のことである．したがって，弾性シーリング材の主成分であるシリコーン，変成シリコーン，ポリウレタン，ポリサルファイドなどの中で，高モジュラスタイプは弾性接着剤となる．自動車の窓ガラスを直接ボディーフランジに接着するダイレクトグレージングに適用されているポリウレタンや，断熱，防音，省エネ，結露防止を目的とした複層ガラス（図

表 2.3.17 高分子材料の電気特性[58]

材料\性質	ポリスチレン汎用	メタクリル樹脂	ポリ塩化ビニール	ポリアミド6-ナイロン	ポリカーボネート	ポリプロピレン	ポリアセタール	ABS	フッ素樹脂
体積固有抵抗 [Ω·cm]	10^{17}〜10^{19}	10^{15}〜10^{16}	10^{10}〜10^{13}	10^{14}	10^{16}	>10^{16}	10^{13}〜10^{14}	10^{15}〜10^{16}	10^{18}
絶縁破壊電圧 [kW·mm⁻¹]	16〜18	14〜22	18〜22	31	31〜33	20〜26	20	12〜13	20〜24
誘電率 (ε)	2.4〜2.7	2.2〜3.2	3.3〜4.5	3.5〜4.7	3.0	2.2〜2.6	3.7	2.4〜3.8	2.3〜2.5
誘電正接 (tanδ)	0.0001〜0.0004	0.02〜0.03	0.04〜0.14	0.02	0.01	0.0005〜0.0015	0.004	0.007〜0.015	0.009〜0.017
耐アーク性 [S]	60〜135	トラッキングなし	<10	130〜140	10〜120	120〜130	240	50〜85	トラッキングなし

材料\性質	ポリスルホン	熱可塑性ポリイミド	フェノール樹脂	フェノール樹脂ガラス繊維入り	尿素樹脂	ポリエステル樹脂(注型用)	エポキシ樹脂(注型用)	ポリウレタン(注型用)	ケイ素樹脂
体積固有抵抗 [Ω·cm]	10^{16}	>10^{16}	10^{11}〜10^{12}	10^{12}〜10^{13}	10^{10}〜10^{12}	10^{15}	10^{13}〜10^{16}	2×10^{11}〜10^{15}	10^{10}〜10^{14}
絶縁破壊電圧 [kW·mm⁻¹]	18	22	—	12〜28	11〜16	15〜20	10〜20	15〜20	7〜20
誘電率 (ε)	2.8	3.5	4.5〜5.0	4.6〜6.6	6.0〜8.0	2.8〜4.1	3.3〜4.0	6.5〜7.1	3.7〜4.3
誘電正接 (tanδ)	0.0034	0.002	0.015〜0.03	0.015〜0.04	0.028〜0.032	0.06〜0.026	0.03〜0.05	0.05〜0.06	0.002〜0.003
耐アーク性 [S]	122	230	<10	<10	70〜90	125	45〜120	<10	150〜250

表 2.3.18　種々の材料の熱伝導率[14]

	熱伝導率(25℃) (W/m·K)
銀	415
銅	381
酸化ベリリウム	225
アルミニウム	190
鉄	69
はんだ	35〜52
酸化アルミニウム	35
銀を充てんしたエポキシ樹脂	1.7〜6.9
アルミニウムを充てん(50%)したエポキシ樹脂	1.7〜3.5
酸化アルミニウムを75%充てんしたエポキシ樹脂	1.4〜1.7
酸化アルミニウムを50%充てんしたエポキシ樹脂	0.5〜0.7
酸化アルミニウムを25%充てんしたエポキシ樹脂	0.3〜0.5
無充てんのエポキシ樹脂	0.17〜0.26
発泡プラスチック	0.02〜0.05
空気	0.026

2.3.10) に適用されているポリサルファイドなどがその一例である．

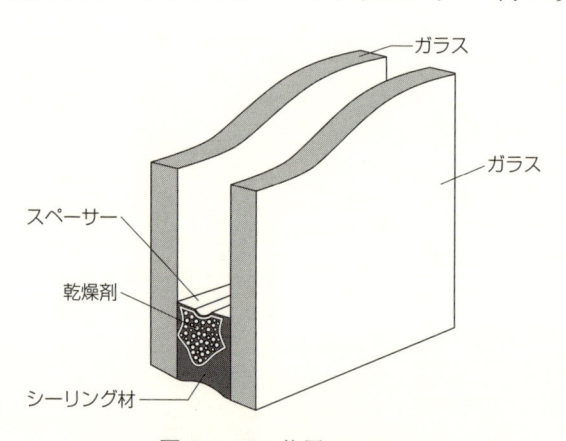

図 2.3.10　複層ガラス[18]

（1）エポキシ樹脂系

　エポキシ樹脂は，接着性，耐薬品性，耐熱性，電気特性，機械的な強度などに優れ，土木，建築，電気，自動車，航空，宇宙など広い範囲の産業分野

2.3 機能別接着剤

で応用されている．しかし，その硬化物は，一般に弾性率が大きいためエネルギー吸収能力が低く，硬くもろい欠点がある．これらの欠点を改良するため，ゴム，エラストマーおよびスーパーエンプラなどの添加により改質が行われている．エピ-ビス形エポキシ樹脂の可とう性を改良する目的で末端官能基をもった液状ニトリルゴムを少量添加することが，Mc Garry らにより 1969 年頃より研究されてきた結果，ハイカー CTBN をエポキシ樹脂に 5～15 パーツ添加することにより海島構造となり強靱化する方法が編み出され，現在でも構造用接着剤の主成分として使用されている．主な液状ハイカーの性状を**表 2.3.19** に示す．ATBN は，エポキシ樹脂系接着剤における可とう性，はく離接着強さを改良するのに配合される．さらに，ATBN1300×16 を多めに配合した ATBN/エポキシ（80～85/20～15）は，伸び：400～800%，硬さ：ショアー A60～75 となり，金属，コンクリートなどの被着材に対して，接着性，耐薬品性に富むエラストマーとなる．

表 2.3.19　反応性液状ポリマー[60]

グレード	骨格鎖	末端基	AN%	EPHR[(1)]	官能数	分子量	粘度[(2)] (cps)
Hycar CTB 2 000×162	ブタジエン	—COOH	—	0.048	1.9	4 000	$5×10^4$
Hycar CTBN 1 300×15	ブタジエン-アクリロニトリル	—COOH	10	0.055	1.9	3 400	$8×10^4$
Hycar CTBN 1 300×8	ブタジエン-アクリロニトリル	—COOH	18	0.055	1.9	3 400	$12×10^4$
Hycar CTBNX 1 300×9	ブタジエン-アクリロニトリル	—COOH	18	0.072	2.4	3 400	$14×10^4$
Hycar CTBN 1 300×13	ブタジエン-アクリロニトリル	—COOH	27	0.055	1.9	3 400	$65×10^4$
Hycar VTBN 1 300×14	ブタジエン-アクリロニトリル	—CH=CH$_2$	18	0.055	1.9	3 400	$20×10^4$
Hycar CTBN 1 300×16	ブタジエン-アクリロニトリル	—NH$_2$	18	0.055	1.9	3 400	$19×10^4$

[(1)] equivalent per hundred rubber
[(2)] Brookfield #7, 27℃

(2) エポキシ-変性シリコーン

ポリオキシプロピレンを主骨格とし，ジメトキシシリル基を反応基として持つ変成シリコーン樹脂は，エポキシ樹脂を併用すると，変成シリコーン樹脂のマトリックス層の中にエポキシ樹脂ドメインが分散した海島構造となる．エポキシ-変成シリコーンは2成分系が一般的であるが（**表 2.3.20**），エポキシ樹脂の硬化剤としてケチミン，エナミンを用いると，常温で安定な1成分系となる．特開平2-45518などで，市販のケチミンを用いて室温で硬化する一液形エポキシを紹介しているが，貯蔵安定性をより向上させる目的で，新規なケチミンが研究されている．例えば，メチルイソピルケトンメチルt-ブチルケトンなど立体障害の大きなケトンと立体障害の少ないアミンから合成された**図2.3.11**のようなケチミンを潜在性硬化剤として用いることで，硬化速度を損なうことなく貯蔵安定性を向上させることができる．この潜在性硬化剤を用いて，エポキシ-変成シリコーン組成物で湿気硬化する一液形弾性エポキシ樹脂系接着剤が得られる．また，アミノアルコキシシランから導かれるアミノ成分を含むケイ素含有ケチミンやケチミンに，ヘキサメチレンジイソシアネートなどと反応させたウレタン化ケチミンをエポキシ-変成シリコーンに配合するこ

表 2.3.20　弾性接着剤の特性[65]

項目	スーパーX	PM100	PM165	PM200		EP-001	
主成分	変成シリコーン樹脂系			変成シリコーン-エポキシ樹脂マトリックス系			
製品形態	一液型			二液型			
				主剤	硬化剤	主剤	硬化剤
粘度(Pa·s /23℃)	100	400	320	270	120	23	23
密度(g/cm³)	1.26	1.38	1.57	1.31	1.21	1.14	1.10
引張せん断強さ(N/mm²)	4.20	0.90	2.10	5.40		10.8	
はく離接着強さ(N/mm)	3.0	4.9	1.2	3.8		4.3	
皮膜物性　破断強度(N/mm²)　伸び(%)　硬度(ショアーA)	1.96　215　42	200　28	1.18　100　48	3.82　140　62		6.90　200　78	

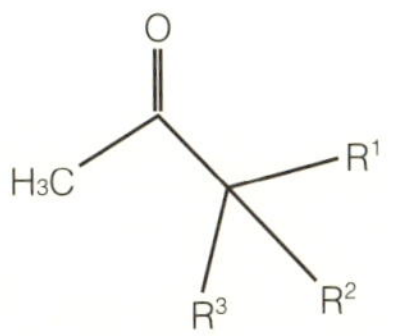

2.3 機能別接着剤　　　　　　　　　　85

R¹：炭素数 1～6 のアルキル基からなる群から
　　選ばれるいずれか一つ
R²：CH_3 または C_2H_5
R³：H, CH_3 または C_2H_5

図 2.3.11 ケチミン[61),62)]

とにより，貯蔵安定性に優れた湿気硬化する一液形弾性エポキシ樹脂系接着剤となる．その他，シリコーン成分とウレタン成分とのハイブリット構造を有するシリル化ウレタンポリマーをベースとした弾性接着剤（**表 2.3.21**）が開発されてきている．

表 2.3.21 弾性接着剤の性状[66)]

項　目	性状			備考
色　調	クリア	白	黒	
外　観	透明ペースト状	白色ペースト状	黒色ペースト状	
主成分	シリル化ウレタン樹脂			
粘度(Pa·s)	20～60（23℃）	40～80（23℃）		JIS K 6833
比　重	1.03（23℃）	1.10（23℃）		JIS K 6833
不揮発分(%)	95 以上			JIS K 6833
皮張り時間(分)	3～5 {23±1℃, (50±5)%}	0.5～2 {23±1℃, (50±5)%}		JIS K 6833

(3) エポキシ-ポリサルファイド

ポリサルファイド系シーラントは，通常，**図 2.3.12** の構造式のポリサルファイドを二酸化マンガン，イソシアネートなどと組み合わせて硬化させたもので，建築用，工業用，航空機用シーリング材に応用されている．近年，航空機用シーリング材の一部に応用されている速硬化シーリング材は，エポキシ-ポ

リチオエーテルポリマーを主成分としたシーラントであり、その硬化特性を**表2.3.22**に示す．

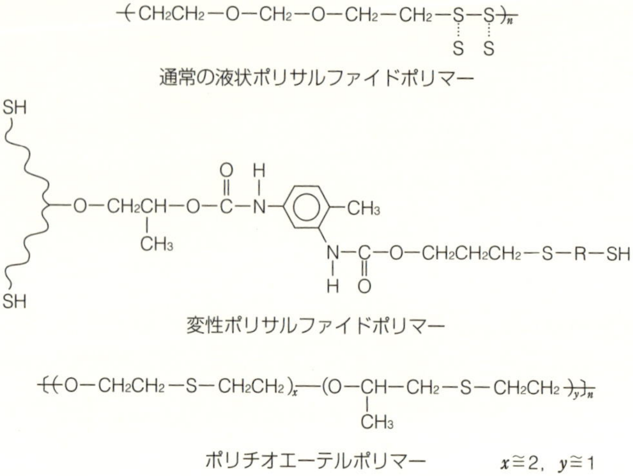

$$-(CH_2CH_2-O-CH_2-O-CH_2-CH_2-S-S)_n-$$
$$\qquad\qquad\qquad\qquad\qquad\qquad\quad | \ \ |$$
$$\qquad\qquad\qquad\qquad\qquad\qquad\quad S\ S$$

通常の液状ポリサルファイドポリマー

変性ポリサルファイドポリマー

$$-((O-CH_2CH_2-S-CH_2CH_2)_x-(O-CH-CH_2-S-CH_2CH_2)_y)_n-$$
$$\qquad\qquad\qquad\qquad\qquad\qquad\qquad\quad\ \ |$$
$$\qquad\qquad\qquad\qquad\qquad\qquad\qquad\quad CH_3$$

ポリチオエーテルポリマー　　　$x≅2, \ y≅1$

図2.3.12 シーリング材のベースポリマー[64]

表2.3.22 ポリチオエーテル-エポキシの硬化特性[67]

硬さ，ショアA	
25℃　2時間	35
4時間	45
伸び	400%
抗伸力	3 MPa
はく離接着強さ	8.3 kN/m
全固形分	96%

注　硬化条件：MIL-S-8802F に準拠

2.3.6 水中硬化接着剤

コンクリートのように，被着材表面あるいは内在する水分は接着を阻害するが，この水分を接着剤組成物の一部が吸収したり，被着材との強力なぬれ性により水を吸収したりすることによって調整されたものが，水中・湿潤面硬化形

接着剤である．被着材がコンクリートの場合，接着接合としては，コンクリート同士の接着，新旧コンクリートの接着，（新旧）コンクリートと他の材料との接着などがある．土木・建築分野にて広く使用されているコンクリートは，水中・湿潤状態において接着作業することがあり，エポキシ樹脂系，ウレタン系およびアクリル系接着剤などが用いられている．それらのうち最も広く応用されているエポキシ樹脂系接着剤について述べる．室温硬化形エポキシ樹脂系接着剤の主剤は通常のビスフェノールＡジグリジルエーテルタイプで，硬化剤としては，ポリアミドアミン，複素環状ジアミン変性物，ポリチオール系，ATBN，変性芳香族アミン系，変性脂肪族ポリアミン系などが使用されている．接着のメカニズムはいくつか考えられるが，主なものを次にあげる．

長鎖の脂肪族アミンをエポキシ樹脂に配合すると，アミンが被着表面に移行して水を置換する．その水は塗膜中に乳化分散されて，接着剤は被着材に直接塗れる．エポキシ樹脂-ポリアミドアミン系では，ポリアミドアミンを化学量論より15〜50％過剰に配合すると，過剰でフリーなポリアミドアミンはコンクリートや金属などの被着材表面に対する親和力が水より大きいので，硬化するまでの間に，ポリアミドアミン分子は選択的に被着材表面に移行して水分と置換すると考えられる．大理石，花崗岩の薄板を表面材とした石材と生コンクリートとを接着接合した試験結果などを，工程順に**写真 2.3.1〜2.3.4**に示す．

1) **写真 2.3.1**：石材裏面へ室温硬化形エポキシ樹脂系接着剤を塗布（試験用）
2) **写真 2.3.2**：接着剤を塗布した石材面へ生コンクリートを流し込む（試験用）
3) **写真 2.3.3**：生コンクリートを流し込んだ試験体を室温で30日間養生後，接着強さ測定用アタッチメントを付け接着試験を実施し，石材材破の状態を確認
4) **写真 2.3.4**：実物 GMP パネル

水中硬化接着に関するメカニズムは，以前より，自然界の接着現象，例えばフジツボ，エボシガイなどの甲殻類やムラサキガイなどの貝類について研究さ

写真 2.3.1　石材裏面へ接着剤を塗布[68]

写真 2.3.2　石材面へ生コンクリートを流し込む[68]

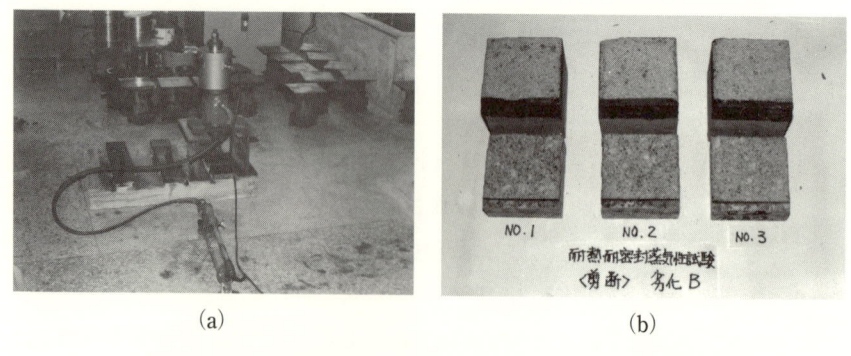

(a)　　　　　　　　　　(b)

写真 2.3.3　接着強さ測定用アタッチメントと石材材破[68]

2.3 機能別接着剤 89

写真 2.3.4 実物 GPC パネル[68]

れてきた結果，種々の接着方法について，ある程度解明されていて，日本接着学会誌『接着の技術』(2006年，26-3巻)の特集"自然界に学ぶ接着技術"にも，"甲殻類フジツボが示す新たな水中接着分子像"(紙野圭)として取り上げられている．同文献では，付着性海洋生物における水中接着は，一般に複数のたんぱく質の複合体であるようであると紹介している．

2.3.7 油面用接着剤

被着材を接着接合する場合，一般には被着材の表面に付着している汚染物を除去する作業をまず行うが，自動車生産ラインの組立工程のように表面処理作業が困難である場合や，コスト，生産性などを考慮した結果，油面鋼板の表面処理をすることなく油面接着剤を使用して接着接合することがある．油面接着剤としては，エポキシ樹脂系，シアノアクリレート系，第二世代アクリル，嫌気性接着剤，ゴム系マスチック，PVC系プラスチゾル，ポリウレタン系，ポリエステル系など種々のものがある．油面接着としては，油の付着した被着材表面に接着剤を塗布すると，油が接着剤の中に吸収拡散されて高い接着強さを保持するものが吸油性接着剤（oil absorbent adhesive）または油面接着剤（oil accommodating adhesive）である．油を除去するプロセスは，①接着剤による油の置換，②接着剤による油の吸着が考えられる．これらのプロセスのいずれか，あるいは両者が行われている．エポキシ樹脂系には，ペースト状と，シート状のエポキシ樹脂系接着剤がある．ペースト状には，熱硬化した際に，熱による"たれ"やシャワーの圧力による飛散などが起こることがあるが，シート状にはこのような欠点はなく，油面定着性も良好である．エポキシ樹脂のSP値は9.7～10.9であり，一方，油面鋼板に付着しているプレス油，防錆油は7.3～7.8と両者のSP値に差がある．そのため，両者の親和性が乏しくなり，接着強さは低下する．したがって，エポキシ樹脂に極性基の低いモノマー，オリゴマー，ポリマーや親油性の反応性希釈剤を配合するなどして，油との相溶性を増加させて接着強さを向上させる．表2.3.23にエポキシ樹脂系油面接着剤の配合例を示す．

表2.3.23　エポキシ樹脂系接着剤油面用シート状接着剤[71]

配合剤	重量部
エポキシ樹脂	100
モノマー，オリゴマー	0～15
合成ゴム	10～80
加熱硬化形硬化剤	6～8
充てん剤	10～8

2.3.8　光硬化形接着剤

接着剤の乾燥および硬化は，オイル，ガス，電気などの熱エネルギーなどのほか，生産の効率化，スピード化に対応した速硬化である紫外線（UV）や電子線（EV）の照射による硬化方法がある．UVおよびEV硬化形接着剤の長所と短所を次に示す．

＜長所＞

①短時間接着剤であり生産性が向上する．通常，加熱硬化時間は，数分～

2.3 機能別接着剤

数十分，UV 硬化では数秒〜数十分，EB 硬化は 0.1〜1.0 秒である．

②無溶剤形である．重合性オリゴマー，モノマーが主成分であり，有機溶剤を使用していないので，固形分 100% である．

③室温硬化が可能である．被着材にかかる熱が微小であるため，熱に弱い紙，プラスチック，フィルムなどを接着した場合，外観，基材を損なうことなしに接合できる．

④その他，省エネルギー，設置所要面積が熱乾燥炉の数分の一以下などの利点がある．

＜短所＞

①UV および EB 照射装置が必要である．さらに UV は EV に比較してエネルギーが低いので透過性が小さく，不透明の被着材には接合できない．また EB は，金属の表面処理状態により接着性が大幅に異なったり，被着材の厚みに限界があるなどの欠点がある．

電子線硬化の利用は，主としてコーティング材，高分子材料の改質およびラミネート関連に広く応用されている．紫外線硬化形接着剤（**表 2.3.24**）は，200〜400 nm の紫外線を数 10 秒照射して硬化させる接着剤である．当初，紫外線が透過するガラス，プラスチックの接着のみに適用されていたが，今日，加熱硬化，湿気硬化，嫌気硬化，プライマー硬化などと併用できるものも開発され，プリント基板のチップ部品の仮止め，液晶注入口のシール，液晶滴下システム（one drop fill），液晶ガラスの接着シール（**図 2.3.13**），モーター部品

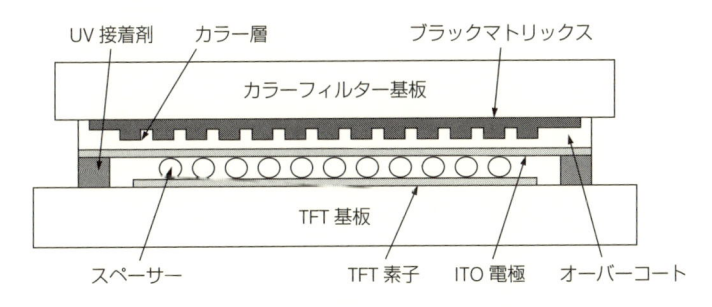

図 2.3.13　TFT-LCD パネルの断面図[72]

表 2.3.24 UV硬化型オーバーコート剤, ドットスペーサー[56]

銘柄		FR-200C-5	FR-200C-40	CR-103C-1	FR-100G-50
用途		ITOフィルム, ITOガラス用の額縁印刷用	ITOフィルム, ITOガラス用のオーバーコート剤	ITOフィルム, ITOガラス用ドットスペーサー	PETフィルム用オーバーコート剤汎用タイプ
特長		ITOに対する良好な密着性, 透明性, 平滑性 PETにも使用可能	ITOに対する良好な密着性 PETにも使用可能	ITOに対する良好な密着性 ドット印刷性 透明性	PETに対する良好な密着性と可とう性
色目		透明	グリーン (乳白色タイプもあり)	透明	グリーン
塗布方法		スクリーン印刷 (ドットスペーサー用はメタルマスクなどを使用)			
硬化条件 UV照射 (mJ/cm²)		1 000	500	1 000	500
粘度 (dPa·s)		100	350	550	280
塗膜物性	密着性 PET[(1)]	100/100	100/100	—	100/100
	密着性 ITO[(2)]	良好 (クロスカットなし)	100/100	良好 (クロスカットなし)	—
	鉛筆硬度 PET[(1)]	HB	HB	—	B
	鉛筆硬度 (はく離) ITO[(2)]	2B	HB	3B	—
	電気絶縁性	10¹³Ω以上 測定条件：DC500 V印加, アニール処理品			
	耐マイグレーション性	非常に良好	非常に良好	—	非常に良好

測定条件：60℃, 95% RH × 500 時間, DC6 V印加, くし形パターン, 導体は銀ペースト

[(1)] PETフィルム：フィルム厚 100 μm, アニール処理品
[(2)] ITOフィルム：フィルム厚 188 μm, 500RNA (東洋紡績(株)製)

など電気・電子産業を中心に広く応用されている．紫外線硬化形接着剤は，次のように，ラジカル重合形とカチオン重合形に大別できる．

(1) ラジカル重合形

(a) アクリル系

アクリレート系はオリゴマー，反応性希釈剤，光重合開始剤，添加剤などより構成されている．

オリゴマー：

ポリエステルアクリレート，エポキシアクリレート，シリコーンアクリレート，ウレタンアクリレート，ポリブタジエンアクリレート

反応性希釈剤：

アクリレートモノマー

光重合開始剤：

ベンゾインエーテル系，ベンゾフェノン-アミン系，アセトフェノン系，チオキサントン系

(b) ポリエン-ポリチオール系

アクリル系オリゴマーの UV 硬化はラジカル重合であり，その反応は酸素により阻害される．ポリエン-ポリチオール系はチオール（—SH）基の高いラジカル反応性により，酸素の阻害は少なく表面硬化性が優れている．

(2) カチオン重合形

近年，カチオン重合触媒の研究開発が盛んに行われ，光分解性のブレンステッド酸の塩が開発されたことにより，エポキシ樹脂に直接，紫外線を照射して硬化させることが可能になった．カチオン重合開始剤としては，芳香族ジアゾニウム塩，芳香族ヨウドニウム塩，鉄芳香族錯体などがある（**図 2.3.14**）．光カチオン重合によるオリゴマーの硬化反応は，光照射によるカチオン重合性触媒の生成とカチオンオリゴマーの重合反応よりなる．カオチン重合形の長所と短所を次に示す．

＜長所＞

①酸素による阻害作用がなく表面硬化性が優れている．

②光照射後も重合は進行する．
③オリゴマーの種類によっては硬化後の体積収縮が小さく，被着材に対する接着性がよい．
④室温で硬化ができ，UVと熱の二段階硬化が可能である．

＜短所＞
①水分，塩基性化合物の不純物などによる重合阻害がある．

2.3.9 解体性接着剤

解体性接着剤は，前述してきた接着剤のなかで最も新しい概念の機能性接着剤である．循環型社会への転換が話題となっている昨今，高度な接着耐久性の

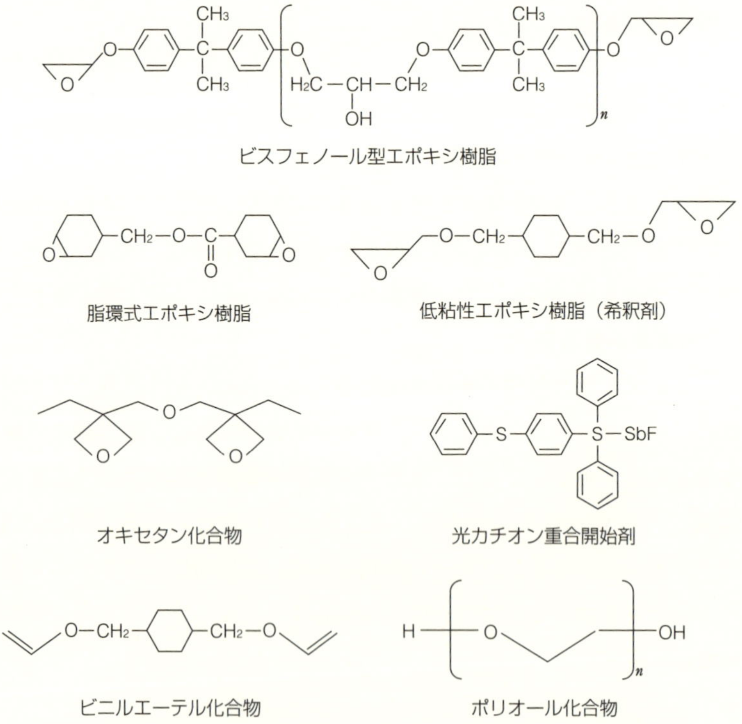

ビスフェノール型エポキシ樹脂

脂環式エポキシ樹脂

低粘性エポキシ樹脂（希釈剤）

オキセタン化合物

光カチオン重合開始剤

ビニルエーテル化合物

ポリオール化合物

図 2.3.14 カチオン UV 硬化型接着剤の基本成分の分子構造[72), 73)]

2.3 機能別接着剤

発現と容易な再はく離をあわせ持ったリサイクル対応形接着剤が注目されてきている．

解体性接着剤へのアプローチとしては，マイクロカプセル，膨張材料，結晶性ポリマーなどを接着剤組成物中に含有して，はく離時に加熱・冷却・温水浸せきなどにより解体している．主な解体因子と解体操作を次に示す．

＜解体因子＞	＜解体操作＞
＊軟化・溶融	＊加熱
＊軟化・溶融	＊電磁誘導加熱
＊マイクロバルーンの膨張と接着剤の軟化・溶融	＊加熱
＊接着剤の吸湿および軟化・溶融	＊温水浸せき
＊接着剤の吸湿および軟化・溶融	＊沸騰水浸せき
＊吸水性樹脂の膨張	＊水浸せき
＊粘着剤の脆性化	＊加熱・紫外線の照射[60]

解体性接着剤に関する文献によれば，接着接合した部位を加熱，温水浸せきなどを加えることによりはく離させる実例としては，化粧板を貼り付けた内装材，ガラス／金属複合ボルト，LSI の電子部品のリワーク用途などがある．

さらに，イミド骨格を含有する高極性単官能エポキシ（グリシジルフタルイミド）をビスフェノール A 形エポキシ樹脂に配合することにより，硬化エポキシ樹脂の架橋密度低下による耐熱性低下を比較的抑制しつつ，ゴム状弾性率を効果的に低減できることを見出し，解体性接着剤の組成設計に応用している．

解体性接着は，前述したように新しい技術であるが，現在，既に一部実用化されてきている．今後の課題のポイントは，解体の組成に関する研究も大切であるが，さらに効率が良く実用化に適する解体施工の研究開発である．

引用・参考文献

1) 日本接着剤工業会技術委員会編(2002)：接着剤読本，p.32-102 より，日本接着剤

工業会
2) 若林一民（1990）：接着管理（上），p.17-190 より，高分子刊行会
3) 小野昌孝編（1989）：新版接着と接着剤，p.47-72 より，日本規格協会
4) 日本接着剤工業会教育委員会編（2007）：接着技術講座　第1巻　基礎編，p.96-88 より，日本接着剤工業会
5) 小野昌孝編（1989）：新版接着と接着剤，p.50，日本規格協会
6) 小野昌孝編（1989）：新版接着と接着剤，p.48，日本規格協会
7) 小野昌孝編（1989）：新版接着と接着剤，p.49，日本規格協会
8) 小野昌孝編（1989）：新版接着と接着剤，p.51，日本規格協会
9) 小野昌孝編（1989）：新版接着と接着剤，p.55，日本規格協会
10) 小野昌孝編（1989）：新版接着と接着剤，p.60-61，日本規格協会
11) 小野昌孝編（1989）：新版接着と接着剤，p.62-63，日本規格協会
12) 小野昌孝編（1989）：新版接着と接着剤，p.64，日本規格協会
13) 小野昌孝編（1989）：新版接着と接着剤，p.65，日本規格協会
14) 小野昌孝編（1989）：新版接着と接着剤，p.73 より，日本規格協会
15) 小野昌孝編（1989）：新版接着と接着剤，日本規格協会
16) 小野昌孝編（1989）：新版接着と接着剤，p.86，日本規格協会
17) 小野昌孝編（1989）：新版接着と接着剤，p.76，日本規格協会
18) 小野昌孝編（1989）：新版接着と接着剤，p.102，日本規格協会
19) 日本材料化学会編（1996）：接着と材料，p.99 より，裳華房
20) 日本接着学会編（1996）：接着ハンドブック第3版，p.606 より，日刊工業新聞社
21) 柳澤誠一（1992）：日本接着学会誌，構造用接着剤の現状について，Vol.28，No.3，p.105 より，日本接着学会
22) 柳澤誠一（1984）：接着の技術，高強度接着，Vol.4，No.2，p.41 より，日本接着学会
23) 柳澤誠一（1997）：エポキシ樹脂系接着剤の機械的特性，エポキシ樹脂の高性能化と硬化剤の配合技術および評価，応用，p.225，技術情報協会
24) 米国連邦規格 FS MMM-A-132B
25) 宮田清蔵監修，柳澤誠一，日座操（1992）：熱可塑性と熱硬化性樹脂の接点，接着剤，p.260 より，サイエンスフォーラム
26) 越智光一（2007）：日本接着学会誌，エポキシ樹脂硬化物の高強靭化，Vol.43，No.11，p.421 より，日本接着学会
27) Structural Adhesives Selecter Guide,1991, FM-73, American Cyanamid Company
28) 柳澤誠一（2005）：接着の技術，金属，Vol.25，No.3，p.30，日本接着学会
29) 佐藤千明（2007）：接着の技術，自動車における複合材料と接着，Vol.27，No.1，p.38 より，日本接着学会
30) 柳澤誠一（1998）：接着剤への応用，カップリング剤の最適選定および使用技術，評価，p.166，技術情報協会

31) E.Thrall and R.Shannon（1977）：Adhesives Age, PABST Surface Treatment and Adhesive Selection, Vol.20, No.7, p.37 より
32) E.W.Thrall（1979）：Adhesives Age, PABST Program Test Results, Vol.22, No.10, p.22 より
33) J. M. Anglin（1987）：Engineered Materials Handbook Volume 1 Composites, p.801, ASTM International
34) 柳澤誠一（1995）：工業材料，航空機の構造接着とシーリング技術，Vol.43, No.10, p.118 より，日刊工業新聞社
35) J.Mcguire and R.Varanasi（2002）：SAMPE Journal, Boeing Structural Design and Technology Improvements, Vol.38, p.51 より，SAMPE
36) 山口泰弘（2003）：航空機関連，総説エポキシ樹脂　第4巻　応用編Ⅱ，p.134, エポキシ樹脂技術協会
37) J. Hinrichsen（2002）：SAMPE Journal, A380-Flagship Aircraft for the New Century, Vol.38, No.3, p.8, SAMPE
38) 酒井康行（2003）：日本複合材料学会誌，超大型旅客機A380の構造材料技術，Vol.29, No.5, p.171 より，日本複合材料学会
39) 日本経済新聞，2007.7.15 朝刊より，日本経済新聞社
40) J. Boyd（1999）：SAMPE Journal, Bismaleimide Composites Come of Age: BMI Science and Applications, Vol.35, No.6, p.13 より，SAMPE
41) E. M. Petrie（2000）：Handbook of Adhesives and sealants, p.696 より，Mcgraw-Hill
42) E. M. Petrie（2000）：Handbook of Adhesives and sealants, p.691, Mcgraw-Hill
43) 柳澤誠一（2004）：溶接学会誌，航空機用接着剤，Vol.73, No.4, p.216, 溶接学会
44) P.M.Hergenrother（2000）：SAMPE Journal, Development of Composites, Adhesives and Sealants For High-Speed Commercial Airplanes, Vol.36, No.1, p.30 より，SAMPE
45) Structural Adhesives Selecter Guide, 1991, FM-35, American Cyanamid Company
46) Structural Adhesives Selecter Guide, 1991, FM-38, American Cyanamid Company
47) 柳澤誠一（2000）：接着の技術，航空・宇宙分野への応用，Vol.20, No.3, p.41 より，日本接着学会
48) Structural Adhesives Selecter Guide, 1991, FM-424, American Cyanamid Company
49) 長谷川喜一（2007）：日本接着学会誌，エポキシ樹脂の構造と物性ならびに高性能に関する研究，Vol.43, No.3, p.112 より，日本接着学会
50) 道端孝久（2003）：総説エポキシ樹脂，第4巻応用編Ⅱ，電気・電子用接着剤，p.108, エポキシ樹脂技術協会
51) 梶政史（1997）：ナフタレン系エポキシ樹脂の開発，エポキシ樹脂の高性能化と硬化剤の配合技術および評価，応用，p.229 より，技術情報協会

52) 日特開 2001-152125　耐熱性接着剤
53) 富吉和俊（1997）：エポキシ樹脂の低応力化技術，エポキシ樹脂の高性能化と硬化剤の配合技術および評価，応用，p.225 より，技術情報協会
54) 岸肇（2007）：日本接着学会誌，微粒子添加によるエポキシ樹脂強靭化のメカニズム，Vol.43，No.11，p.426 より，日本接着学会
55) J.C.Bolger（1984）：Adhesives Age, Conductive Adhesives: How and Where They Work, Vol.27, No.6, p.17
56) 田近弘（2007）：日本接着学会誌，ポリマー型導電性ペースト，Vol.43，No.5，日本接着学会
57) JIS C 4003:1998　電気絶縁の耐熱クラス及び耐熱性評価
58) 元起巌（1984）：接着の技術，絶縁接着，Vol.4，No.2，p.29，日本接着学会
59) 渡辺聡（1986）：油化学，エレクトロニクス用導電性接着剤，Vol.35，No.10，p.45,日本油化学会
60) 柳澤誠一（1994）：ファインケミカル，エポキシ樹脂系接着剤における硬化剤の最近動向，Vol.23，No.11，p.18，シーエムシー出版
61) 木村和資（2001）：接着の技術,湿気硬化，Vol.20，No.4，p.40 より，日本接着学会
62) 特開 2000-017051　一成分形弾性エポキシ樹脂組成物
63) 武田敏充，奥平浩之（2000）：日本接着学会誌,エポキシ樹脂系接着剤の一液化技術とその接着剤特性，Vol.36，No.6，p.236 より，日本接着学会
64) 柳澤誠一（1997）：接着の技術，航空機用シーリング材，Vol.17，No.1，p.10，日本接着学会
65) 秋本雅人（2007）：日本接着学会誌，弾性接着剤の開発と弾性接着工法，Vol.43，No.1，p.26，日本接着学会
66) 佐藤慎一，佐藤明寛，伊豫和裕（2006）：日本接着学会誌，ＳＵポリマー系接着剤，Vol.42，No.5，p.194，日本接着学会
67) ピーアール・デソート技術資料 PR-1286　ピーピージー・ジャパン社
68) 柳澤誠一（1997）：建築・土木用接着剤，エポキシ樹脂の高性能化と硬化剤の配合技術および評価，応用，p.382 より，技術情報協会
69) 小野拡邦ほか（2006）：接着の技術，特集 自然界に学ぶ接着技術，Vol.26，No.3 より，日本接着学会
70) 紙野圭（2006）：日本接着学会誌，海洋付着物の水中接着蛋白質研究の展開，Vol.42，No.3，p.117 より，日本接着学会
71) 柳澤誠一（1995）：接着の技術,弾性エポキシ，Vol.15，No.1，p.7，日本接着学会
72) 飯田隆文（2000）：日本接着学会誌，カチオン UV 硬化技術のエレクトロニクス用接着剤への摘用，Vol.36，No.11，p.464，日本接着学会
73) 佐々木裕（2002）：日本接着学会誌，オキセタン樹脂の光カチオン硬化型接着剤への応用と可能性，Vol.38，No.12，p.453 より，日本接着学会

74) 富田英雄 (2003)：日本接着学会誌，熱可塑性・熱硬化性接着剤を用いた解体性接着手法，Vol.39, No.7, p.271 より，日本接着学会
75) 佐藤千明 (2003)：日本接着学会誌，剥がせる接着剤：解体性接着剤とその特徴，Vol.39, No.8, p.295 より，日本接着学会
76) 畠井宗宏 (2006)：日本接着学会誌，高接着易剥離技術，Vol.42, No.4, p.158 より，日本接着学会
77) 佐藤千明 (2005)：接着の技術，解体性接着技術，最近のトレンド，Vol.25, No.3, p.25 より，日本接着学会
78) 岸肇，稲田雄一郎，今井陣，植澤和彦，佐藤千明，村上淳 (2006)：日本接着学会誌，解体性と耐熱性を兼備した構造用接着剤の組成設計，Vol.42, No.9, p.356 より，日本接着学会

第3章　接着剤の選び方

　接着剤の選択は，被着材の材質，形状・寸法，要求接着強さ，実用環境条件，接着工程条件，入手容易性，保存性，価格などを考慮して行うが，最も大切なことは，要求事項を整理しておくことである．環境問題にも考慮しなければならない．ASTM D 6465:1999 Standard Guide for Selecting Aerospace and General Purpose Adhesives and Sealants（航空宇宙用及び一般用の接着剤並びにシーラントの選び方指針）は，選択の手順の第一に法令順守を挙げている．最初，この指針の開発は，有害物質を含む接着剤を代替するために軍の購買仕様書及び規格に反映させる必要から出発したが，産業界に同様の要請があることから拡張し，シーリング材を含め，環境，安全，健康に配慮した規格となった．この規格では，選択の手順として5段階を設定している．その要約は**表3.1**のとおりである．特に環境と保健に関する要求事項は**表3.2**のようにまとめられている．また，この規格には，これらを実行するための試験方法（いずれもASTM）が列挙されている．

　簡便な方法は，接着剤選定早見表（接着剤メーカ提供）の利用であるが，被着材の組合せと接着性から判断しているため，個別の要求条件に応えられないことが多い．その場合は，接着剤チェックリスト（**表3.3**）によって要求条件を整理し，候補接着剤を1～2系統に絞り，該当する商品のカタログや技術資料を入手して比較検討のうえ候補を決める．そして，候補とした接着剤を入手して性能評価する．これによって，接着工程の条件，接着性能および接着製品の品質を把握できる．

　もう一つの方法は，接着剤メーカに，直接，相談することである．そのためにも，必要項目を整理しておくことが重要である．候補接着剤で実験し，性能

確認の後,正式に採用する.

表3.1 ASTM D 6465(指針)の要約 [10]

段階	使用者の要求事項	手　順
1	用途の環境,安全,健康,物理的化学的要求事項を明らかにする	物理的・化学的性能試験―見込み接着剤又はシーラントが受入れ可能であることを確認する
2	接着又はシーリングに対する理由を明らかにする	性能要求事項―特定用途及び予期される接着剤・シーラントに対する必要性能水準を確定する
3	接着又はシールすべき材料を明らかにする	性能・材料相性試験―予期される接着剤・シーラントが接着又はシールする部材を損なわないこと及び特定用途に対して接着又はシーリングの所望水準を達成できることを確認する
4	形状,洗浄,及び調整要求事項を明らかにする	適用可能な工程及び装置,被着材の洗浄水準及び調整法は,接着剤又シーラントの性能に重大な影響を与える
5	接着剤又はシーラントを選択する	性能,環境,コスト,調整法及び作業者の健康と安全を確認する

表3.2 ASTM D 6465の環境,安全及び健康に関する要求事項 [10]

関心事	要求事項
環境	すべての連邦,州,地方の法律及び規制並びに製造業者の接着剤又はシーラント及び関連材料の調達,使用及び廃棄に関する規定に従うこと
作業者の安全と健康	労働安全衛生法(米)及び製造業者の暴露勧告米国産業衛生専門家会議(ACGIH)などを含むその他の規制や非規制に従うこと;接着剤又はシーラントを使用する際の健康と安全の危険性を最小に保つように作業者に十分な保護装置を設けること

3.1 被着材

本節では,金属やプラスチックなどの被着材ごとに,その表面の特性と,被材質ごとの種類と接着性,そして,それぞれに適した接着剤の選び方を紹介する.

3.1 被着材

表 3.3 接着剤選定のためのチェックリスト[20]

1. 組立物の要求条件	接着，シーリング，絶縁，植毛，封入，補強，量産，補修，保全
2. 表面	被着材料の詳細，商品名又は規格，仕上げとそのベース材料，物理的形状，合金
3. 接着剤の形状	溶剤系，水系，マスチック，液状，フィルム状，粉体，ペースト，1液性，2液性
4. 塗布方法	手作業か機械作業か，はけ，こて，ナイフ，押出機，スプレー，ロールコータ，浸せき
5. 加工条件	粘度，粘着保持時間，乾燥・硬化の時間・温度，ポットライフ，開放・閉鎖組立時間，圧縮力，前処理法，加工設備の推奨条件と限界，後加工－洗浄，塗装
6. 設計要因	接合形式（重ね，突合せ，エッジなど），接着面積，組立個数
7. 必要強度	接着強さ：一時的，中・低・構造強さ
8. 荷重条件	連続・間欠・繰返し荷重，荷重方向，はく離，せん断，圧縮，引張り，割裂
9. 使用条件	冷・熱に対する連続・間欠・繰返し暴露，温度及び圧力範囲，耐候・耐湿・耐水（熱又は冷），薬液（雰囲気），光，放射線，溶剤，蒸気，屋外（位置，暴露日数），屋内（状態，調節），微生物の影響
10. その他考慮事項	コスト，保存性，毒性，燃焼性，におい，色，腐食性，熱的・電気的・化学的・光学的性質など
11. 規格	
12. 現用接着剤	問題点

3.1.1 木　　材

(1) 木材の表面

木材を被着体とした場合の接着の因子は，以下のとおりである．

①被着材（木材）

　樹種，材質（密度，孔隙性，解剖学的性質，特殊成分），含水率，材面の平滑度，繊維走向度

②接着剤

　湿潤性，極性，重合度，接着剤皮膜の形成状態，接着剤の物理的・化学

的性質
③接着操作
　塗布量，堆積時間，圧締力，圧締時間，接着温度
　上記の接着因子の一つである被着材（木材）は，表面に導管（広葉樹の水分通導の管状組織）・仮導管（針葉樹を構成する細胞の 90～97％を占める水分通導の紡錘型細胞）などを有する多孔質生物材料であることから，その接着機構として，接着剤がこれらの空隙部に浸透して起きる投錨作用による機械的接着説（**写真 3.1.1**），化学結合説（**図 3.1.1**），水素結合・ファンデルワールス分子間力による比接着説（極性接着，固有接着），その他（静電気説，拡散説，酸-塩基説）などがある[1〜8]．

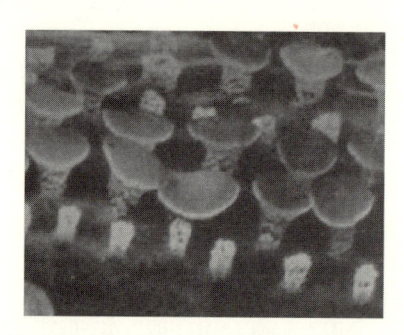

写真 3.1.1　接着剤投錨作用の合板接着層の電子顕微鏡観察写真[6]

図 3.1.1　イソシアネート化合物と木材との化学結合式[8]

　被着材（木材）と接着剤の界面においては，接着系のレオロジーがあるが，その接着機構は，実状として，界面，接着剤，被着材，接着操作，破壊に関する多くの因子が関与する複雑な現象である．
　界面については，接着剤と被着体が接する両者のぬれとなる尺度として，溶解度パラメーター（solubility parameter, SP 値）があるが，木材を被着体と

3.1 被着材

した接着の場合には，木材成分のセルロース中に水酸基を保有することおよび木材用接着剤は水性系の水酸基を保有する接着剤を使用していることから，極性被着材と極性接着剤の組合せとなり，両者のぬれは良好であり，よく接着する[11]．

表 3.1.1 には，接着剤と被着体が接する界面の化学において両者のぬれとなる尺度である SP 値について，標準木材接着試験片として使用されている樹種であるカバ材および接着剤の SP 値を示した．

表 3.1.1 セルロース(カバ材)および接着剤の SP 値[21]

材料	SP 値($\sqrt{MPa}$)
セルロース(カバ材)	25
Urea	26
PVAc	25
EPI	25
EPOXY	24
α-cyanoacrylate	25
SGA(acryl resin)	21
α-olefin	25
Resorcinol	26

表 3.1.1 に示すように，接着剤ユリア樹脂木材接着剤（以下，Urea と記す），酢酸ビニル樹脂エマルジョン木材接着剤（以下，PVAc と記す），水性高分子-イソシアネート系木材接着剤（以下，EPI と記す），α-シアノアクリレート系接着剤（以下，α-cyanoacrylate と記す）及び α-オレフィン無水マレイン酸樹脂木材接着剤（以下，α-olefin と記す）の木材用接着剤の SP 値は，セルロースの SP 値に近いことがわかる．

（接着剤 SP 値－セルロース SP 値）と圧縮せん断接着強さの関係を**図 3.1.2** に示した．

図 3.1.2 に示すように，接着剤の SP 値がセルロースの SP 値に近いものほど圧縮せん断接着強さが大きくなるが，SP 値が 25 $\sqrt{MPa}$ 以上ならば，圧縮せ

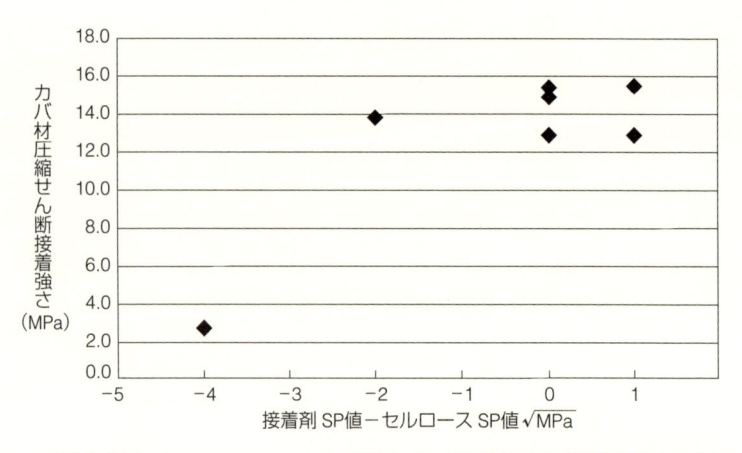

図 3.1.2 (接着剤 SP 値－セルロース SP 値) とカバ材圧縮せん断接着強さの関係 [12), 13)]

ん断接着強さはほぼ同じであり,木材用として使用されている接着剤は,この条件を満たしていることがわかる.

被着材である木材の接着因子は,①樹種,材質(密度,孔隙性,解剖学的性質,特殊成分),②含水率,③材面の平滑度,④繊維走向度であると考えられている [1)~5)].

各種木材密度については,せん断接着強さとの関係を**図 3.1.3** に示した.木材密度の増加と共にせん断接着強さが直線的に増加していることから,木材密度が接着強さの重要な因子であることがわかる.ただし,密度が低い木材は木材強度が低いことから木部破壊が容易に発生し,木材強度以上のせん断接着強さを示さない(**表 3.1.2**) [2)~9)].

木材含水率(カバ材)と圧縮せん断接着強さとの関係を**図 3.1.4**,**図 3.1.5** に示した.木材含水率 5~15% の範囲では 12 MPa 以上のせん断接着強さを示しているが,木材含水率が 5% 未満及び 15% 以上の範囲ではせん断接着強さが著しく低い傾向にあることから,木材含水率管理が重要である.ただし,接着剤の α-cyanoacrylate とレゾルシノール樹脂接着剤には,この接着強さが低下する傾向が見られない.接着剤の種類を選定すれば,高含水率でも接着強さを保持できる可能性がある.

3.1 被着材

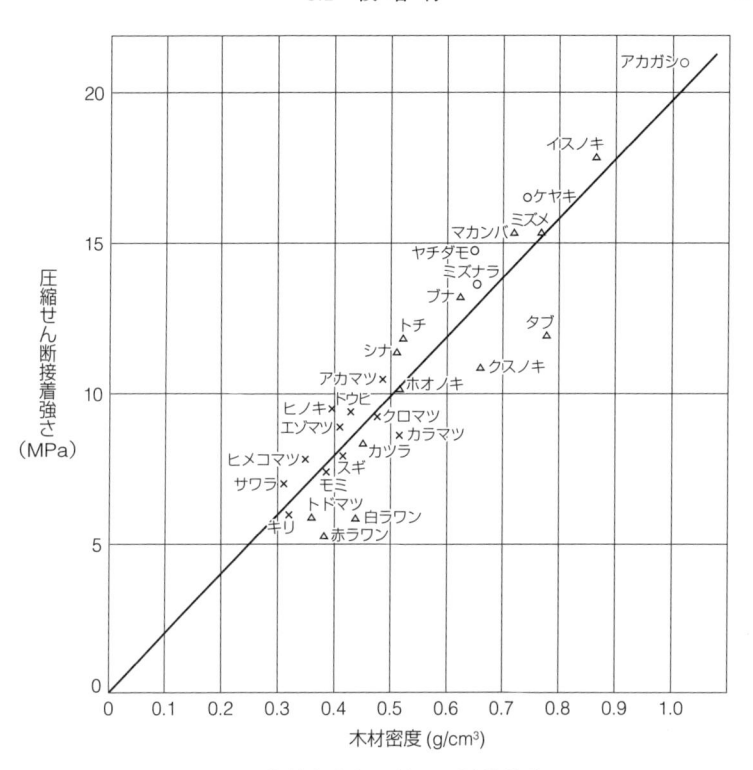

図 3.1.3 木材密度と圧縮せん断接着強さ [30]

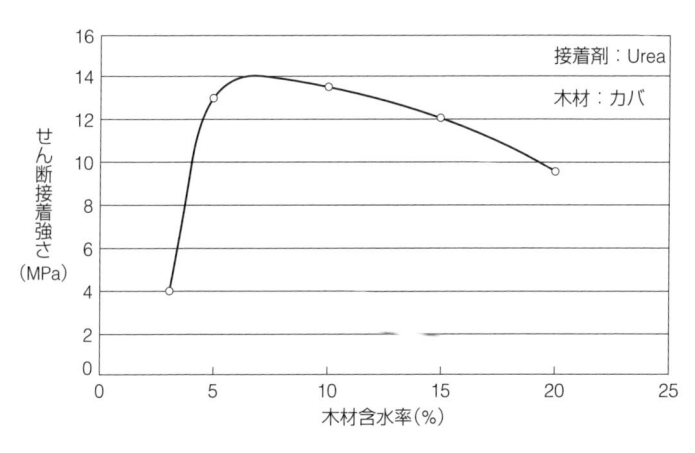

図 3.1.4 木材含水率と圧縮せん断接着強さの関係 [5), 15)]

108 第3章 接着剤の選び方

木材面平滑度として,鉋(かんな)面・鋸断面・サンダー面と圧縮せん断接着強さとの関係を図 **3.1.6**,図 **3.1.7** に示した.これらの図によると,せん断接着強さは,鋸断面＜鉋面＜サンダー面の順に優れている.これを参考に,各接着工程において必要とされる木材平滑性を選定する必要がある.

木材の繊維走向度については,繊維走向度が平行（被着材の繊維走向度が0度）の場合には接着強さは最も高く,繊維走向度が直交の場合には最も低くなる.また,木材面同士については,柾目(まさめ)―柾目＞柾目―板目＞板目―板目＞板

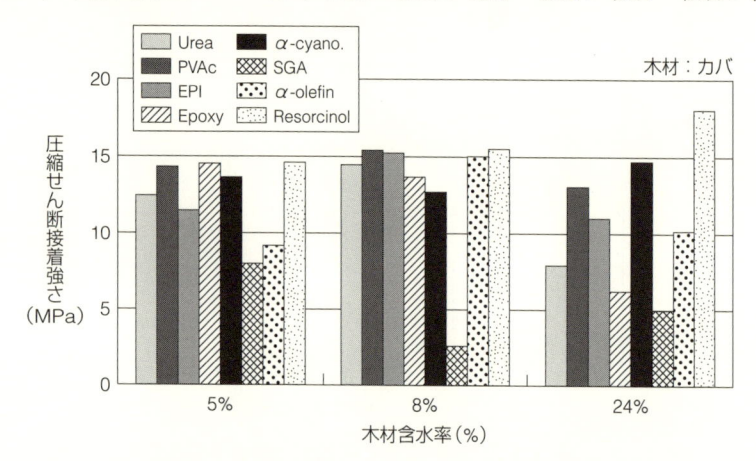

図 **3.1.5** 各種接着剤における木材含水率と圧縮せん断接着強さの関係 [5), 15)]

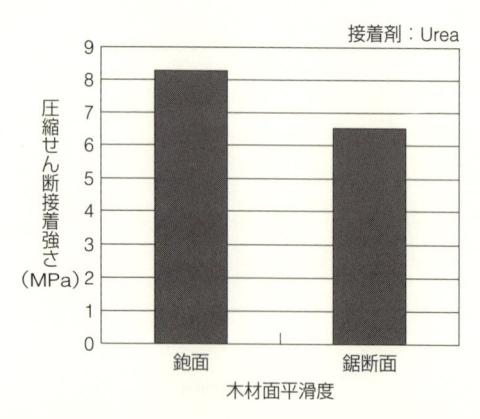

図 **3.1.6** 木材面平滑度：鉋面・鋸断面と圧縮せん断接着強さの関係 [4), 5), 14)]

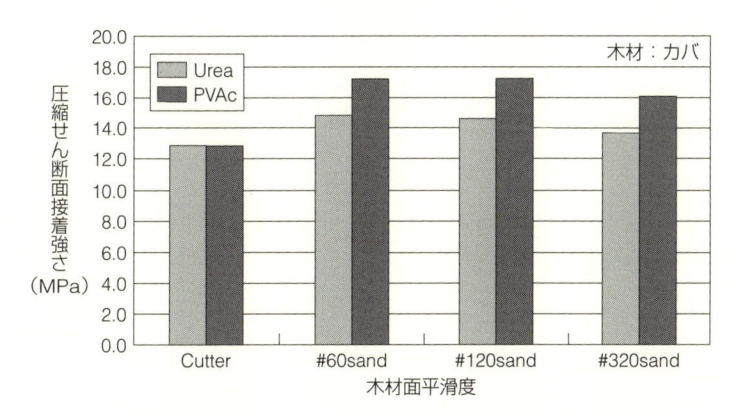

図 3.1.7 木材面平滑度（鉋面・サンダー面と圧縮せん断接着強さの関係）[4), 5), 14)]

目―木口＞木口―木口＝幹を放射（半径）向に切った面，板目＝幹を年輪の接線方向に切った面，木口＝木材幹の横断面，**図 3.1.8**］の順に接着強さが低下する[2)～5)]．

接着の破壊過程は，木材，接着剤を含めた弾性変形，不可逆的な塑性変形が起こり，エネルギーが消費されることにより，接着破壊に至るものであると説明できる．破壊強度 σ_0 は式（**3.1**）で示され，σ_0 は木材の縦弾性係数 E とほぼ比例関係となる．木材接着の場合は E が大となるため，より大きな破壊強

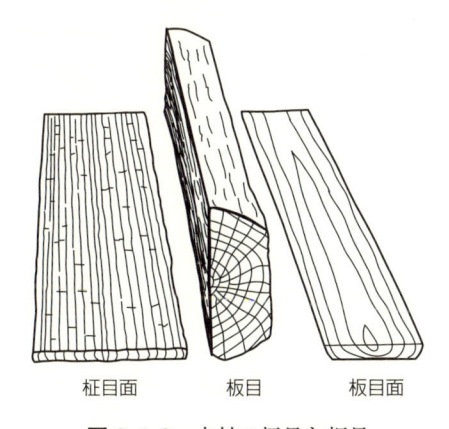

図 3.1.8 木材の柾目と板目

度 σ が発現し，破壊しないためには強固な接着強さが必要となることが理解できる[15]．

$$\sigma_0 = \sqrt{(\gamma E)/a_0} \quad \cdots (3.1)$$

　γ ＝単位面積当りの表面エネルギー
　E ＝縦弾性係数
　a_0 ＝接着界面の変位

特に圧縮せん断接着強さでは，木材が接着剤と十分な強さで接着していれば，一般に木材せん断強さの方が接着剤のせん断強さより優るため，破壊は接着層の凝集破壊となりやすい（**表3.1.2**）．接着層が薄ければ，破壊のカーブは，sin曲線と考えられる．

(2) 木材の種類と接着性

木材は接着性の良い材料に分類されるが，接着性能は接着剤の性質，塗布方法，圧締方法，接着剤の硬化条件などのほかに，木材の心材，辺材の別，年輪密度，夏材率，密度，含有成分，含水率，表面粗さなどの性質によって，大きく影響される．木材の接着性能は，被着材，接着剤及び接着操作の三要素のバランスで決定される．

木材の種類（樹種）については，**表3.1.3**に示すようにISO 17087:2006（接着剤―非構造用集成接着品用フィンガー接合に使用される接着剤仕様，Adhesives ― Specification for adhesives used for finger joints in nonstructural lumber products）の中では，接着性の良い樹種と難接着性のものに分類をしている．

図3.1.9には，被着材（木材）として**表3.1.3**のGroup1，2，3及び4より入手しやすい樹種であるスプルース，カエデ（maple），カバ（birch），ナラ（oak）及びチークなどを選定し，接着剤として，木材接着用として使用されているユリア樹脂接着剤（ユリア又はUreaと記す），酢酸ビニル樹脂エマルジョン接着剤（酢ビ又はPVACと記す），水性高分子-イソシアネート系接着剤（水性高分子又はEPIと記す），エポキシ樹脂（ポリアミド硬化剤使用）接着剤（エポキシ又はEpoxyと記す），α-シアノアクリレート接着剤（瞬間又は

3.1 被着材

表 3.1.2 主要木材の強度的性質 [9), 16), 17)]

樹　種	気乾密度 (g/m³)	圧縮せん断強さ (MPa)	曲げ強さ (MPa)	曲げヤング係数 (kMPa)	圧縮強さ (MPa)
キリ	0.29	6	40	5.0	22
ヒノキ	0.41	8	75	9.0	40
スギ	0.38	8	66	8.0	34
シトカスプルース	0.46	8	65	10.0	33
マカンバ	0.69	15	106	13.0	46
ミズナラ	0.67	11	99	11.0	47
ブナ	0.63	13	89	12.0	44
イタヤカエデ	0.67	12	97	10.5	44
カポール	0.70	11	107	13.5	56
レッドメランチ	0.56	9	78	11.5	42

表 3.1.3　通常使用される木材の接着性分類 [18]

接着性分類	広葉樹	針葉樹	その他	
Group 1 [2] (Bond easily)	Alder	Cedar, Incense	Balsa	Hura
	Aspen	Fir, Grand	Cativo	Purplefeart
	Basswood	Fir, Noble	Courbaril	Roble
	Chestnut, American	Fir, Pacific	Determa [3]	
	Cottonwood	Fir, White		
	Magnolia	Pine, eastern white		
	Willow, black	Redcedar, Western		
		Redwood		
		Spruce, Sitka		
Group 2 [4] (Bond well)	Butternut	Douglas-fir	Afromosia	Meranti (lauan), White
	Elm, American	Larch, Western [5]	Androba	Meranti (lauan), yellow
	Elm, Rock	Pine, Ponderosa	Angelique	Obeche
	Hackberry	Pine, Sugar	Avodire	Okoume
	Maple, soft	Redcedar, eastern	Banak	Opepe
	Sweetgum		Iroko	Peroba rosa
	Sycamore		Jarrah	Sapele
	Tupelo		Limba	Spanish-cedar
	Walnut, black		Mahogany, African	Sucupira
	Yellow-poplar		Mahogany, True	Wallaba
			Meranti (lauan), Light red	

3.1 被着材

表 3.1.3 （続き）

接着性分類	広葉樹	針葉樹	その他	
Group 3 ([6]) (Bond satisfactory)	Ash, white	Alaska-cedar	Angelin	Parana-pine
	Beech, American	Port-Orford-cedar	Azobe	Pau marfim
	Birch, Sweet	Pine, southern	Benge	Pine, Caribbean
	Birch, Yellow		Bubinga	Pine, Radiata
	Cherry		Karri	Ramin
	Hickory, Pecan		Meranti (lauan), dark red	
	Hickory, True			
	Madrone			
	Maple, hard			
	Oak, Red			
	Oak, White			
Group 4 ([7]) (Bond with difficulty)	Osage-orange		Balata	Keruing
	Persimmon		Balau	Lapacho
			Greenheart	Lignumvitae
			Kaneelhart	Rosewood
			Kapur	Teak

注 ([1]) 特殊タイプ接着剤使用の場合は，難接着性木材に対して異なる分類になる可能性がある．
([2]) より広範な接着条件において，非常に容易に接着可能である．
([3]) フェノール樹脂接着剤とは接着不可である．
([4]) 広範な接着条件において，容易に接着可能である．
([5]) 樹脂抽出成分が高濃度のため接着不可である．
([6]) よく管理された接着条件において良質な接着剤を使用すれば充分な接着が可能である．
([7]) 特殊表面処理をして限られた接着剤を使用すれば接着可能である．

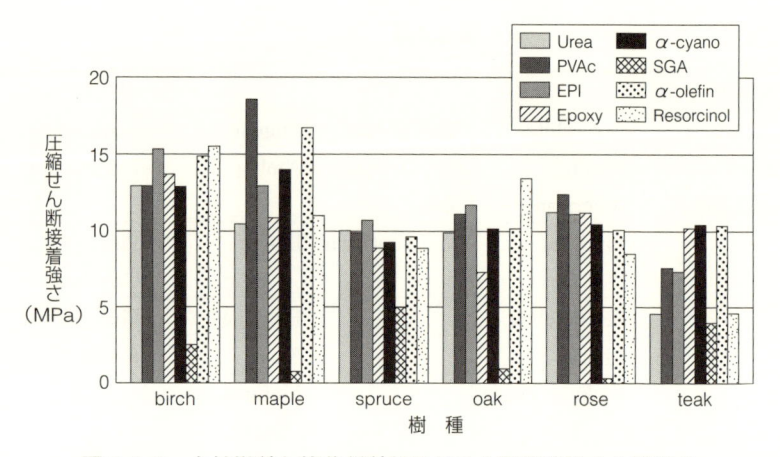

図 3.1.9　木材樹種と接着剤種類及びせん断接着強さの関係[14]

α-cyano と記す），第二世代アクリル系接着剤（SGA と記す），α-オレフィン無水マレイン酸樹脂接着剤（α-オレフィン又は α-olefin と記す）及びレゾルシノール樹脂接着剤（レゾルシノール又は Resorcinol と記す）を選定し，圧縮せん断接着強さ（JIS K 6852:1994，ISO 6238:2001）との関係をプロットした．

図 3.1.9 に示すように，表 3.1.3 の Group4 に属するチーク材に対しては，エポキシ・瞬間・α-オレフィンの接着剤が 10 MPa 以上の接着強さであり，比較的よい接着性を示した．Group1 に属するスプルース材は，密度が 0.51 g/cm³ と他の樹種密度 0.6～0.7 g/cm³ に対して低いため，8～10 MPa と低めの接着強さとなった．SGA は，すべての樹種に対し 1.0～6.0 MPa の最も低い接着強さを示しているとともに，樹種による接着強さへの影響は少ない．

(3) 木材用接着剤

接着剤は，一般に，単一成分だけではなく，主剤，溶剤，硬化剤さらには可塑剤，充てん剤，その他の物質が目的によって添加され使用されている．多くの接着剤の中から目的にあった接着剤を選択するには，外部応力・実用条件など，その使用目的や生産工程，その他の希望条件に合うものが選定される．各種接着剤の詳細な説明については，他書籍[2]～[4] を参照願いたい．

3.1 被着材

主として木材用接着剤として使用されるものを品質・用途などの面から分類すると，**表3.1.4**のようになる．

木材用接着剤生産量のこの5年間の推移を**図3.1.10**に，ホルムアルデヒド放散量基準の推移を**表3.1.5**にそれぞれ示した．**図3.1.10**に示すように，環境対応屋内空気質ホルムアルデヒド放散量規制・基準に対処するため，既成接着剤の改良・開発をして対応し，その結果，ホルムアルデヒド系接着剤（ユリア樹脂，ユリア-メラミン樹脂など）生産量が減少し（ただし，フェノール樹脂系は少し増加），水性非ホルムアルデヒド系接着剤（酢酸ビニル樹脂及びその共重合エマルジョン，EVAエマルジョン，水性高分子-イソシアネート系）が微増してきている．

今後の接着剤開発には，人体や環境への安全性を配慮した低ホルムアルデヒド系接着剤・非ホルムアルデヒド系接着剤・無溶剤接着剤・水性接着剤，及び，化石資源に配慮した"持続可能な資源，非化石資源"を使用した天然系接着剤などが期待される[19]．

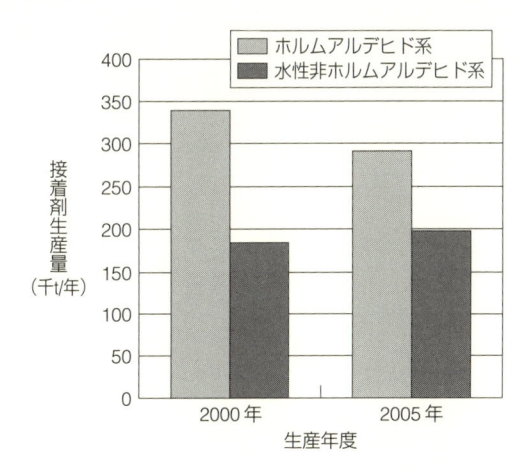

図3.1.10 木材用接着剤生産量推移[7]

116　第3章　接着剤の選び方

表3.1.4　主な木材用接着材一覧表 [2]

接着剤	形態	特性	製糊及び適用	溶材	抵抗性 水	ガソリン	エステル	芳香族	アルコール	酸	アルカリ	耐熱温度[℃]	用途
天然物 にかわ	乾燥(粒状、棒状)、等級あり、液状もある	乾燥強さ大、耐湿・耐水性弱	乾燥物は1.5～3倍の水に浸漬、溶解し、60℃に加温、溶液状のまま、室温で用いる。温度の調整が必要、ホルマリンの分離塗布は耐水性強化	水	×	○	○	○	×	×	×	60～70	家具組立、練り付け、甲板、中芯接着
血液アルブミン	乾燥血粉	乾燥強さ大、耐湿・耐水性中程度	冷水溶解、石灰、か性ソーダやアンモニア水添加、普通熱圧、パラホルムで冷圧も可能	水	×	○	○	○	○	×	×		内装合板、ユリア樹脂・フェノール樹脂の充てん剤
カゼイン	乾燥粉末、単体とアルカリ配合のものあり	乾燥強さ大、耐湿・耐水性、中温耐熱性いずれも中程度	約2倍量の水、石灰、か性ソーダなどを添加、室温で溶解する。既製配合は水で溶解する	水	○	○	○	○	×	×	○	70～80	フラッシュドア、屋内用集成材
大豆グルー	乾燥粉末、単体及びかぜイン配合	同上	同上		×	○	○	○	×	×	×	70～80	屋内用合板、ユリア樹脂充てん剤
でん粉 (しょうふのり)	液状	乾燥強さ中、耐湿・耐水性弱	原液使用、常温接着	水	×	○	○	○	×	×	×	70～80	杉のつき板、練り付け

3.1 被着材

表3.1.4 (続き)

接着剤	形態	特性	製膠及び適用	溶媒	抵抗性 水	油	ガソリン	エステル	芳香族	アルコール	酸	アルカリ	耐熱温度[℃]	用途
熱硬化性樹脂 ユリア樹脂	主に液状, 白～淡黄色	湿潤・乾燥接着強さ大, 耐水・耐温水性中程度	原液に硬化剤, 充てん剤配合, 常温硬化型のほかは熱圧, 酢酸ビニル樹脂エマルジョン配合可	水	◎	◎	◎	◎	◎	◎	○	○	90～100	2類・3類合板用, 家具, フラッシュドア
メラミン樹脂	主に液状, 白～淡黄色	湿潤・乾燥接着強さ大, 耐水・耐熱水・耐水蒸気性大	原液単体又は硬化剤添加, 熱圧	水	◎	◎	◎	◎	◎	◎	◎	◎	100～120	1類合板, ひき板の木口, スカーフ接合
フェノール樹脂	主に液状, フィルム状もある, 暗赤色	湿潤・乾燥接着強さ大, 湿潤・高温水・耐水蒸気・耐熱性大	熱圧複合型フェノールは, PVB, CR, NBR, エポキシ変性して金属用	水, アルコール	◎	◎	◎	◎	◎	◎	◎	◎	120～150	1類・特類合板, 屋外用, 木造船, 強化木
レゾルシノール樹脂, フェノールレゾルシノール樹脂	液状, 暗褐色	高湿・高温耐久性大	原液に充てん剤, 硬化剤(パラホルム)を配合, 常温硬化, 共縮合樹脂は常温硬化又は熱圧	水, アルコール	◎	◎	◎	◎	◎	◎	◎	◎	120～150	集成材
エポキシ樹脂	液状, 二液型, 100%樹脂	接着強さ大	室温・中温・高温硬化型あり, 二液を正確に混合, 木材どうし, 木材と他材料の接着	—	◎	◎	◎	◎	◎	◎	◎	◎	70～80 80～100 100～120	木材どうし, 木材と金属・石材協力接着

表3.1.4 (続き)

接着剤	形態	特性	製糊及び適用	溶材	抵抗性 水	油	ガソリン	エーテル	芳香族	アルコール	酸	アルカリ	耐熱温度 [℃]	用途
熱可塑性樹脂 酢酸ビニル樹脂(溶液型)	液状	可とう性、接着性良	原液のまま用いる	アルコール	◎	◎	○	×	×	×	○	○	50~60	天井・壁薄物
酢酸ビニル樹脂(エマルジョン型)	ペースト状(充てん剤配合有)	空げき充てん性、耐水・耐熱性小	低圧接着	水	○	◎	○	×	×	×	○	○	80~90	天井・壁建材、タイル
(乳濁色、白色)		可とう性・耐熱性小、低温ぜい化	原液のまま用いる。ユリア系樹脂を配合して使用できる		○	◎	○	×	×	×	○	○	70~80	紙布、石綿セメント板、ファイバーボード、その他のボード類
ホットメルト	固体、フィルム、糸状、ブロック	急速接着、耐湿・耐熱性小	接着部位の形態によりアプリケータとともに用いる。多くの被着体に接着する。熱溶融して塗布、放冷、固化接着	—	○	×	×	×	×	×	×	×	40~60	パネルの端接着、木口貼り、縁貼り、家具組立
コンタクト	溶液、ラテックス	初期接着強さ大、耐水・耐熱性小	接着両面に塗り散(適正なオープンタイム)して接合と同時に接着する	トルエン	◎	×	×	×	×	×	◎	◎	70~80	非構造接着、金属化粧板、プラスチックの現場施工
マスチック	パテ状	空げき充てん性、耐水・耐熱性小	コーキングガンで被着面にビーズ状やリボン状に塗る。仮どめは必要に応じて行う	トルエン	◎	×	×	×	×	×	◎	◎	70~80	床の梁、壁の間柱の集成材、合板の接着、床材料の接着

3.1 被着材

表 3.1.5 ホルムアルデヒド放散量基準推移(合板) 1972-2003年 [7]

年度	認定機関	ホルムアルデヒド放散量基準 (試験法:デシケーター法, JIS A 1460:2003 による)
1972	日本木材加工技術協会	無臭 1, 準無臭 5
1980	JAS協会（日本農林規格基準）	F1 0.5, F2 5, F3 10
2000	同上	FC0 0.5, FC1 1.5, FC3 5.0
2003	同上	F☆☆☆☆ 0.3, F☆☆☆ 0.5, F☆☆ 1.5, F☆ 5.0

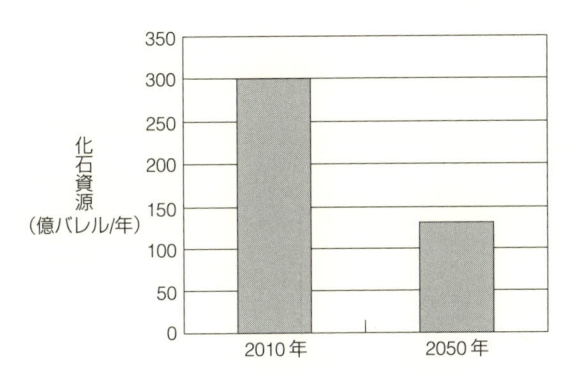

図 3.1.11 化石資源の予測推移 [19]

3.1.2 金 属 類

(1) 金属の表面

金属の表面は，一般に，有機物（主に油脂），無機物（酸化物，水酸化物）で汚染されているほか，機械加工によって表面ひずみを残しており，特に表面近くの数 μm におけるひずみエネルギーが湿気による腐食を生じやすくさせ，接着破壊の原因になりやすい．また，不純物元素や添加元素の表面偏析が，弱い境界層（WBL：weak boundary layer）となって，接着耐久性に影響を及ぼす．表面粗さも接着性能に影響する．

接着に適した表面とするには，最小限でも脱脂を，耐久性を必要とする場合には機械的又は化学的処理を行う．ISO 17212 Structural adhesives — Guidelines for the surface preparation of metals and plastics prior to adhesive bonding（構造用接着剤―金属及びプラスチックの接着前処理の指針）が参考になるが，実際には各社各様の処理を行っている．ステンレス鋼に対しては低波長の紫外線照射が有効との報告もあり，プライマー処理も実用的である．最大の接着耐久性が期待される化学的処理では，後続する水洗の水質，水温にも注意が必要である．

(2) 金属の種類と接着性

金属の種類によって，接着性は大きく異なる．鉄系やアルミニウム系は接着しやすいが，チタン合金のような化学的に安定な表面は，接着性に劣る．用途によって使用金属が決まることが多いため，接着性以外の特性にも注意して接着剤を選ばなければならない．例えば，金属の場合は，素地だけでなく，めっき面や塗覆装表面など，被覆層と素地との密着の程度が接着力に影響する．塗膜の付着性評価に接着剤を用いる方法（JIS K 5600-5-7 プルオフ法）があるように，一般に接着は付着より強いため，塗膜がはがれて腐食を引き起こす場合があるから確認が必要である．

チタン合金は，化学処理しないと接着できない．

接着性の評価を接着強さで判断する場合は，せん断強さとはく離強さが必要で，実用条件によってほかの試験を加える．

(3) 金属用接着剤

高強度を必要とする構造用途（荷重伝達機能と耐熱性が一般に求められる）には，1液性加熱硬化形エポキシ樹脂系，変性フェノール樹脂系が，中強度の準構造用途には，2液性常温硬化形変性アクリル樹脂系，エポキシ樹脂系，ウレタン樹脂系を必要に応じて加熱硬化して使用する．たわみ性材料（およそ0.5 mm 厚以下）である薄板や箔には，はく離に強い，変性アクリル樹脂系，エポキシ系やウレタン系などの弾性接着剤がよい．部品なら，シアノアクリレートや嫌気性接着剤がよい．熱膨張率の大きく異なる異種材料の接着には，熱応力を緩和して接着安定性すなわち耐久性を維持するために，弾性接着剤が適している．

3.1.3 プラスチック
(1) プラスチックの表面

プラスチックは，素材の重合度，分子量分布，結晶性に加えて，成形条件や履歴の影響，そして配合剤の表面偏析から表面自体が弱い境界層になっていることが多い．配合剤には，①可塑剤，②離型剤，③滑剤，④充てん剤，⑤酸化防止剤，⑥紫外線吸収剤，⑦難燃剤，⑧架橋剤，⑨着色剤，⑩帯電防止剤，⑪その他（発泡剤，防かび・防菌剤，脱臭剤など）があり，その表面偏在を目的としていることもあり，接着を阻害しやすい．このため，プラスチックの表面は，一般的に，接着が難しいことが多い．

同じプラスチック名であっても，メーカによって接着性は異なる．表面が接着に適しているか否かは，他の材料に対してと同様に，水でぬれるかはじかれるかの"水切り試験"によって判断する．定量的には"ぬれ張力"が有効な手段であり，JIS K 6768（プラスチック—フィルム及びシート—ぬれ張力試験方法）（IDT ISO 8296:1987）に操作方法が規定されている．使用する試験用混合液（かつて，ぬれ指数標準液といった）は，エチレングリコールモノエチルエーテル（エチルセロソルブ），ホルムアミド，メタノール及び水を容量比で段階的に混合して調製する（**表 3.1.6**）．ハンドコータを用いるのが原則であ

表 3.1.6 プラスチックフィルム・シートのぬれ張力測定のための試験用混合液 [24]

ぬれ張力 (mN/m)	エチレングリコール モノエチルエーテル (mL)	ホルムアミド (mL)	メタノール (mL)	水 (mL)
22.6			100.0	0
25.4			90.0	10.0
27.3			80.0	20.0
30.0	100.0			
31.0	97.5	2.5		
32.0	89.5	10.5		
33.0	81.0	19.0		
34.0	73.5	26.5		
35.0	65.0	35.0		
36.0	57.5	42.5		
37.0	51.5	48.5		
38.0	46.0	54.0		
39.0	41.0	59.0		
40.0	36.5	63.5		
41.0	32.5	67.5		
42.0	28.5	71.5		
43.0	25.3	74.7		
44.0	22.0	78.0		
45.0	19.7	80.3		
46.0	17.0	83.0		
48.0	13.0	87.0		
50.0	9.3	90.7		
52.0	6.3	93.7		
54.0	3.5	96.5		
56.0	1.0	99.0		
58.0		100.0		
59.0		95.0		5.0
60.0		80.0		20.0
61.0		70.0		30.0
62.0		64.0		36.0
63.0		50.0		50.0
64.0		46.0		54.0
65.0		30.0		70.0
67.0		20.0		80.0
70.0		10.0		90.0
73.0				100.0

3.1 被着材

るが,綿棒又はブラシを用いて対象プラスチック表面に試験用混合液を滴下し,広げ,2秒後の液膜の状態で判定する.液膜が塗布状態を保つか破れるかにより,次の表面張力の試験液に進む.ぬれ張力は高いほどよいが,少なくとも40 mN/m 以上が好ましい.受け入れたままの表面,溶剤でふいた表面,研磨した表面,いずれでも撥水性や疎水性を示すときは,プライマーの使用,あるいは化学的処理か電気的処理によって表面を改質しなければならない.それが困難であれば,接合法を再検討する.

(2) プラスチックの種類と接着性

プラスチックには,大別して,熱硬化性プラスチックと熱可塑性プラスチックがある.後者は,さらに結晶性と無定形(不定形ともいい,非結晶性のこと.アモルファス)に区分される.用途・特性面から,汎用プラスチック,汎用エンジニアリングプラスチック,高性能エンジニアリングプラスチックといった分類もある(**表 3.1.7**)が,それは接着剤に対する品質要求の内容の問題であることから,ここでは,前段の区分による接着性について主に説明する.

(a) 熱硬化性プラスチック

種類として,MF, PF, UF, EP, UP, DAP, PAI, PI などがある.原則的に接着性に問題はない.ただし,UP のように硬化反応に酸素障害(嫌気性)のある樹脂は,ワックスのような表面層を残しており,また,ほかの樹脂も離型剤が付着している可能性があるので,軽いサンディングによってこの表面層を除去するのがよい.樹脂単独もあるが,多くはフィラー入り,紙含浸,繊維強化などのプラスチック製品である.いずれの場合も,表面は同じと考える.

(b) 熱可塑性・無定形プラスチック

種類として,PVC, ABS, PS, PMMA, PC, CA, m-PPE(mod.PPO), PEI, PSF, PES などがある.原則的に接着性はよく,同質材なら溶剤接合も可能である.無溶剤反応形接着剤を用いても接着にばらつきを生ずる場合には,表面品質によることが多いから,可能なら軽いサンディングが望ましい.

表 3.1.7　主要プラスチック

		熱可塑性	
		結晶性	略号
汎用プラスチック	低密度ポリエチレン*		PE-LD
	高密度ポリエチレン*		PE-HD
	ポリプロピレン*		PP
汎用エンジニアリングプラスチック	ポリアミド**		PA
	ポリブチレンテレフタレート**		PBT
	ポリエチレンテレフタレート		PET
	アセタール樹脂**		POM
	塩化ビニリデン樹脂		PVDC
高性能エンジニアリングプラスチック	ポリアリレート		PAR
	ポリエーテルエーテルケトン		PEEK
	ポリフェニレンサルファイド		PPS
	四ふっ化エチレン樹脂		PTFE
	液晶ポリマー		LCP

注　* 五大汎用プラスチック　** 五大汎用エンプラ　φ mod.PPO とも書く，PPO は商標

(c) **熱可塑性・結晶性プラスチック**

　種類には，PE（-LD, -HD），PP, PA, PET, PBT, POM, PVDC, PAR, PEEK, PPS, PTFE, LCP などがある．原則的に接着性は悪く，溶剤にも溶けない．しかし，最近は，接着剤の進歩もあって，かなりの種類が接着可能になってきた．エポキシ樹脂系弾性接着剤の例を**表 3.1.8** に示す．

　それでも PE, PP, POM, PTFE は接着不可能で，接着するには，表面処理が不可欠である．

(d) **熱可塑性・ポリマーアロイ**

　複数の熱可塑性プラスチックや，場合によってはエラストマーを配合して，単独では得られない特性を実現しようとしたプラスチックに，ポリマーアロイがある．アロイの詳細は不明の場合もあるから，商品ごとに接着性を確認するのがよい．

3.1 被着材

の種類と分類[23]

プラスチック		熱硬化性プラスチック	
非晶性	略号		略号
塩化ビニル樹脂*	PVC		
ポリスチレン*	PS		
ABS樹脂	ABS		
メタクリル樹脂	PMMA		
セルロースアセテート	CA		
ポリカーボネート**	PC	エポキシ樹脂	EP
ポリフェニレンエーテル樹脂**,φ	PPE	メラミン樹脂	ME
		フェノール樹脂	PF
		ユリア樹脂	UF
		不飽和ポリエステル樹脂	UP
ポリエーテルイミド	PEI	ポリアミドイミド	PAI
ポリスルホン	PSF	ポリイミド	PI
ポリエーテルスルホン	PES		

表 3.1.8　エポキシ樹脂系弾性接着剤の性能[27]

単位：引張せん断接着強さ MPa

PC	5.88	PSF	5.00
PMMA	5.00	PAI	7.00
PS	4.90	PET*	8.00
r-PVC	8.04	PBT*	5.20
ABS	6.76	PPS	5.30
PA	5.39	PPS*	8.50
PEEK	7.50	PPO	7.00
PES	5.10	UP*	5.90

注　*ガラス繊維入り　　接着剤：セメダイン EP 001

(3) プラスチック用接着剤

　プラスチックは，種類，用途，形態の多様性から，接着の相手材料もあらゆるものに及び，おそらく全種類の接着剤が使われているといっても過言ではな

い．ここでは，たわみ性材料であるフィルム・シート，硬質材料である成形品・積層品及び発泡製品に使用される接着剤を紹介する．

(a) フィルム・シート用

異種フィルム同士，フィルムとアルミはくのようなラミネートは，ドライラミネーションによって作られる．接着剤は，ほとんど2液性ポリウレタンである．接着性，たわみ性，透明性などに優れるからである．2液混合後，強制乾燥しながら張り合わせる．フィルム基材としては，セロハン，PA, PP, PE, PET, PVC, PVDC, EVA, PS, PC などがある．難接着フィルムには，表面処理を行っておく．紙との接着には，エマルジョン接着剤でウェットラミネーションを行う．

(b) 硬質材料用

選択肢は広いが，反応形接着剤が基本である．弾性系，エポキシ系，ポリウレタン系，シアノアクリレート系に加えて，透明プラスチックには紫外線硬化形がある．

(c) 発泡製品用

PS, PUR, PVC, PE, PP, PF などの材質，スキン層の有無，セルの独立・連続，硬質・軟質，耐溶剤性などからゴム系溶剤形，酢酸ビニル樹脂溶剤形，無溶剤弾性系，エポキシ樹脂系，ホットメルト，場合によっては両面粘着テープを使用する．

3.1.4 加硫ゴム

(1) ゴムの表面

ゴムは典型的な配合組成物であって，加硫ゴムはゆるい三次元網目構造であることから，分子結合にあずからない分散系の配合剤が表面に浮き出してくる．このため，ゴムの表面には各種の配合剤が偏析していて，特に軟化剤が接着性に影響するとともに加工助剤である滑剤（脂肪酸）がはっ水性をもたらすことからも，表面処理が重要になる．また，加硫系には，接着剤の硬化反応を阻害するものがあり，確認が必要である．

3.1 被着材

接着のための表面処理は，溶剤ワイピング，バフがけ，硫酸による環化，その他がある．要求される接着強さ又は接着剤の種類によって，処理方法を選択する．

(2) ゴムの種類と接着性

ゴムは，種類によって接着性が異なる．一般には，溶解度パラメーター(SP)の高いゴムが，接着性の良いことを意味している．SP値の高いものから順に並べると，次のようになる．

- NBR（ニトリルゴム）　　　　　　10.8〜8.7
- CR（クロロプレンゴム）　　　　　8.6〜8.85
- SBR（スチレンブタジエンゴム）　8.4〜8.6
- BR（ブタジエンゴム）　　　　　　8.4〜8.6
- NR（天然ゴム）　　　　　　　　　7.9〜8.1
- IIR（ブチルゴム）　　　　　　　　7.7〜8.1
- EPDM（エチレンプロピレンゴム）7.9〜8.0
- Q（シリコーンゴム）　　　　　　　7.3

この順序は，あくまでも原料ゴムの接着性であって，実際のゴム製品では，配合や加工条件によって接着性は変化する．最近は，熱可塑性エラストマー(TPE)の利用も多くなり，接着性に新しい課題を投げかけている．接着データは少なく，実用製品について確認するのが最善である．

(3) ゴム用接着剤

加硫ゴムの接着には，ゴム系溶剤形，シアノアクリレート系，ポリウレタン系，エポキシ樹脂系，変成シリコーン系などが使われる．ゴム製品の用途によって選択されるが，通常は，ゴム系溶剤形接着剤の利用が多い．耐油・耐ガソリン性が要求されるNBRの接着にニトリルゴム系溶剤形接着剤が使われる以外は，クロロプレンゴム系溶剤形接着剤が一般的である．NR同士には（天然）ゴムのりが，Qには無溶剤アクリル変成シリコーンゴム系（スーパーX）がよい．形状・寸法の小さなゴム製品の接着にはシアノアクリレート系接着剤が主流で，多様なゴムに適用できるようになっている．

3.1.5 ガラス

(1) ガラスの表面

　一般のガラスは，ケイ酸塩ガラスであり，SiとOが三次元骨格をなした網目構造を形成し，その骨格の空隙に種々のアルカリ及びアルカリ土類金属イオンなどが網目修飾イオンとして存在する．このうち，多価イオンはあまり移動しないが，アルカリ金属イオンは比較的容易に移動し，ガラス表面に大きな経時変化を与える．青やけから白やけに至る変化は，Na^+イオンの水による表面への移動と風化であるといわれる．酸による浸食は実用上問題ないが，アルカリ溶液には弱い．表面の化学的変化と形態は，接着に影響する．

　ガラス表面は，その極性（OH基）ゆえに汚れやすく，特に水との親和性が高い．また，表面のミクロな傷が無視できない．接着耐久性のためには他材料以上に表面処理が重要で，酸（洗浄と中和）又は洗剤脱脂後の溶剤ワイピングで表面吸着水や傷の中の吸蔵空気（つまるところは水分）をコントロールすることが肝要で，一般にはアルコール-エーテルが用いられている．接着を強化するためには，シランカップリング剤の利用がある．

(2) ガラスの種類と接着性

　板ガラスの接着製品には，合わせガラス（JIS R 3205）と，複層ガラス（JIS R 3209）がある．接着問題は光学用途に多い．光学ガラスは，種類によって接着性が大きく異なる．シリコーンRTVを用いて種々の光学ガラスを鏡枠に接着した場合の接着強さをみると，フッ化物を主成分とする硝種（FK01, FK02）の接着性が悪いことがわかる[3]．

(3) ガラス用接着剤

　光学ガラスの接着には，カナダバルサム，不飽和ポリエステル樹脂，エポキシ樹脂系，UV硬化系，シリコーン樹脂系接着剤が利用されている．一般にはUV硬化系が，高性能用途にはエポキシ樹脂系が中心である．

　ガラス製の光ファイバーの結束には，エポキシ-ポリチオール系の2液性常温硬化形エポキシ樹脂接着剤がよい．

3.1.6 紙

(1) 紙の表面

紙は，植物繊維が相互に絡み合い，一部水素結合し，さらに薬品やてん（填）料などが加わってできている．繊維の基本構造はセルロースで，紙としての性質は，この出発物質と加工法に依存する．現在の定義では，広義には合成紙をも含んでいる．本来，親水性であり接着しやすい材料であるが（厳密には乾燥状態の紙の臨界表面張力は 16.6 dyn/cm でテフロンと同程度の疎水性であり 0.15 秒程度で親水性になる），紙の機能化に伴って疎水性表面となった紙が増えている．塗工紙といわれるもので，コーティングによる表面の変化は，空隙率の減少と微孔化，液体浸透性の低下，平滑性の向上，それにも増して疎水性の増加＝接着性の低下が大きい．再生紙は，繊維が短いことから紙力増強剤が増え，接着に不具合が生じている．ワックスを塗工した紙に至っては熱的接合法に限られるため，目的によっては表面処理を考慮する必要がある．

(2) 紙の種類と接着性

接着対象となる紙は，すべてともいえるが，工業的に見れば，包装資材としての紙・板紙及び製本分野が大部分を占める．紙と板紙の区分は，目方又は厚さによって行われるが，その境界ははっきりしない．製品構成で見れば段ボールが圧倒的に多く，次が紙器である．植物繊維による紙・板紙の場合，接着性に特に問題はない．合成紙やコーテッドペーパー，アート紙，コート紙，軽量コート紙，その他塗工印刷紙などのほか，板紙でも樹脂加工を施したものは接着性は低下するので，接着剤の選択には注意する．

(3) 紙用接着剤

水性接着剤（でんぷんなどの天然系，ポバール，合成樹脂エマルジョン）が主であるが，難接着性表面や高速生産には，ホットメルト接着剤が使用される．

3.1.7 繊維・皮革

(1) 繊維・皮革の表面

繊維とは，"糸，織物などの構成単位で，太さに比べて十分の長さをもつ，

細くてたわみやすいもの"（JIS L 0204-3 繊維用語—天然繊維，化学繊維を除く原料部門）と定義される．天然繊維に対して人造繊維があり，人造繊維には化学的手段によって造られた化学繊維（炭素繊維，ガラス繊維，金属繊維，ゴム糸）が，さらに合成高分子化合物から造った合成繊維がある．このような繊維を平行に並べ，撚りをかけて糸にし，糸から織物あるいは編み物を製造して素材となる．したがって，繊維の表面は多種多様で，接着のためには，繊維のぬれ性を考慮して接着剤の選択を行うか，表面処理で表面改質を行う．

皮革の皮は，動物体の最外層の組織，すなわち表皮，真皮及び皮下組織からなっている．製革，すなわち，毛，表皮及び皮下組織を準備工程で取り除き，こう原線維が織物状に交絡している真皮をなめした，なめし皮として使用する．原皮には，哺乳類のほか虫類もあるが，牛皮が最も多い．その表面のいかんにかかわらず，接着のためには必ずバフがけによって起毛させる．

(2) 繊維・皮革の種類

上述のように，素材の種類は多数あるが，布・皮とも多孔質でたわみ性であるという共通点がある．力学的連結（アンカー効果）が期待されるので，接着剤の選択は要求条件に従って行うことになる．

(3) 繊維・皮革用接着剤

繊維同士やたわみ性材料との接着は，熱可塑性樹脂を原料としたホットメルト接着剤が使われる．ホットメルトの場合，あらかじめ接着剤を付与した織物，編物及び不織布製の"接着しん地"がある．試験方法には，JIS L 1086（接着しん地試験方法）があり，織物，編地，レース，不織布，ウレタンフォームなどと接着した衣料用接着布の試験については，JIS L 1089（衣料用接着布試験方法）が参考になる．

皮革は，相手材料が何であれ，ゴム系溶剤形接着剤の使用が基本である．皮革への浸透性が重要であるからだ．溶剤の使用に当っては，引火性，有害性に注意して使用説明書に従うこと．硬質材料への接着には，弾性接着剤の使用もよい．

前述のとおり，接着に先立って，皮革表面（表裏いずれも）はバフがけで毛

羽立たせること．

3.1.8　その他（コンクリート，セラミックスなど）
(1)　コンクリート等の表面

コンクリートの表面には，レイタンス（コンクリートの打込み後，ブリーディングに伴い，内部の微細な粒子が浮上し，コンクリート表面に形成するぜい弱な物質の層）やエフロレッセス（硬化したコンクリートの内部からひび割れなどを通して表面に析出した白色の物質）があり，コンクリート自体も経年によって中性化が進行するため，接着のためには，これらの弱い層を除去しなければならない．

セラミックスのうち接着対象となる最大のものは，陶磁器質タイルである．高温で焼結しているため表面は化学的に安定で，接着性に問題はない．

(2)　コンクリート等の種類

多数ある．JIS A 0203（コンクリート用語）の"3. 用語及び定義 a) コンクリート"参照．陶磁器質タイルは JIS A 5209（陶磁器質タイル）参照．

(3)　コンクリート用接着剤

主にエポキシ樹脂系常温硬化形接着剤を使用する．建築分野における内外装用接着剤としては，相手被着材の種類が多いことから，多くの接着剤が使われる．具体的には，**本書 7.2** を参照されたい．

3.1.9　そ　の　他

セラミックスは，酸化物系が接着対象になることが多い．代表的なものに，フェライトがある．セラミックスには，変性アクリル系やエポキシ系を使う．陶磁器質タイルの品質は，JIS A 5548（陶磁器質タイル用接着剤）に規定されている．外壁用タイルには，弾性接着剤を用いる．コンクリートは，表面のエフロやレイタンスをワイヤブラシで取り除き，相手材料に応じて接着剤を選択する．多くは硬質材料であることから，エポキシ系接着剤が主に利用される．屋外用途の場合には，吸水率の少ない接着剤がよい．

3.2 実用条件を調べる

3.2.1 外　　力

　接合部に働く外力の種類，方向及び大きさ，あるいはそれらが連続的に働くのか，断続的に作用するのかを考えて，接着剤を選択する．引張り，せん断，はく離，割裂，衝撃（機械的，熱的），クリープなどを考慮する．引張り，せん断に強い熱硬化性樹脂系接着剤は，はく離に弱く，はく離に強いエラストマー系・弾性系は，せん断に弱い傾向がある．接着強さは，一般に，硬質材料を被着材として，せん断及びはく離で評価する．高強度を求める構造用接着剤の規格としては，前述の米連邦規格 FS MMM-A-132B（航空機構造用耐熱性接着剤）があり，要求性能を規定している（**2.3.1** 参照）が，この規格では接着剤の種類は規定していない．一般的には，エポキシ樹脂系接着剤が高強度であるとされる．

　なお，高強度が必ずしも高耐久性を意味するわけではないということに注意が必要である．一例を紹介しよう．

　鋼板には，耐食性を付与するために，表面に各種防食処理を施している．建材として使用するために，エポキシ樹脂接着剤で鋼板を木材に接着したところ，接着面が錆びたという例があった．接着加工を施したとはいえ，接着面が100%接着している例は少なく，この鋼板の場合にもむらがあったが，そうした非接着面は，腐食していなかった．つまり，接着力が強かったため，防食層がむしり取られて腐食が進行したのである．ゴム系接着剤では，そのようなことは起こらなかった．このことから，接着の耐久性は総合的に判断すべきで，むやみに高強度を求めてはならないという教訓が読み取れる．現在は，鋼板の表面処理技術も進歩し，ハイブリッド化した接着剤が開発されつつあり，せん断・はく離・耐熱性などをバランスさせた接着剤が登場している．

3.2.2 高　　温

　有機高分子系接着剤の耐熱性は，短時間なら300℃に耐えるものもあるが

(ポリベンツイミダゾール，ポリイミド)，実用的な意味では250℃（フェノール樹脂系），150℃（エポキシ樹脂系）といえよう．高温用途の接着には加熱硬化性能が必須である．常温硬化形としては，高温構造強度は望めないものの，耐熱性だけを求めるならシリコーン系も利用できる．いまだ実現していないが，400℃耐熱が有機系の限界と考えられる．それ以上の高温には，無機系を使用するが，用途が限定される．被着材，使用温度範囲，負荷の大小などにより，熱応力・熱衝撃，熱劣化の影響があるから，候補接着剤のデータから判断するとよい．ISO 17194 は，耐熱性の尺度として，ガラス転移温度（Tg）を設定している．

3.2.3 低温

ガラス転移温度（Tg）が常温より高い接着剤（一般に熱硬化性樹脂）は，低温にも強い．液体窒素（-196℃）やさらに低温でも，エポキシ，ウレタンは十分な性能を示す．低温たわみ性を必要とする場合は，Tg が -60℃ 近傍にあるシリコーン系や弾性エポキシ系を選択する．低温の目安は，次のようである．

- n-ブタン（-0.5℃）
- プロパン（-42.2℃）
- エタン（-88.6℃）
- メタン（-161.5℃）
- 液体酸素（-182.97℃）
- 液体水素（-252.8℃）
- 液体ヘリウム（-268.9℃）

3.2.4 真空

接着剤からのアウトガスとオフガスが問題となる．試験法には，ASTM E 595（真空環境におけるアウトガスからの質量損失及び再凝縮物質試験方法）があり，宇宙又は高真空中で使われる電子部品の接続用接着剤にも適用される．

(a) アウトガスの測定

試験条件： 125℃, 10^{-6} Torr 以下に 24 時間

TML ≦ 1%　　　　TML（total mass loss; 質量損失, 試験によって失われた質量の初期質量に対する比）

CVCM ≦ 0.1 %　　CVCM（collected volatile condensable materials; 再凝縮物質, アウトガスのうち, 25℃におかれたコールドプレートに凝縮した物質量の初期質量に対する比）

(b) オフガスの測定

　大気圧で清浄なチャンバーに入れたサンプルを 49℃で 72 時間保持, チャンバーからガスをサンプリング, 化学分析にかける.

　採用する接着剤は, TML 及び CVCM の規定に合格した接着剤とする. 2 液常温硬化形, 1 液加熱硬化形のエポキシ樹脂接着剤が主である.

3.2.5　クリーン性

JIS Z 8122（コンタミネーションコントロール用語）では, アウトガスについて"クリーンルームの構成材, また, クリーンルーム内で使用される電子部品の材料, 部品用トレー・キャリア. また, クリーンルーム用の装置・機器の中で使用されている材料・素材が周りの環境変化によってそれ自身が変質し, ガスとして一部外部へ放出される状態"と定義している. JIS B 9919（クリーンルームの設計・施工及びスタートアップ）の"附属書 E（参考）建設及び材料"には, 砕けやすく粉末になりやすい材料, 内装に用いる接着剤, シール剤, フィルタユニットなどの選定が記載されている. 評価方法としては, JIS B 9920-2 の"附属書 D　クリーンルームの空気清浄度の評価方法"に, 粒子サイズについての記載がある. 接着剤やシール剤がクリーンルーム内の環境で粉末化することは考えにくいが, 放出されるガスがあれば, 空気汚染のおそれがある. シリコーン系などは, この用途に適合したものを使わなければならない.

　電子部品の場合, 例えばノートパソコンでは, 小型化・高機能化に伴い搭載部品の発熱が増えていることと, 内部空間の容積が小さくなっていることから,

高温発生ガスの評価が重要になる．評価基準は，当事者間で設定している．例えば，120℃，15分の発生ガスをガスクロマトグラフで総発生ガス量で把握するなどである．

3.2.6 透明性

光学用途では，透明性（通常は可視光線波長域）と屈折率が問題となる．

現在，カメラレンズや光ピックアップなどの量産品にはUV硬化アクリル系接着剤が主力であり，光学用ガラスレンズ，プラスチックレンズの接着に使われている．屈折率は約1.52以上である．耐熱性が求められる用途には，エポキシ系の実績が長く，屈折率が1.57前後，300 nm以上で95%以上の透過率を示す．光学材料には，光学ガラスのほかPC，PMMA，CR39（ジエチレングリコールビスアリルカーボネート）があるが，UV硬化系の場合には，被着材に適合した接着剤を使う．光学用接着材の規格としては，米軍仕様書MIL-A-3920C（Adhesive, Optical, Thermosetting）のほか，ASTM D 2851（液状光学用接着剤）という製品規格がある．同ASTMでは，熱硬化，触媒硬化，光硬化タイプの接着剤が光学用に該当するとしている．

合わせガラスはJIS R 3205に規定があるが，専門業者によるため，ここでは触れない．また，光通信に使用する光ファイバの光路結合用光学接着剤は，特殊領域のため説明を割愛する．

3.2.7 導電性

高分子材料は，原則的に絶縁性である．接着剤に導電性をもたせるために，接着剤に導電性の金属粒子を高充てんする．導電性接着剤として一般的な，Agを含むエポキシ樹脂，いわゆる銀ペーストは，体積固有抵抗が 10^{-3} Ω-cmの水準にある．静電気除去であれば，カーボン充てんで間に合う．特殊例として，ニトリルゴム系接着剤は，静電気を通す性質がある．鉛はんだの規制によって，導電性接着剤の用途は拡大している．しかし，電子部品の高性能化，微小化に伴って，接着品質の向上も求められるようになり，用途に応じた樹脂材

料が開発され，使用されている．

3.2.8 伝熱性（熱伝導性）

物質中最大の熱伝導率をもつ Ag を含む銀ペーストは，代表的な伝熱接着剤でもある．現在，この系統で 20～40 W/mK の熱伝導率が発表されている．しかし，導電性を必要としない用途では，この目的だけでは経済性に問題がある．そこで，他の金属粉や金属酸化物を充てんした接着剤が利用される．熱伝導性フィラーとしてはシリカとアルミナが知られている．伝熱性には，その形状，粒度分布，充てん量などが影響する．それでも，熱伝導率の向上には限界があり，通常の接着剤の一けた上の熱伝導率程度にとどまることが多い．エポキシ樹脂や熱伝導性のよいシリコーンなどをマトリックスとすることが多い．接着層の厚さも考慮する．

3.2.9 絶　縁　性

電気絶縁性の接着剤は，大部分が高分子材料で構成されるため，優れている．選択に当っては，吸水・吸湿したときの抵抗の低下や，誘電特性の温度による変化がポイントとなる．なお，高温使用でない限り，例えばエポキシ樹脂接着剤の場合で，10^{15} Ω-cm の体積固有抵抗が水浸せき 168 時間で 10^{13} Ω-cm になる程度である．この程度の性能があれば，絶縁破壊電圧も問題ない．具体的には，製品情報を入手して確認するとよい．

3.2.10 難　燃　性

UL（Underwriters Laboratories，アメリカ保険業者安全試験所）規格が一般に利用されている．ANSI/UL94（プラスチック材料の燃焼性試験方法）によって試験し，認定されると，UL から年 1 回発行されるイエローブックに記載される．認定表示を使用する資格のある当事者の名前，その製造者が UL の事項に適合する能力を示した部品のカテゴリーと，その部品の特定の名称が示されている．同規格には，次に示す難燃性の水準として，HB（試験片を横にし

て燃やす：遅燃性）と，V2〜V0（試験片を縦にして燃やす：自消性）が示されている．後者のランクは，V2，V1，V0 の順に高くなる．

接着剤の選定には，UL94 V0 認定品の使用が望ましい．イエローブックは，日本規格協会で購入・閲覧できる．なお，同ブックでは，接着剤の種類からは検索できない．

3.2.11　制振性

合成高分子材料を基材とする接着剤は，その粘弾性の性質から，それ自身が制振材である．その中でも，周波数－損失係数に優れた接着剤ないしコーティングが，制振材料である．片持ちばり式加振法で試験した場合，20℃における損失係数は 0.1〜0.2 である（ただし温度上昇や膜厚が厚くなると 0.25 程度になる）．ガラス転移温度近傍で，損失係数が最大になるためである．古くから，自動車の車体下部に塗布し，石はね音（チッピング）の防止（アンダーコート）のほか，鋼製外階段の防音，シンクの水跳ね音の解消などに使われていた．一時，制振鋼板が話題になったが，用途開発に困難を極めた．現在では，ロボット塗布形アクリル樹脂エマルジョンタイプ新規コーティング・接着剤が登場している．自動車や住宅の静粛性が求められる用途に適している．

3.2.12　耐水・耐湿性

耐水性と耐湿性は，厳密には異なる．液体と気体の差といってもよい．当然，耐湿性の方が厳しい．水性接着剤は，一般に，耐水・耐湿性はよくない．金属接着では，接着剤の吸湿あるいは吸水が，耐久性を支配する主因子である．接着層の吸湿が金属腐食につながり，そこが WBL となって接着破壊を誘発する．接着剤単独でこれを解決するのは困難で，表面処理によって界面耐湿性を向上させる．表面処理に加えて，金属にはフェノール樹脂系のプライマーが有効である．木質材料は，吸水によって膨張し，乾燥によって収縮する．この応力に耐える接着剤は，木質構造用接着剤に限定される．コンクリート・モルタルなどでは，氷点下での吸水接着層の凍結膨張に注意が必要である．

3.2.13 耐 薬 品 性

　接着剤の耐薬品性は，標準薬品に浸せきした場合の接着強さの変化によって判断するが，現実の薬品は，商品として種類が多く，使用温度もさまざまで，対応が困難な例が多い．このようなときは，接着剤単独の硬化物（金属などに塗布してもよい）を作製し，実用薬品に浸せきして，経時による状態変化を目視により観察し，質量変化を計測することによって，比較的容易に判断できる．7日間が最低期間である．接着剤素材の化学的性質からも推定できるが，実際は，配合剤の影響もあるため，実測することが必要である．例えば，耐酸性のデータは無機酸によることが多いが，有機酸になると挙動が異なってくる．耐油性も同様で，油の中身が問題になる．耐ガソリン性では，バイオエタノール混入の耐燃料油性が，その比率を含めて課題になると予想される．

3.2.14 耐 衝 撃 性

　金属，セラミックスなどの高弾性率被着材では，接着層の耐衝撃性が問題になる．接着剤自体が高分子材料で粘弾性体であることから，衝撃に強いといえるが，温度による特性変化があるため，負荷速度の影響が大きい．現在の試験法では十分な解析ができないとして，高速衝撃試験が提案されているが，まだ標準化には至っていない．実用的には，落下試験や衝突試験によって確認する．金属接着においては，衝撃を受けた後の残存強度に影響がなかったという報告もあり，また接着剤の問題より接着技術の問題とする見解もある．

3.2.15 応 力 緩 和 性

　異種材料の接着では，熱膨張率と温度差（変化）による熱応力が無視できない．3.2.14の耐衝撃性は，機械的衝撃を対象に考えたが，ここでは，急激な温度変化による熱衝撃を考える．

　5 mm板厚のガラスと同じ厚さのアルミ（いずれも5 cm角）を接着させ，沸騰水中から-40℃（メタノール-ドライアイス）液中で急冷させても，ガラスは壊れない．使用した接着剤は，Tg-60℃のエポキシ樹脂弾性接着剤であ

3.2 実用条件を調べる 139

る．このように，接着層で応力緩和するには，弾性接着剤がよい．常温では，ゴム領域にある低 Tg の硬化層で応力緩和が可能となる．1液性，2液性とも，グレードが多様化している．

3.2.16 耐 久 性

　接着耐久性は，接着剤だけでなく，被着材や表面処理を含めた接着技術とともに，用途条件によって支配される．何年もつかという設問ではなく，何年もつ必要があるかを問い，接着剤を選定する．永久性は，過剰品質の要求につながることが少なくない．現実に実証できる接着耐久性の例は，最も過酷な環境条件に暴露される航空機であろう．初めて接着技術を量産機に導入したフォッカーフレンドシップ F27 旅客機（ビニル-フェノリック接着剤使用）は，1958年に就航したが，現在も，途上国で活躍している．地上にある建造物では，石材およびコンクリートを対象として，次のような例がある．いずれも，常温硬化形エポキシ樹脂系接着剤が使用された．

- 1961 年施工（東京）　　　八百屋お七の碑
- 1967 年施工（広島）　　　原爆ドーム
- 1968 年施工（エジプト）　アブ・シンベル神殿

　これらは，技術者立会いのもと，工程管理や品質管理に注力して実現したことを忘れてはならない．今から 50 年前といえば，接着剤・接着技術も発展段階であったことを考えると，評価技術の進歩を背景に，今後の実績の蓄積が期待される．

3.2.17 分 解 性

　力学的，熱的，化学的，生物学的対応が，これらの大きな課題である．接着は，解体が困難な接合技術であった．従来から，解体性を前提にした接着剤の使用例はあった（仮止め，荷崩れ防止，ピールアップ）が，近年は，資源リサイクルの問題から，接着の分解性に対して，視点を変えた取組みが始まっている．"解体性接着技術研究会"の活動に期待したい．

3.2.18 その他

用途によって様々な要求がある.背反条件もあるから,要求の優先順位を決めておくとよい.

3.3 作業性を考える

作業性は,接着剤の塗布性と硬化性に関連していると考えられる.さらに,安全衛生面からの取扱いのしやすさも含まれよう.ここでは,塗布性と硬化性をとりあげる.

3.3.1 塗布性

被着材の形状・寸法,生産速度,設備の有無,経験などから,作業性にとって,塗布方法は重要である.接着剤の塗布方式には,次のようなものがある.

①簡易塗布具
　へら,こて,はけ,亀の子たわし,棒,油差し,注射器,ハンドローラ
②スプレー
　エアスプレー,エアレススプレー,自動スプレー,マルチスプレー
③フローコーター
　フローコーター,カーテンコーター
④ロールコーター
　リバース,トランス,グラビア,スプレッダ
⑤ドクターブレード
　ナイフコーター,ロッドコーター,ブレードコーター
⑥浸せき
⑦スクリーン印刷
⑧スピンコーター
⑨ディスペンサー
　シリンジ,カートリッジ,2液計量混合吐出,圧送ポンプ利用など

⑩その他

　　押出し，静電，転写など

　各方式による塗布機構や精度については，機種ごとにメーカに問い合わせるのがよい．少量使用に対しては，接着剤容器そのものが塗布具を兼ねているものを利用するのもよい．

　接着層（厚さ）は接着性能に直接関係するので，塗布量とともに接着剤の粘性を調べておく必要がある．粘度のせん断速度依存性を示す指標に，構造粘性指数（SVI）あるいはチキソトロピック・インデックス（TI）がある．双方とも，塗りやすく流れ難いことを意味している．要求度は，塗布方式によって異なるため，試験を行い確認するしかない．既存設備の場合には，経験から明らかであろうから，要求指数を提示するのがよい．

3.3.2　硬　化　性

　硬化性とは，一般にポットライフ（可使時間）を指す．多成分接着剤（ほとんどは2成分系）の主剤と硬化剤の混合後，塗布可能な状態を維持する時間をいい，エポキシ樹脂系，ポリウレタン樹脂系，アクリル樹脂系（プライマータイプを除く）に適用される．これらの化学反応形接着剤は，混合と同時に反応が開始され，反応熱によって温度が上昇するとともに粘度が低下し，その温度上昇が反応を加速し，時間とともにゲル化が進行する．混合量によって，蓄熱が起こり（接着剤は熱の不良導体であるため），ゲル化が速くなる．このため，試験は，混合量を規定し，粘度変化，発熱量，接着強さの変化などで評価することになっているが，建築現場などで大量混合するときは，その混合量におけるポットライフを確認しなければならない．そのデータは，一般に，メーカから提供されている．

　常温硬化形に限らず，1液性加熱硬化形接着剤，例えばエポキシ樹脂系でも，ゲル化時間が重要なことがある．ゲル化は，流動性を失う現象であるから，後工程で熱処理が継続する場合には，ゲル化時間を次の工程に移動させることが可能であり，生産性が向上する．硬化系にもよるが，加熱時のゲル化時間は大

幅に異なる．例えば，120℃でのゲル化時間を比較すればよい．かといって，短時間硬化は，内部応力の発生も大きくなるから，常に有利とはいえない．このあたりが，工程条件の設定を考慮するうえで大切になる．

溶剤形の樹脂系やゴム系接着剤は，張り合わせる前の乾燥時間が必要である．水性接着剤は，原則として吸水性の被着材を対象とするため，塗布後すぐに張り合わせて，乾燥を待つ．

3.4 コストほか

接着剤コストは，製品設計するうえで重要なファクターであり，その購入量により大きく異なるのが一般的である．通常，接着剤1回の製造ロット量が最低10t以上にならないと工業用スケールではないとの情報が多い．小ロット（100 kg 程度）でも工業用スケール10tにおいても，必要とされる接着剤製造に要する人件費はあまり変わらないのが実状であり，接着剤10tを製造する場合と接着剤100 kgを製造する場合の人件費を比較すると100倍の違いとなり，100 kg 製造の接着剤コストは，10tを製造する場合に対して非常に高価となる．すなわち，接着剤製造原価は"人件費＋材料費＋設備償却費＋管理費"であり，人件費の違いは接着剤製造原価に大きく影響する．また，材料費も，小ロット購入と大ロット購入の場合を比較すると，小ロット購入は高価となること必須である．また，設備償却費も，その設備の製造量が多くなれば，安価になることは明らかである．

本節では，接着剤コストを考察する．接着剤購入量によりコストが大きく異なるため，一概に比較することはできないが，1ドラム（約200 kg）程度を一回に購入した場合の概略コスト（参考）について，以下，検討してみたい．接着剤購入コストは，さらに接着剤メーカ間でも異なるため，本来の正確な実数字での比較は不可能であるが，おおまかな目安として理解いただきたい．

図3.4.1に，大分類（接着剤工業会による）の工業用接着剤コスト（塗布量 $200 g/m^2$ とした場合の $1 m^2$ 当りのコスト，以下同じ）を示した．

3.4 コストほか

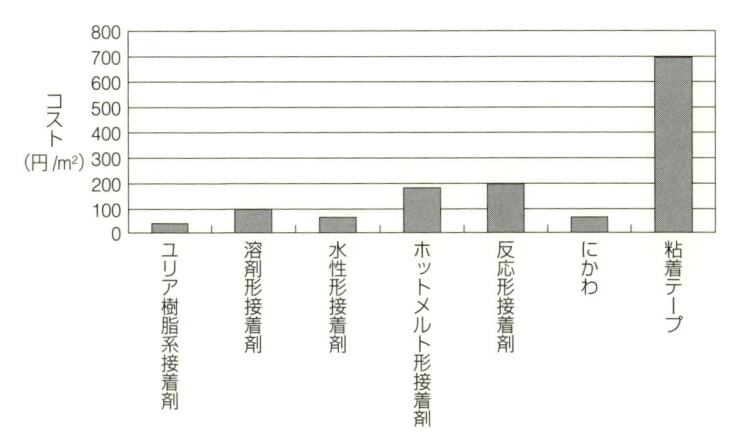

図3.4.1 大分類 工業用接着剤コスト[28), 29)]

横軸項目（左から）：ユリア樹脂系接着剤、溶剤形接着剤、水性形接着剤、ホットメルト形接着剤、反応形接着剤、にかわ、粘着テープ
縦軸：コスト（円/m²）

比較として粘着テープも記載した．α-シアノアクリレート系接着剤は高価（ユリア樹脂接着剤コストの約100～300倍）なため，今回のコスト考察からは除外した．同図に示すように，大分類 工業用接着剤コストは，

　　ユリア樹脂系接着剤＜水性形接着剤≒にかわ＜溶剤形接着剤＜ホットメルト形接着剤＜反応形接着剤＜粘着テープ

の順に高価である．

粘着テープのコストは，接着剤に比較して約3～5倍と高価であるが，製品設計における接着費用は"接着剤費用＋接着作業人件費＋接着機械償却費＋管理費"であるため，接着剤費用が高価でも接着作業人件費が安価であれば，接着費用はトータルとしては安価な場合もある．粘着テープは，粘着により短時間接合が可能なことから，接着作業人件費が安価となる実例である．

単に接着剤費用だけでは，製品設計における接着費用の優位差を比較できない場合が多い．そのため，トータルの接着費用として，接着接合製品のユーザ使用時の耐久性必要度合いも含めて，常に考察することが重要である．

接着剤コストが安価な例としては，ユリア樹脂接着剤がある．この接着剤は，反応形接着剤かつ熱硬化性樹脂であるため，隙間充てん性が良好で，高温（130℃以上）短時間接着が可能であるなど多くの優位性ありと考察できるが，

屋内用途の場合，改正建築基準法（2003年7月施行）に従いホルムアルデヒド放散量制限が発生する点が不利なファクターであり，作業性や環境規制対応などを含めて十分に検討する必要がある．

環境規制対応の水性接着剤は，水揮散後に接着剤固化が始まるため，接着時間が反応形接着剤より長くなる傾向にある．近年は，ホットメルト形接着剤も環境規制対応となり，ユリア樹脂接着剤コストより高価であるが，短時間接着が可能，かつ，非ホルムアルデヒド系樹脂であり，小物のアッセンブリー接着には大いに適している．

図 3.4.2 に，樹脂系別 工業用接着剤のコストの詳細を示した．樹脂系別接着剤コストは，接着剤の生産量及び原料費により最終接着剤コストが決定されたと推定する．

以上，製品における接着設計資料として，接着コストの考察に役立てば幸いである．

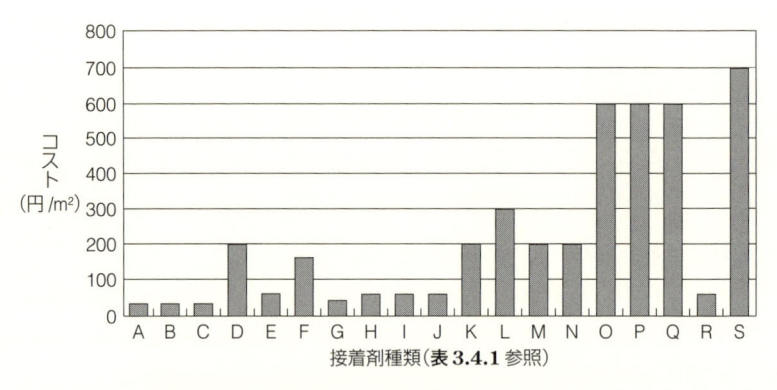

図 3.4.2 樹脂系別 工業用接着剤のコスト [28], [29]

3.4 コストほか

表 3.4.1 図 3.4.2 に示した接着剤種類の記号と名称 [28), 29)]

接着剤記号	工業用接着剤名称
A	ユリア樹脂系接着剤
B	ユリア-メラミン樹脂系接着剤
C	フェノール樹脂系接着剤
D	レゾルシノール樹脂系接着剤
E	酢酸ビニル樹脂溶剤形接着剤
F	CR系溶剤形接着剤
G	酢酸ビニル樹脂エマルジョン木材接着剤
H	変性酢酸ビニル樹脂エマルジョン木材接着剤
I	α-オレフィン樹脂接着剤
J	水性高分子-イソシアネート系木材接着剤
K	EVA樹脂系ホットメルト形接着剤
L	合成ゴム系ホットメルト形接着剤
M	エポキシ樹脂系接着剤
N	ポリウレタン系接着剤
O	アクリル樹脂系接着剤
P	SGA系（アクリル樹脂速硬化）接着剤
Q	シリコーン系接着剤
R	にかわ
S	粘着テープ

引用・参考文献

1) R.D.Adams（2005）： Adhesive bonding : Science, technology and applications, p.328-356 より, Woodhead Publishing Limited
2) 日本接着学会（2007）：接着ハンドブック第4版, p.4-82, p.151-205 より, 日刊工業新聞社
3) 森林総合研究所（2004）：木材工業ハンドブック, p.3-11, p.439-476, p.477-572, p.687-755 より, 丸善

4) 小西信（2003）：被着材からみた接着技術・木質材料編，p.1-37 より，日刊工業新聞社
5) 半井勇三（1968）：木材の接着と接着剤，p.9-43 より，森北出版
6) 佐伯浩，後藤輝男，作野友康（1975）：木材学会誌，分離した合板接着層の走査電子顕微鏡観察，Vol.21, No.5, p.283-288, 日本木材学会
7) 佐伯，滝，藤井，梅村（2007）："木材接着について語る"シンポジウム，p.35, 日本木材加工技術協会
8) C.Phanopoulos（2007）：Polyurethanes and Isocyanates used as Adhesives in Composite Wood Products, p10-18, Huntsman Corporation
9) 梶田 熈，川井 秀一，今村 祐嗣，則元 京（2002）：図解 木材・木質材料用語集，東洋書店
10) ASTM D 6465-99（2005）Standard Guide for Selecting Aerospace and General Purpose Adhesives and Sealants
11) 日本接着学会（1999）：工業材料 12 月別冊 2000 年版接着剤データブック，p.6-10 より，日刊工業新聞社
12) ISO 6238:2001　Adhesives ― Wood-to-wood adhesive bonds ― Determination of shear strength by compressive loading
13) JIS K 6852:1994 接着剤の圧縮せん断接着強さ試験方法
14) 岩田立男，尾形知秀（2004）：接着の技術，6.木材―各種被着材樹種と接着強さの関係，Vol.24, No.3, p.55-59 より，日本接着学会
15) 日本材料学会（1989）：破壊と材料，p.1-3 より，裳華房
16) ISO 10365:1992　Adhesive-Designation of main failure patterns
17) JIS K 6866:1999　接着剤―主要破壊様式の名称
18) ISO 17087:2006　Specifications for adhesives used for finger joints in non-structural lumber products, p.6
19) ASPO（The Association for the study of Peak Oil and Gas）（2004）：ASPO による"ピークオイル"の予測，図 4，ASPO
20) J. Shields（1976）：Adhesives Handbook 2nd. Ed., Newnes-Butterworths
21) J. Brandrup（2003）：Polymer Handbook 4th Ed., John Wiley & Sons Inc.
22) 小野昌孝編（1989）：新版接着と接着剤，p.157-159, 日本規格協会
23) 小野昌孝編（1989）：新版接着と接着剤，p.206-207, 日本規格協会
24) JIS K 6768:1999　プラスチック―フィルム及びシート―ぬれ張力試験方法，p.3
25) ISO 17212:2004 Structural adhesives ― Guidelines for the surface preparation of metals and plastics prior to adhesive bonding
26) 白井道雄，志賀直仁，林孝枝（1992）：接着の技術，光学部品の接着，Vol.12, No.2, p.23 より，日本接着学会
27) セメダイン カタログ　製品番号 EP001

28) 日本接着剤工業会 資料統計情報 2007.4.01
29) 日本接着剤工業会 資料 平成 18 年（1～12）生産量・出荷量・出荷金額
30) 小野昌孝編（1989）：新版接着と接着剤，p.160，日本規格協会

第4章　接着向上技術

4.1　表面処理

　いろいろなものを接合する手段として，溶接，リベット，ねじ締めなど，いくつかの方法がある．接着剤を用いて接着する接着接合も，その中の一つである．また，未加硫ゴムと金属の接着のように，接着剤を介在しないで未加硫ゴムと金属を直接接着することもある．このように，直接または間接接着する場合の接着向上策として，被着材の表面処理が重要なポイントとなる．表面処理の主な効果を次にあげる．

　①接着界面近傍に生成する力学的に弱い層であるWBL（weak boundary layer：弱い境界層）生成の防止
　②アンカー効果による界面の結合力の強化
　③被着材表面に極性基の導入，官能基の生成などによる接着性の向上

代表的な表面処理方法を**表4.1.1**に示す．

4.1.1　表面とぬれ

　清浄なガラスとポリエチレンに水をたらすと，水はガラスの上でぬれて広がっていくが，ポリエチレンでは丸い粒のままである．これは，ぬらす方の水と，ぬらされるガラスとポリエチレンとの間のなじみの良否による．"ぬれ"とは，固体表面分子と液体分子との相互作用であり，ぬれるということは，液体と接触した固体表面が消失して新しく固体と液体の界面ができることである．このぬれの尺度として接触角がよく用いられ，固体表面で液滴が接触角（θ）で平衡にある場合を**図4.1.1**に示す．γ_L，γ_S，は液体と固体の表面張力，γ_{SL}は界面張力，W_Aは接着の仕事とすると，ヤング-デュプレの関係式が成り立つ．

$$\gamma_S = \gamma_{SL} + \gamma_L \cos\theta \quad \cdots (4.1)$$

$$W_A = \gamma_S + \gamma_L - \gamma_{SL} \quad \cdots (4.2)$$

式（4.1），式（4.2）より接着の仕事は $W_A = \gamma_L(1+\cos\theta)$ となる．液体（接着剤）が固体（被着材）表面に薄く広がるほど，接触角（θ）が小さくなる．

表 4.1.1 表面処理方法[3]

洗浄処理	水，有機溶剤を用いて被着材表面に付着している汚染物を除去（溶剤浸せき，溶剤蒸気脱脂，超音波浸せき，アルカリ脱脂）
研磨処理	研磨紙，ブラストなどにより表面の水和物，酸化物を除去（蒸気研磨法：小物用，サンドブラスト・グリットブラスト）
化学的処理	酸，アルカリによるエッチング，酸化剤，陽極酸化，グラフト化などによる表面改質
物理的処理	紫外線，コロナ放電，プラズマなどによる表面改質，汚染物の除去
プライマー処理	塩素化ポリオレフィン系，シラン系，ポリイソシアネート系，シアノアクリレート系接着剤併用，エポキシ樹脂系・フェノール樹脂系などの合成樹脂系による被着材と接着剤との親和性の改善

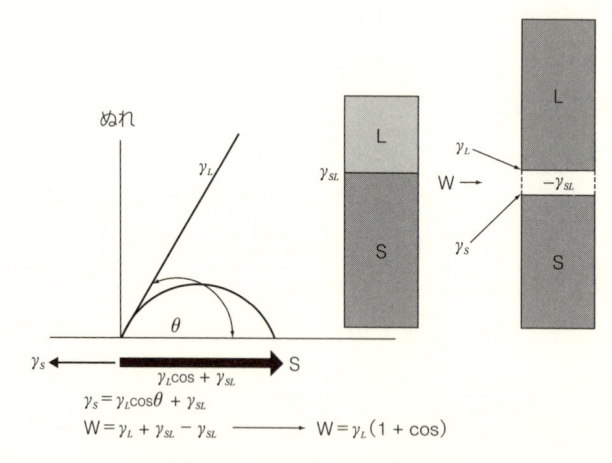

図 4.1.1 接触角 θ と表面張力[6]

また，固体に完全にぬれたときの液体の γ_L を γ_c（臨界表面張力）とする．理論的には，γ_c という値をもつ固体は，その値より小さな表面張力 γ_L をもつ液体により完全にぬれる．いろいろな有機材料の γ_c を**表 4.1.2** に示す．ポリテトラフルオロエチレン（テフロン）は，表面張力が 18.5 mN/m と低い難接着材料であり，n-ヘキサンのような表面張力が小さな液体でないと（θ）が小さくならない．n-ヘキサンは凝集力が小さいため接着剤にはならないので，テフロンは，通常，金属ナトリウム–ナフタレン–テトラヒドロフラン系の処理液などで表面処理することにより，テフロンの F 原子が金属ナトリウムにより一部取り除かれ，最終的には水酸基，カルボニル基などの極性基を表面に生成して表面を活性させ，接着剤にて接着接合する．

4.1.2 金属の表面処理

金属の表面は，高い表面エネルギーを持つ極性の高い状態にあるので，大気中のガス，水分，油脂類を吸着してそれらの分子膜でおおわれている．また，金属面に自然に生成された脆弱な酸化皮膜などがあり，これらの表面の異物，酸化皮膜は，接着性を低下させる要因になっている．**図 4.1.2** に一般的な金属表面処理方法を示す．アルミニウム合金の表面処理を**表 4.1.3** と**図 4.1.3** に，各種金属の表面処理を**表 4.1.4** に示す．

4.1.3 プラスチックの表面処理

プラスチックの表面には，通常，種々の低分子の有機物，離型剤，可塑剤などのブリードがあり，これらは接着の阻害要因となる．また，フッ素樹脂，ポリエチレンなど SP 値の低いプラスチックや結晶性の大きいプラスチックは，接着しにくい被着材である．これらのプラスチックを接着する場合，その表面を化学的，物理的およびプライマーなどで処理する．

(a) 化学的処理には，有機溶剤中にプラスチックを浸せきして表面の油脂層などを溶解除去する方法，クロム酸–硫酸の混液などにプラスチックを浸せきして表面に親水基を導入する方法，エッチング処理方法，表面グラ

表 4.1.2 いろいろの合成有機材料（低エネルギー表面）[5]

	有機材料の化学構造（名称）	γ_c (mN/m)
1	$-(CH_2-C(CF_3)(O=C-O-C_8H_{17}))-$	10.6
2	$-(CF_2-CF_2)-$ （テフロン）	18.5
3	$-(CH_2-CH_2)-$ （ポリエチレン）	31
4	$-(CH_2-CH(C_6H_5))-$ （ポリスチレン）	33
5	$-(CH_2-CH(OH))-$ （ポリビニルアルコール）	37
6	$-CH_2-C(CH_3)(O=C-O-CH_3)-$ （ポリメチルメタクリレート）	39
7	$-(CH_2-CH(Cl))-$ （ポリ塩化ビニル）	39
8	$-(OCH_2CH_2-O-C(=O)-C_6H_4-C(=O)-O)-$ （ポリエステル）	43
9	セルロース（繊維素）	45
10	$-(C(=O)-(CH_2)_5-NH)-$ （ナイロン66）	46

4.1 表面処理

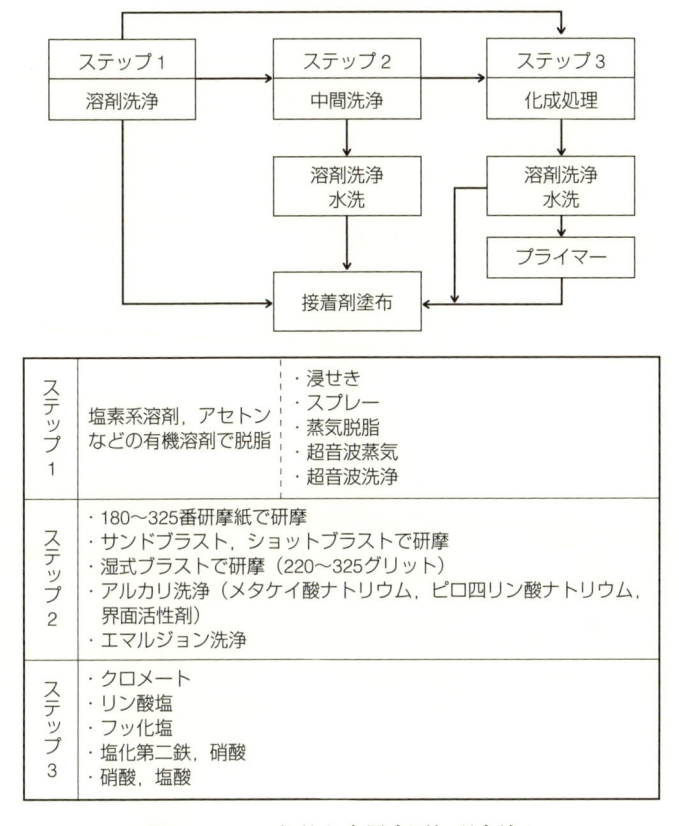

```
┌─────────┐   ┌─────────┐   ┌─────────┐
│ ステップ1 │──▶│ ステップ2 │──▶│ ステップ3 │
│ 溶剤洗浄 │   │ 中間洗浄 │   │ 化成処理 │
└─────────┘   └─────────┘   └─────────┘
                   │             │
                   ▼             ▼
              ┌─────────┐   ┌─────────┐
              │ 溶剤洗浄 │   │ 溶剤洗浄 │
              │  水洗   │   │  水洗   │
              └─────────┘   └─────────┘
                                │
                                ▼
                           ┌─────────┐
                           │ プライマー│
                           └─────────┘
                   │             │
                   ▼             ▼
                  ┌───────────────┐
                  │  接着剤塗布   │
                  └───────────────┘
```

ステップ1	塩素系溶剤，アセトンなどの有機溶剤で脱脂	・浸せき ・スプレー ・蒸気脱脂 ・超音波蒸気 ・超音波洗浄
ステップ2	・180〜325番研磨紙で研磨 ・サンドブラスト，ショットブラストで研磨 ・湿式ブラストで研磨（220〜325グリット） ・アルカリ洗浄（メタケイ酸ナトリウム，ピロ四リン酸ナトリウム，界面活性剤） ・エマルジョン洗浄	
ステップ3	・クロメート ・リン酸塩 ・フッ化塩 ・塩化第二鉄，硝酸 ・硝酸，塩酸	

図 4.1.2 一般的な金属表面処理方法[2]

フト化方法などがある．

(b) プラスチックの表面に紫外線を直接照射して表面を酸化させる紫外線照射方法，低圧のガス容器中の気体に電圧をかけて生じる原子状や分子状のラジカルで中にプラスチックを置きラジカルで表面を活性化させるプラズマ処理方法，コロナ処理方法，機械的処理方法などがある．

プラスチックの表面処理としては通常，利用されている処理方法を**表 4.1.5**に示す．

表 4.1.3 アルミニウム合金の表面処理[7)]

リン酸アノダイズ	改良 FPL エッチング	クロム酸アノダイズ
蒸気脱脂	蒸気脱脂	蒸気脱脂
パークロールエチレン 4～7分	パークロールエチレン 5～10分	4～7分
アルカリ洗浄	アルカリ洗浄	アルカリ洗浄
TURCO4215S 50～60 g/L 74～62℃ 10～15分	OAKITE164 70～80 g/L 82～93℃ 10～12分	TURCO4215S 50～60 g/L 62～74℃ 10～15分
水 洗	水 洗	水 洗
水は固形分 150 ppm 以下 5分以上	水道水で可	水は固形分150 ppm以下 5～10分以上
デオキシダイズ処理	酸エッチング	デオキシダイズ処理
AMCHEM6-16 4～9容量% 硝酸75～150 g/L 18～32℃ 10～15分	重クロム酸ソーダ 30～37 g/L 硫酸（66°Be） 285～305 g/L 溶解アルミニウム (2024-T3) 最小1.5 g/L 63～68℃ 5～10分	5～10分
		水 洗
		5分以上
水 洗	水 洗	アノダイズ処理
5分以上 水は同上	水道水	クロム酸 55～60 g/L 35～37℃ 20～23ボルト 35～45分
リン酸アノダイズ処理	乾 燥	水 洗
リン酸100～120 g/L 25℃, 15ボルト 20～25分	15分	5分以上
	強制乾燥	ダイクロメートシール処理
水 洗	60～71℃ 10分間	重クロム酸ソーダ 6% (重量) pH = 4 85～96℃ 8～17分
5分以上 水, 同上	プライマー塗布又は接着	
加熱乾燥	処理後速やかに	
最高 71℃		水 洗
光沢検査（目視）		10～15分
プライマー塗布		強制乾燥
処理後3日以内		最高 71℃
		プライマー塗布又は接着

4.1 表面処理

表 4.1.4 金属の表面処理[4]

金属	処理方法
鉄	a) 濃硫酸／水を1/1（重量比）に希釈した液に室温で5～10分間浸せき，水洗，乾燥． b) 濃塩酸／水を1/1（重量比）に希釈した液に室温で5～10分間浸せき，水洗，乾燥． c) 正リン酸（88％）／メタノールを5/9（容量比）に混合した液に60℃/10分間浸せき，冷流水下で表面に付着した黒化膜をブラシでとり，乾燥する．
ステンレス	a) しゅう酸／濃硫酸／水を10/10/80（重量比）で混合した液に60℃/30分間浸せき，冷流水下で表面に付着した黒化膜をブラシでとり，乾燥する． b) 濃塩酸／水を30/70（重量比）に希釈した液に室温で15分間浸せき，水洗，乾燥する．
銅・銅合金	a) 塩化第二鉄液（42％）／濃硝酸／水を15/30/200（重量比）で混合した液に室温で1～3分間浸せき，水洗，風乾する． b) 過硫酸アンモニウム／水を25/75（重量比）で溶解した液に室温で1～3分間浸せき，水洗，風乾する．
チタン	a) 硝酸／フッ酸／水を3/25/972（重量比）で混合した液に室温で15分間浸せき，冷水で洗浄．ついで，無水クロム酸／水を5/9（重量比）で溶解した液に，60～70℃で5分間浸せき，水洗，乾燥する．
アルミニウム	a) 重クロム酸ソーダ／濃硫酸／水を10/100/300（重量比）で混合した液に60～70℃で10分間浸せき，温水で水洗，乾燥（70℃以下）する．

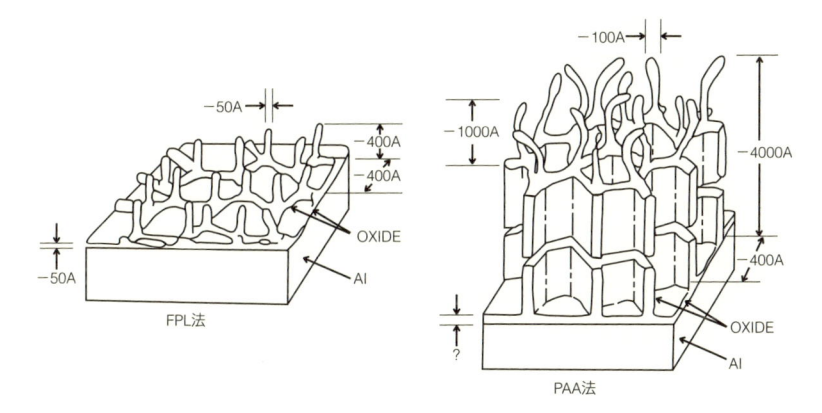

図 4.1.3 FPL法およびPAA法の表面形態[8]

表 4.1.5 プラスチックの表面処理[4]

プラスチック	処理方法
ポリオレフィン (PE, PP)	a) 重クロム酸カリ／濃硫酸／水を75/1 500/120（重量比）で混合した液に70℃で1～10分間浸せき，水洗，中和，水洗，乾燥する．
ポリアセタール	a) ポリオレフィンと同じ液に室温で5～30秒間浸せき，水洗，中和，水洗，乾燥する． b) けい藻土／パラトルエンスルフォン酸／ジオキサン／パークロルエチレンを 0.5/0.3/3/96（重量比）で混合した液に80℃で10～30秒間浸せき，100℃で1分間加熱，水洗，乾燥する．
テフロン	a) 金属ナトリウム，ナフタリン，THF系の処理液に室温で5～10分間浸せき，アセトン，水で洗浄乾燥する． b) テトラエッチ液で処理する．
ポリエステル (PET)	a) 20%苛性ソーダ液に80℃で5分間浸せき，水洗したのち，塩化第1錫液（10 g/L）に室温で5～10秒浸せき，水洗，乾燥する．
ナイロン	a) レゾルシノール樹脂接着剤（木工用）をプライマーとして塗布，焼き付ける．

4.1.4 ゴム・エラストマーの表面処理

ゴム・エラストマーには，他の被着材と異なり，加硫剤，加硫促進剤，軟化材，充てん剤など種々な配合剤が配合されている．通常，ゴムの表面は，一部の配合剤のブルーム現象や打粉，離型剤などの付着によって汚染されている．さらに，ブチルゴム，エチレンプロピレンゴムなどの非極性ゴムは，その二次結合力だけでは接着性が不十分であり，ゴムの表面を化学的，物理的およびプライマー処理をすることにより接着接合している．未加硫ゴムの表面は，表面の異物，汚れ，ブルームしたものなどを溶剤でふき取り加硫するのみで接着するが，加硫ゴムの場合，強固な接着性能を得るために，種々な表面処理方法がとられている（表 4.1.6）．

4.1 表面処理

表 4.1.6 架橋接着法[10),11)]

被着材		直接法	間接法
ゴムとゴム	未加硫ゴムと未加硫ゴム	両者エラストマーのセグメントが相互に移動して界面において均一に混ざって接着する．同種ゴムの場合，表面の異物，汚れ，ブルームしたものなどを溶剤で拭き取り架橋するのみで接着する．	極性に差のある異種ゴムの場合，タイガムを用いるか，両者ブレンドしたゴムのり，適切な接着剤を用いて接着する．未加硫ゴムの第一過程は，一種の拡散現象である．溶剤，共のりを用いるのは，被着ゴムの内部粘性を小さくしてセグメントの移動を速くしている．
	未加硫ゴムと加硫ゴム	加硫ゴムの表面をワイヤブラシ，ブラストなどでバフがけして表面に付着している異物やブルームしたものを除去した後，ゴム揮などの溶剤で前処理して接着する．	加硫ゴムの表面をワイヤブラシ，ブラストなどでバフがけして表面に付着している異物やブルームしたものを除去した後，ゴム揮などの溶剤で前処理して接着する．共セメントあるいは適切な接着剤を介在させて接着する．
	加硫ゴムと加硫ゴム	—	加硫ゴムは硫黄，金属酸化物などで架橋された三次元ポリマーとなっており未加硫ゴムに比較して強固な結合を期待することはできない．また，表面に可塑剤，軟化剤，ワックス類が多量にブルームしていることもあり接着する場合は，あらかじめこれらのものを除去して，さらに強固な接着性能を得るためには適切な表面処理および未加硫の接着ゴムあるいは接着剤を介在させて接着する．
ゴムと金属		有機酸コバルトおよび硫黄を通常より多量配合した未加硫ゴムのコンパウンドとブラスめっき，亜鉛めっき処理した金属を加硫成形時に同時接着する．	化学的，物理的に表面処理した後，適切なプライマー，加硫ゴム用接着剤を介在して接着する．

（1） バフがけ

サンドペーパー，ワイヤブラシなどで表面を荒らす処理である．表面に付着した削られたゴム粉をエアーで吹き飛ばすか，ゴム揮などの溶剤で拭き取る．

（2） 環化法

ジエン系ゴムは酸により環化する．この方法は，加硫ゴムの表面処理としては古くから実施されている処理方法である．加硫ゴムを80％硫酸中に約10分間浸せきした後，水洗・乾燥を行い，折り曲げて，接着面である表面にひ

びをいれる．浸せきの時間を長くすると，ひび割れが進行したり，表面硬化現象が起こるのが欠点である．

（3）塩素化法

加硫ゴムの表面を塩素化して極性基を導入して接着性を向上させる．加硫ゴムを塩素ガスで処理する方法は，次亜塩素酸ナトリウム水溶液と塩酸を用いる方法が従来より用いられている．これらの方法は，加硫ゴムの表面を劣化させたり，特別の処理設備が必要であると共に，その扱いに注意を要するなどの難点がある．

（4）有機活性ハロゲン化合物法

有機活性ハロゲン化合物であるハロゲン化サクシイミド，ハロゲン化イソシアヌル酸などの2%メチルエチルケトン溶液を，加硫ゴムの表面に塗布し，室温で乾燥する．

（5）ヨウ化メチレン法

ゴムの表面にヨウ化メチレンを $6～30\,mg/cm^2$ 介在させることにより，加硫ゴムと加硫ゴム，加硫ゴムと未加硫ゴムを接着する方法である．ヨウ化メチレンが接着効果を向上するのは，ヨウ化メチレンが硫黄をよく溶かすので，ゴム中に配合された硫黄が表面に移行して，その硫黄が架橋剤として界面間の接着に寄与するためと推定する．

（6）ナトリウムナフタレン法

金属ナトリウムとナフタレンの反応物であるナトリウムナフタレンにより，フッ素ゴムなどの加硫ゴム・エラストマーを処理する方法である．

（7）物理的処理法

フッ素ゴムなどの化学的に安定なゴム・エラストマーの表面処理として，プラズマ酸化により表面に―OH，―OOH基を付加させ表面を改質する．その他，紫外線照射法，コロナ処理法なども有効な表面処理法である．コロナ処理，プラズマ処理法，紫外線放射処理法は，原理的にはほぼ同一である．被着材表面付近の大気をプラズマ状態として生成した電子，イオン，オゾンを材料表面と反応させ，主としてカルボニル基，カルボキシル基，ヒドロキシル基などの

酸素含有官能基を生成させる．

(a) コロナ処理

①数キロボルト以上の電圧

②放電が起きるための空間　100μ〜数cm

③電極を絶縁物で被覆する

コロナ放電中の電子エネルギーは加硫ゴムの表面に作用して種々の酸素含有官能基が接着性を向上

(b) 紫外線照射処理

①光源としては低圧水銀ランプ

②エネルギーの高い短波長　185 nm線，254 nm線（**表 4.1.7**）

表 4.1.7　UVの波長領域とエネルギー[3),20)]

	X線	UV（紫外放射）			可視光	赤外線
		UV-C	UV-B	UV-A		
λ (nm)	100	185　254　280	315	365　400	780	
Energy (kJ/mol)	1 196	647　472　427	380	328　299	153	
(eV)	12.4	6.7　4.9　2.9	3.3	3.4　3.1	1.6	

(c) プラズマ処理法

プラズマには，非平衡プラズマ（低温プラズマ）と平衡プラズマ（高温プラズマ）がある．平衡プラズマは，セラミックの溶射技術や金属微量分析技術などに応用されている．表面処理とは関係ないので，省略しておく．低温プラズマの中に高分子を入れても，ガス温度が低いため，バルクまで変化を受けることは少ない．したがって，低温プラズマは，表面処理に利用されている．

低温プラズマには，減圧プラズマと常圧（大気圧）プラズマがある．減圧プラズマは，減圧するためのチャンバーなどが必要となる難点がある．常圧プラズマ放電には，ヘリウム，アルゴンなどの希ガスをキャリアーとしてグロー放電させるシステムの希ガス系常温プラズマと，パルス方式常圧

プラズマがある.

4.2 プライマー

4.2.1 プライマーの目的

プライマーとは"被着材と接着剤又はシーリング材との接着性を向上させるために，あらかじめ被着材表面に塗付する下地処理材料"と JIS K 6800(接着剤・接着用語)では定義している.

(1) 被着材表面の密着性向上

ゴム・エラストマーの表面にシラン系，ポリイソシアネート系，フェノール樹脂系，変性エポキシ樹脂系などのプライマーを塗布して，表面を改質して接着性を向上させる．特に，ポリオレフィン系，フッ素系など無極性プラスチックや結晶性の高いプラスチックには，通常，2-シアノアクリレート系接着剤用プライマーなどが有効である．

(2) 被着材およびその前処理の保護・防錆

自動車のブレーキライニングアッセンブリー工程について前述(**2.3**)したように，ブレーキシューの材質は鉄，アルミ合金であるので，脱脂，前処理後に，接着性の向上・防錆を目的として，変性フェノール樹脂系，エポキシ樹脂系などのプライマーを塗布している．

(3) 被着材表面の補強

ALC，モルタル面などの表面を強化し，内部からの水，アルカリ成分などのしみだしを防止する．弾性シーリング材で施工する場合，被着材とシーリング材との密着性向上が主目的であるが，その他，水分，アルカリ成分，可塑剤の移行などを防止している．

4.2.2 プライマーの種類

(1) 合成樹脂

フェノール樹脂，エポキシ樹脂，アクリル樹脂，塩素化ポリオレフィンなど

を単独で，あるいはこれらをブレンドしたものを，主成分とするもの．通常は，これらに加えて，イソシアネート，シラン系カップリング剤，チタネート系カップリング剤，溶剤などを配合している．

(2) カップリング剤

被着材と接着剤との反応性または親和性のある低分子量金属化合物であり，シラン系，チタネート系，アルミニウム系，ジルコニウム系などがある．カップリング剤では，シラン系，チタネート系が多く応用されている．シラン化合物をプライマーとして使用する場合，シラン化合物を単独で使用することもあるが，多くは，シラン化合物を単純に溶剤に希釈するのでなく，アルコキシシランを加水分解・縮合するか，有機官能基を化学反応などでオリゴマー化したものを用いる．

(3) その他のプライマー

合成樹脂，カップリング剤以外では，イソシアネート系，アミン系など，被着材表面や接着剤に対して高活性化合物が用いられる．

4.3 接着助剤

接着助剤は，接着剤と被着材との接着性を向上させる目的で使用される材料であり，種類としては **4.2.2(2)** で述べたシラン系，チタネート系，アルミニウム系のほかに，シリコーン系，フッ素系，リン酸系カップリング剤などがある．ここでは，シラン系とチタネート系について述べる．

4.3.1 シラン系カップリング剤

シランカップリング剤は，一般に，YR-Si(OR′)$_3$ (R，R′：アルキル基，Y：各種官能基) で表される．Y基は有機材料と反応あるいは相溶する部分であり，代表的なものはビニル基，メタクリル基，エポキシ基，アミノ基，メルカプト基などである．カップリング剤の反応を次に示す (**表 4.3.1**)．

(a) OR′基は湿気などで加水分解してシラノール基を生成する．

表 4.3.1 シラン系カップリング剤の種類と反応性 [24]

分　類	構　造	加水分解エネルギー(kcal/mol)	活性度(℃/sec)
酢酸型	$CH_3-Si(-O-\underset{\underset{O}{\|\|}}{C}-CH_3)_3$	11.0	1.14
	$CH_2=CH-Si(-O-\underset{\underset{O}{\|\|}}{C}-CH_3)_3$	14.3	1.43
オキシム型	$CH_3-Si(-O-N=C\underset{CH_3}{\overset{CH_3}{<}})_3$	9.7	0.16
	$CH_2=CH-Si(-O-N=C\underset{CH_3}{\overset{CH_3}{<}})_3$	9.3	0.55
アルコール型	$CH_3-Si(-O-CH_3)_3$	4.9	0.01
	$CH_2=CH-Si(-O-CH_3)_3$	3.9	0.01
アミド型	$CH_3-Si(-\underset{\underset{O}{\|\|}}{\overset{\overset{CH_3}{\|}}{N}}-\overset{C_2H_5}{C}-CH_3)_3$	28.7	1.38
	$CH_2=CH-Si(-\underset{\underset{O}{\|\|}}{\overset{\overset{CH_3}{\|}}{N}}-\overset{C_2H_5}{C}-CH_3)_2$	30.7	2.91
アセトン型	$CH_3-Si(-O-\underset{\underset{CH_2}{\|\|}}{C}-CH_3)_3$	37.8	4.44
	$CH_2=CH-Si(-O-\underset{\underset{CH_2}{\|\|}}{C}-CH_3)_3$	36.2	5.55

(b) シラノール基は被着材表面に強固に吸着あるいは化学結合して被着材表面に接着する．シラノール基は水溶液中で弱酸性を示し，pHが3〜5で比較的安定となる．したがって，シランカップリング剤を水溶液で処理する場合，酢酸などによって系のpHを調整すると処理液が安定する．

表 4.3.2 にシラン系カップリング剤の種類，図 4.3.1 に反応機構を示す．

4.3.2 チタネート系カップリング剤

チタネート系カップリング剤は，無機物の表面エネルギーを変えることにより有機マトリックスとのぬれ性を向上させ，分散性向上などを目的としているので，マトリックスと反応するタイプが多いシラン系とは対照的である．両者の構造式の違いを図 4.3.2 に，またチタネート系カップリング剤の代表的な分類を表 4.3.3 に示す．チタネート系カップリング剤は，充てん剤と相互作用する Ti を含む親水基と樹脂または溶剤マトリックスと相互作用する疎水基とから成り立っており，使用する場合，カップリング剤種類の選択，滴下量の推定，適切な表面処理などに注意する必要がある．チタネート系カップリング剤の品種を表 4.3.4 に示す．

表 4.3.2 シラン系カップリ

	化 学 名	構 造 式
KA1003	ビニルトリクロルシラン	$CH_2=CHSiCl_3$
KBE1003	ビニルトリエトキシシラン	$CH_2=CHSi(OC_2H_5)_3$
KBM1003	ビニルトリメトキシシラン	$CH_2=CHSi(OCH_3)_3$
KBM503	γ-メタクリロキシプロピルトリメトキシシラン	$CH_2=\underset{\underset{O}{\|\|}}{C}-C-O-C_3H_6Si(OCH_3)_3$ (CH_3上)
KBM303	β(3.4エポキシシンクロヘキシル)エチルトリメトキシシラン	(エポキシシクロヘキシル)–$C_2H_4Si(OCH_3)_3$
KBM403	γ-グリシドキシプロピルトリメトキシシラン	$CH_2-CHCH_2OC_3H_6Si(OCH_3)_3$ (エポキシ)
KBE402	γ-グリシドキシプロピルメチルジエトキシシラン	$CH_2-CHCH_2OC_3H_6Si(OC_2H_5)_2$ (CH_3)
KBM603	N-β(アミノエチル)γ-アミノプロピルトリメトキシシラン	$H_2NC_2H_4NHC_3H_6Si(OCH_3)_3$
KBM602	N-β(アミノエチル)γ-アミノプロピルメチルジメトキシシラン	$H_2NC_2H_4NHC_3H_6Si(OCH_3)_2$ (CH_3)
KBE903	γ-アミノプロピルトリエトキシシラン	$H_2NC_3H_6Si(OC_2H_5)_3$
KBM573	N-フェニル-γ-アミノプロピルトリメトキシシラン	$C_6H_5NHC_3H_6Si(OCH_3)_3$
KBM803	γ-メルカプトプロピルトリメトキシシラン	$HSC_3H_6Si(OCH_3)_3$
KBM703	γ-クロロプロピルトリメトキシシラン	$ClC_3H_6Si(OCH_3)_3$

4.3 接着助剤

ング剤の代表的な化合物[23]

分子量	比重 (25℃)	屈折率 (25℃)	引火点 (℃)	沸点 (℃)	最小被 覆面積 (m^2/g)	既存化 学物質 No.	主な適用樹脂
161.5	1.26	1.432	9	91	480	2-2037	不飽和ポリエステル
190.3	0.90	1.397	59	161	410	2-2066	架橋ポリエチレン
148.2	0.97	1.391	32	123	515	2-2066	
248.4	1.04	1.429	125	255	314	2-2076	不飽和ポリエステル
246.4	1.06	1.448	163	310	317	3-2647	エポキシ, フェノール, メラミン
236.3	1.07	1.427	149	290	330	2-2071	エポキシ, フェノール, メラミン
248.4	0.98	1.431	128	259	356	2-2072	エポキシ, フェノール, メラミン
222.4	1.02	1.445	128	259	351	2-2083	エポキシ, フェノール, メラミン
206.4	0.97	1.445	110	234	380	2-2084	エポキシ, フェノール, メラミン, フラン
221.4	0.94	1.420	98	217	353	2-2061	ナイロン, フェノール, エポキシ, メラミン
255.4	1.07	1.504	165	312	307	3-2644	ポリイミド, エポキシ, フェノール, メラミン
196.4	1.06	1.440	99	219	398	2-2045	ゴム
198.7	1.08	1.418	83	196	393	2-2079	エポキシ

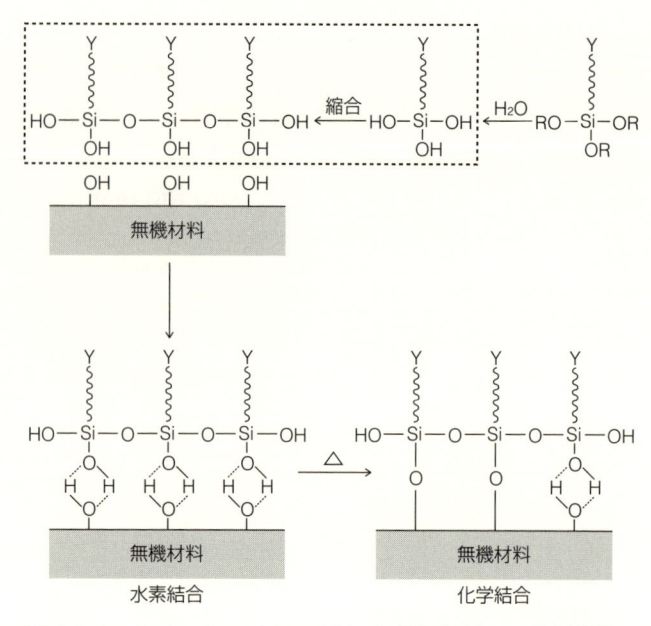

図 4.3.1 シランカップリング剤の無機質材料への作用機構[24]

図 4.3.2 シラン系,チタネート系カップリング剤の化学構造[25]

4.3 接着助剤

表 4.3.3 チタネート系カップリング剤の分類[27]

分類	構造
モノアルコキシ	$i\text{-PrO}-\text{Ti}\!\!-\!\!(\text{O}-\overset{\overset{\text{O}}{\|\|}}{\text{C}}-\text{C}_{17}\text{H}_{35})_3$
キレート	$\begin{array}{c}\overset{\text{O}}{\|\|}\\ \text{C}-\text{O}\\ \|\\ \text{H}_2\text{C}-\text{O}\end{array}\!\!\!\!>\text{Ti}\!\!-\!\!\left[\text{O}-\overset{\overset{\text{O}}{\|\|}}{\underset{\underset{\text{OH}}{\|}}{\text{P}}}-\text{O}-\overset{\overset{\text{O}}{\|\|}}{\text{P}}\!\!-\!\!(\text{O}-\text{C}_8\text{H}_{17})_2\right]_2$
	$\begin{array}{c}\text{H}_2\text{C}-\text{O}\\ \|\\ \text{H}_2\text{C}-\text{O}\end{array}\!\!\!\!>\text{Ti}\!\!-\!\!\left[\text{O}-\overset{\overset{\text{O}}{\|\|}}{\underset{\underset{\text{OH}}{\|}}{\text{P}}}-\text{O}-\overset{\overset{\text{O}}{\|\|}}{\text{P}}\!\!-\!\!(\text{O}-\text{C}_8\text{H}_{17})_2\right]_2$
コーディネート	$(i\text{-PrO})_4\text{Ti}\cdot[\text{P}(\text{O}-\text{C}_8\text{H}_{17})_2\text{OH}]_2$

表 4.3.4　チタネート系カップリング剤の品種[26]

品種	親水基の加水分解性基	疎水基の側鎖有機官能基	外観	比重(23℃)	消防法危険物分類
KR TTS	$CH_3-CH(CH_3)-O-$	$-O-C(=O)-C_{17}H_{35}$	赤褐色液体	0.95	第4類第3石油類
KR 46B	$C_8H_{17}-O-$	$P(-O-C_{13}H_{27})_2OH$ $C_8H_{17}-O-$	黄色液体	0.92	第4類第3石油類
KR 55	$(CH_2-O-CH_2-CH=CH_2)_2$ $C_2H_5-C-CH_2-$	$(CH_2-O-CH_2-CH=CH_2)_2$ $C_2H_5-C-CH_2-O-$ $P(-O-C_{13}H_{27})_2OH$	黄色液体	0.97	第4類第3石油類
KR 41B	$CH_3-CH(CH_3)-O-$	$P(-O-C_6H_{17})_2OH$	黄色液体	0.97	第4類第2石油類
KR 38S	$CH_3-CH(CH_3)-O-$	$-O-P(=O)(OH)-O-P(=O)(-O-C_8H_{17})_2$	淡黄褐色液体	1.10	第4類第2石油類
KR 138S	CH_2-O- CH_2-O- C(=O)	$-O-P(=O)(OH)-O-P(=O)(-O-C_8H_{17})_2$	淡黄褐色液体	1.12	第4類第2石油類
KR 238S	CH_2-O- CH_2-O-	$-O-P(=O)(OH)-O-P(=O)(-O-C_8H_{17})_2$	淡黄褐色液体	1.09	第4類第2石油類
338X	$CH_3-CH(CH_3)-O-$	$-O-P(=O)(OH)-O-P(=O)(-O-C_8H_{17})_2$	淡黄褐色液体	1.08	第4類第2石油類
KR 44	$CH_3-CH(CH_3)-O-$	$-OC_6H_4-NH-C_2H_4-NH_2$	淡黄褐色液体	1.19	第4類第2石油類
KR 9SA	$CH_3-CH(CH_3)-O-$	$-O-S(=O)_2-C_6H_4-n-C_{12}H_{25}$	赤褐色液体	1.06	第4類第2石油類

引用・参考文献

1) JIS K 6848-1:1999　接着剤―接着強さ試験方法―第1部：通則

2) 柳澤誠一（1997）：接着の技術，接着性の向上技術　1．総論，Vol.17, No.3, p.1, 日本接着学会
3) 柳澤誠一（2004）：接着の技術，難接着材料用プライマーと接着剤　1．総論，Vol.24, No.3, p.1, 日本接着学会
4) 三刀基郷（1990）：接着の技術，表面処理—接着のキーテクノロジー，Vol.10, No.1, p.1, 日本接着学会
5) 井本稔（1985）：わかりやすい接着の基礎理論，p.130, 高分子刊行会
6) 柳澤誠一（1998）：接着性向上のための技術，Screen Printing, 4月号, p.2, 日本スクリーン印刷技術協会
7) 浅井渡，的場正明（1989）：日本接着学会誌,航空機における接着の現状，Vol.25, No.3, p.111, 日本接着学会
8) 柳澤誠一（2000）：接着の技術，航空・宇宙分野への応用，Vol.20, No.3, p.44, 日本接着学会
9) 柳原栄一（2000）：表面処理技術ハンドブック（水町浩，鳥羽山満監修），プラスチックの表面処理，p.466 より，エヌ・ティー・エス
10) 柳澤誠一（2000）：表面処理技術ハンドブック（水町浩，鳥羽山満監修），エラストマー，p.624 より，エヌ・ティー・エス
11) 柳澤誠一（1986）：日本接着学会誌，ゴムの表面処理と接着，Vol.22, No.4, p.231 より，日本接着学会
12) 柳澤誠一（1993）：工業材料9月臨時増刊号，ゴムの接着，Vol.41, No.12, p.136 より，日刊工業新聞社
13) 飯泉信吾（2004）：日本接着学会誌，ゴム加硫接着技術と環境問題，Vol.40, No.3, p.106 より，日本接着学会
14) 飯泉信吾（2001）：日本接着学会誌，加硫ゴムの接着，Vol.37, No.5, p.184 より，日本接着学会
15) 斉藤伸二（1997）：日本ゴム協会誌,コロナ処理による表面改質，Vol.70, No.6, p.333 より，日本ゴム協会
16) 入山裕（2000）：日本接着学会誌，プラズマ処理，Vol.36, No.4, p.163 より，日本接着学会
17) 岩根和良（2006）：日本接着学会誌，常圧プラズマによる表面処理技術，Vol.42, No.12, p.519 より，日本接着学会
18) 小川俊夫（2000）：日本接着学会誌，コロナ処理，Vol.36, No.3, p.126 より，日本接着学会
19) 小川俊夫（2002）：日本接着学会誌，プラスチックの表面処理と接着，Vol.38, No.8, p.295 より，日本接着学会
20) 菊池清（2000）：日本接着学会誌，UVオゾン法，Vol.36, No.2, p.87 より，日本接着学会

21) 森邦夫（1997）：日本接着学会誌，高分子と金属の直接接着，Vol.33，No.9，p.366より，日本接着学会
22) G.R.Hamed (1991): Rubber Chemistry and Technology Journal, Combining cobalt and resorcinolic bonding agents in brass-rubber adhesion, Vol.64, No.4, p.285-295 より，Rubber Division ACS
23) 柳澤秀好（1998）：シラン系カップリング剤，カップリング剤の最適選定および使用技術，評価法，p.20，技術情報協会
24) 柳澤秀好（1998）：シラン系カップリング剤，カップリング剤の最適選定および使用技術，評価法，p.23，技術情報協会
25) 柳澤誠一（1994）：接着の技術，エポキシ樹脂の副資材，Vol.14，No.3，p.20，日本接着学会
26) 田中祐之（2000）：表面処理技術ハンドブック（水町浩，鳥羽山満監修），チタネート，p.466，エヌ・ティー・エス
27) 井手文雄（1987）：高分子表面改質，p.243，近代編集社

第5章　接着剤の使い方

5.1　被着材の準備

　被着材の準備とは，設定した接合形状に加工された接合面の準備である．接着面は，清浄で乾燥していなければならない．被着材の受入れについては，当事者間で品質特性を記載した仕様書を取り交わしておくことが一般的であるが，特に被着材の表面について規定しておくことが必要である．シリコーン離型剤の使用禁止，めっきの品質，サービスコートの種類と硬さ，防錆油の品種，表面粗さ，色など，接着に影響する事項のうち，その材料に特定できる事項を含むのがよい．プラスチックやゴムの場合は，商品名，製造業者，材質（記号）などの記録が必要であり，木や紙のような多孔質材料では接着前の含水率の規定が必要である．予備試験の結果と製品試験（量産初号品）の結果が食い違う場合には，被着材の品質に変化が生じていることが多い．

5.1.1　表面処理
　被着材の準備で最も重要な操作は，表面処理である．表面処理方法については，被着材に応じて適切な方法が選択されるが，ここでは，共通的な一般注意事項をあげておく．
　(a) 機械的処理
　　①研磨する前に脱脂を行う
　　②研磨材の種類と寸法は，被着材に応じて選ぶ
　　③研磨材の硬度は，対象着材より硬いものを使用する
　　④研磨材の形状は切削形で，球形のものは避けること
　　⑤処理後のダスト除去のためエアブロー又は溶剤洗いをする

備考：エアブローは，圧搾空気の清浄度に注意する．コンプレッサの管理（オイルフィルタ，エアフィルタの定期交換）によって，表面汚染を防止できる．最後の溶剤洗いには，新鮮溶剤を使用すること．

(b) 化学的処理

① 処理液組成，処理温度・時間の管理水準を決めておく

② 処理後の水洗温度は 70℃以下が原則

③ 最終洗浄水（リンス）は脱イオン水か蒸留水がよい

備考：洗浄水の水質は，接着性能に影響する．かつて，金属の表面処理に関する共同実験で，東京の多摩川水系（大田区）と荒川水系（北区）の水道水では差が生じたことがあった（浄水場の処理条件，荒川水でスマット発生）．国内の地下水は，おおむね良質であるが，海外生産の場合は，用水の基準が必要であろう（**表 5.1.1**）．

なお，リンスには脱イオン水が必須であるが，処理後の水洗は，水道水又は地下水でよい．カチオンが処理に有効とするデータがあるからである．

表 5.1.1 使用水の一般要求事項[1]

性　　　質	要　　求　　値
固有抵抗	50 000 Ω/cm^2，30℃
全アルカリ度	10 ppm max, as $CaCO_3$
フェノールフタレインアルカリ度	1 ppm max, as $CaCO_3$
塩化物含有量	15 ppm max
pH	7.5 max

5.1.2　処理効果の確認

処理した表面は高エネルギー状態にあるため，雰囲気と反応して安定化しようとする．そのため，時間の経過とともに，表面は無機物（酸素，水，その他ガス）や有機物（主にオイルミスト）で汚染され続け，処理効果を失ってしまう．たとえ，きれいな空気中に保管したとしても，酸素と湿度が存在する限り，その影響を免れることはできない（**図 5.1.1**）．特に，湿度の影響が大きい．

5.1 被着材の準備

したがって，処理した後は，可及的速やかに接着する（又はプライマー塗布する）ことが望ましいが，できなければ，処理後の有効時間を設定しておくとよい．

処理効果は，接着面に水滴を落として広げ，水が連続膜として表面をぬらすか否かで判定する．もし，水膜が不連続にはじかれるようであれば，再処理する．この判定法を，水切り試験という．定量的には"ぬれ張力"を測定する（**3.1.3（1）**参照）．プラスチックだけでなく，金属に水切り試験を適用している例もあるが，表面処理の接着強さへの影響を見るためには，やはり接着試験によるのがよく，なかでも，はく離試験法が，処理効果を見るのに適している．

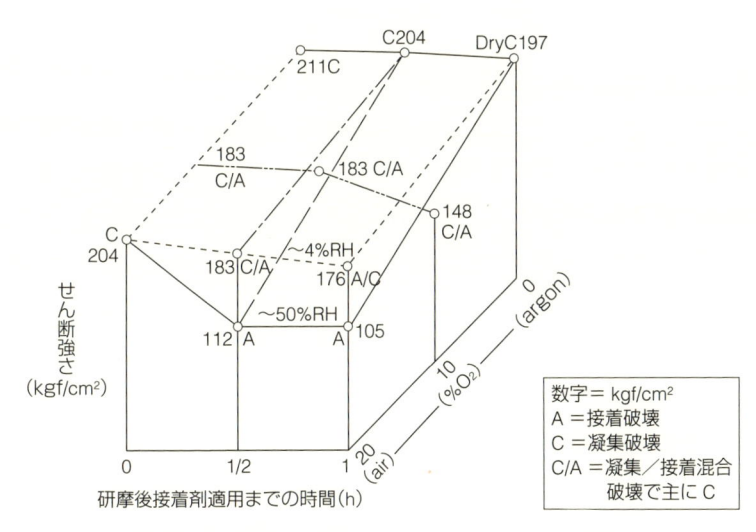

図 5.1.1 放置時間，酸素及び湿度がカーボランダムで研磨したアルミの接着強さに及ぼす影響[2]

5.1.3 プレフィッティング（仮合せ）

自動化ラインを別にすれば，被着材の組合せによって張り間違いが起こることがある．これを避けるには，あらかじめ位置合せで確認しておくのがよい．間違いやすい形状なら，印をつけておく．面の当たり具合によって，接着層の

厚さを修正することもできる．

5.2 接着剤の準備

まず接着剤を確認する．確認項目は，品名，ロットなどである．先入れ先出しを励行する．常温保管（15〜25℃）が一般的であるが，冷蔵保管が指定されている場合は，作業場の環境温度に戻してから開封する必要があり，その（昇温）時間を設定しておく．湯せんなどで強制的に昇温させるのは好ましくない．前日に，1日使用量を作業場に準備しておくのもよい．使用者側で行う準備には，次のようなものがある．

5.2.1 かくはん

接着剤の多くは，液状で提供される．しかも，ほとんどが多成分の配合組成物で構成されるため，製造後の時間経過により，あるいは温度履歴により，容器の底部に沈降物を生じたり，部分的に分離したりすることがある．したがって，見かけ上は均一に見えても，必ず使用直前に容器の中身をかくはんして，むらのない状態にしなければならない．

5.2.2 低粘化

接着剤を薄く塗布したい場合には，接着剤の温度を上げて粘度を下げるのがよい．粘度－温度曲線は，メーカから入手できる．シンナー（希釈溶剤）の利用は望ましくないが，やむを得なければ最少量で希釈する．目安は 5% 以下である．無溶剤接着剤で反応形の場合は，トルエン，キシレンを避け，アセトン，酢酸エチルなどの低沸点極性溶剤を利用する．

5.2.3 充てん

接着剤には，次のような目的で配合剤を混入することがある．

　①着色：顔料の添加

②接着層の厚さ制御：ガラスビーズ（粒径を設定）の混入

③熱伝導性の向上：金属粉，アルミナ粉，シリカ粉などによる

④流動性の改善：フュームドシリカの利用

⑤硬さの向上：③に同じ

⑥価格の低減：粉体の混合

　粉体の混合は接着性能に影響するため，混合方法に注意する．接着剤の基材に，あらかじめ乾燥した粉体を高濃度に混合したマスターバッチを作製しておき，その一定量を接着剤に混ぜるのがよい．水性接着剤には，水スラリーにしておく．

5.2.4　2液性接着剤の準備

　化学反応形接着剤には，1液性接着剤と2液性接着剤があるが，2液形は調合と混合が必要である．主剤と硬化剤からなる2液性の混合比は，メーカが指定する比率を守ること．硬化剤を指定比率より多く加えたからといって硬化が速くなったり硬くなったりするわけではなく，むしろ過剰の未反応成分が可塑剤的に働き，耐熱性や耐薬品性を損なう結果をもたらす．

　主剤と硬化剤の混合は，相溶性，粘度，混合量などによって難易はあるが，へらを用いた手混合にしろ混合装置による機械混合にしろ，均質な混合状態となるように十分かくはんすることが重要である．接着層となった場合の硬化状態のばらつきは，この混合不良によることが主原因である．

　混合時の空気の巻込みを防ぐには，減圧脱泡する．強く減圧すると（低分子成分が気化して）かえって発泡することがあるから，真空計で真空度を設定する．公転・自転形の混合機の使用も勧められる．

5.3　接着剤の適用

　液状接着剤は，使用に適した塗布用具で塗布する．塗布方法には，片面塗布，両面塗布，点塗布，部分塗布，転写など，被着材の組合せや形状に応じて選択

する．

5.3.1 片面塗布

　無溶剤化学反応形接着剤は，片面塗布後，直ちに張り合わせ，接着固定する．こうすると，空気の巻込みがなく，塗布量をコントロールできる．張り合わせて直ちにはく離し，両面塗布と同じ効果を得る転写方式では，相手面への塗布状態を確認することもできる．溶剤形接着剤や水性接着剤でも，多孔質被着材であれば適用できる．

5.3.2 両面塗布

　合成ゴム系溶剤形接着剤は，両面塗布し，オープンタイムをとって溶剤を揮発させてから接着する．両面に確実に塗布されたことが確認できる．この方法は，接着剤の自着性を利用するものであり，初期接着力が強いため，張り合わせには注意が必要である．張り間違いの修正は困難である．樹脂系溶剤形接着剤は自着性に乏しいから，オープンタイムは短くする．

5.3.3 点塗布，部分塗布

　大面積の接着では，全面塗布しないほうが有利なことが多い．異種材料を全面接着すると，内部応力（収縮応力，膨潤応力，熱応力など）が端末に集中し，はがれが生じやすくなるからである．周辺塗布や縞状に塗布するなど，寸法に応じて塗布形状を工夫する．

　塗布量は，被着材の種類，面精度，接着剤の不揮発分，粘度などによって変わるが，適切量はメーカの指示によるのがよい．塗り過ぎが不具合の原因になることが少なくない．塗布量は，接着層の厚みに関係し，接着性能に影響する．一定の品質を確保するための厚さ管理には，接着部の設計のほか，塗布方法，塗布量，圧縮方法で対処する．建築現場における"くし目ごて"の使用（くし目の深さ，形状，ピッチ），精密部品に対する接着剤へのガラスビーズ混入などの例がある．空気の巻込みがない均質・均厚の接着層となることが好ましい．

5.4 張り合せ

　接着剤の塗布を終了した被着材は，次に張り合わせ工程に進む．この間の空気暴露時間は表面処理後の環境放置時間の影響と同じように接着剤塗布面も作業環境や雰囲気の影響を受ける．特に湿度が高いと問題が発生しやすい．水性接着剤では乾燥遅延，溶剤形接着剤では結露，シアノアクリレート（瞬間接着剤）では白化などが起こる．エポキシ樹脂系接着剤を代表とする反応形接着剤は全て性能低下に結びつくと考えた方がよい．一方，低湿度になると湿気硬化形接着剤は硬化遅延を引き起こす．接着トラブルが起こる季節が梅雨時（高湿度）と冬季（低温・低湿度）に集中することでも明らかである．もちろん温度も影響する．

5.5 接着硬化

　接着剤の固化（硬化）は，溶剤の揮散，化学反応，冷却のいずれかによる．いずれの場合も，条件として圧力・温度・時間の要素が重要で，これをボンディングサイクルという．温度・時間の関係は，キュアリングサイクルという．

5.5.1 圧　　力

　加圧の目的は，接着面の緊密な接触を得ることにある．同時に，接着剤が固化するまでの固定の意味もある．接着剤の種類によって圧力の大きさは異なり，フェノール樹脂系接着剤のような縮合系では高圧を必要とするが，その他の一般接着剤では低圧でよい．圧力の大きさによって接着剤層の厚さが，その厚さによって接着強さが支配されるため，圧力の管理に手抜きがあってはならない．加圧の方法は，次のようである．

　①手圧
　　　被着材の一方ないし両方がたわみ性である薄い材料に適する．
　②おもり

床材や小形部品などに砂袋や水袋を乗せる．金属塊のようないわゆる重りより流体圧が，均一な加圧に適する．

③磁石

小形部品や補修の場合，バックアップ鋼板を置いて適用する．ほかに実用的な方法がないときに利用する．

④ローラ

シート状材料に適する．ゴム系接着剤などによい．金属製．長尺ものにはピンチロールがある．

⑤クランプ

当て板を必ず使用する．クランプ間距離は，被着材のいずれか一方の薄い板厚の2倍以上あってはならない．均圧を得るためである．

⑥プレス

水圧又は油圧を使用する．接着面積とラム断面積の換算に注意する．

⑦バキュームバッグ

接着物を空気不透過性の袋に入れて中を減圧する．曲面構造に適する．空気溜りを避けるには，織物を接着物にかぶせる．

⑧複合接合

リベットボンディング，ウェルドボンディングなど，他の接合法との併用．

⑨その他

クリップ，釘，ネジ，テープ，ゴムひも等を使用する．

　加圧は，強弱よりも均等な圧力分布が重要である．圧力の検知には，ゲージによるほか，接着層の厚さ計測や圧力シートの利用がある．

5.5.2　加　　熱

加熱硬化形接着剤や接着硬化時間の短縮のためには，加熱が必要である．加熱方法には，熱盤（ホットプレート，電気毛布などを含む），高周波のような直接加熱のほか，赤外線・遠赤外線，熱風循環式などの間接加熱がある．加熱

硬化形接着剤は，温度・時間がメーカによって製品ごとに指示されているが，現場との食違いを生じることがある．メーカによる推奨硬化条件は，接着層の温度・時間であって，昇温時間は含まれていない（図 5.5.1）．

接着物及び加熱装置の熱容量を考慮して，昇温時間を追加する．接着物は，加熱によって膨張するから，加圧には"ばね荷重"が望ましい．

ボンディングサイクルは，加熱硬化形の接着剤にとって重要な管理項目である．装置の温度分布，圧力分布を定期的にチェックすること．

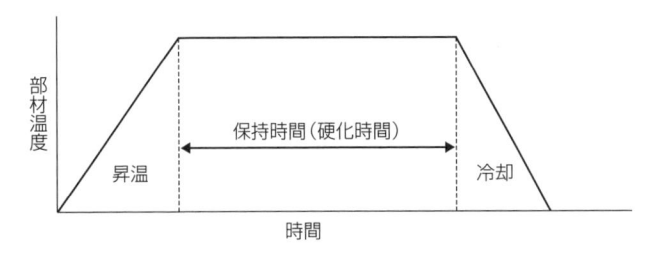

図 5.5.1 硬化スケジュール[3]

5.6 養　生

加熱硬化形やホットメルト接着剤は，室温に戻したときにほぼ最大強度に達しているが，室温硬化形接着剤は，取扱い可能な強度に達するまで数時間から数日を要する．最大強度に達するには，さらに多くの日数がかかる．このため，取扱い可能な強度を設定し，その間は，負荷がかからないように静置しなければならない．このような操作を，養生（aging）という．この間に，残留溶剤の散逸，接着剤分子の拡散や配向，また，重合，結晶化などが進み，接合物としてもひずみ緩和などが生起して，安定な状態に向かっていく．接着後の経過時間による強度の増加は，立ち上り強度や強度発現性とよばれ，メーカから，製品ごとに情報が提供されている．瞬間接着剤といわれるシアノアクリレートは，取扱い可能時間は数分であるが，安定な強度に達するのは 24 時間以上である．接着直後に，硬化しているからといって接着物をプラスチック袋に入れ

て輸送すると，受取先で真っ白になっていることがあるのは，シアノのガスによる白化現象である．このような場合，強制送風などによって養生を加速させてから梱包しなければならない．

5.7 検　　査

接着組立物は，最終的に破壊試験によって検査される．実物試験もさることながら，工程管理の検査には，実物に付随させた管理用試験片（テストクーポン）の性能試験が勧められる．

非破壊検査は，打音テスト以外に一般的方法は確立されていない．目視検査もかなり有効である．工程管理に問題がなければ，接着の信頼性は高いといっても過言ではない．工程の各ステップにおける確認事項を列挙すると，次のようである．

5.7.1　購買仕様書の決定

接着剤を含めた納入材料の品質を規定し，検査項目と水準を明らかにしておく．接着剤メーカは，買い手が規定した（当事者間で協定した）試験を実施し，購買仕様書に合格するように心がける．買い手が保存しておく記録には，次のようなものがある．
　①接着剤メーカから受け取った試験データ
　②売り手のロット番号
　③製造年月日
　④売り手発送日と買い手受取日
　⑤製造元による貯蔵期間の満了日（有効期間）
　⑥先行サンプルの受取日，もしあるならその試験結果
　⑦貯蔵中の定期再検査日付
　⑧冷蔵庫納庫又は出庫日付及び時間（要冷蔵品の場合）

5.7.2 社内品質認定試験
生産用途に対する接着剤使用の許諾

5.7.3 工場における材料管理
①購買仕様書と品質認定試験データのチェック
②接着剤在庫表の維持管理，先入れ先出しの励行
③材料の保管・取扱いに関する手順書での指示，冷蔵保管，有効期間の条件明示
④取扱責任者の指名，チェックシートによる確認

5.7.4 現場検査員の責務
①現用接着剤に関する試験報告書ファイルの携帯
②材料類に関する認定試験及び受入試験報告書の保持
③納入ロットの確認及び現場在庫表への記録
④接着剤在庫表の確認と署名
⑤液状接着剤の漏出調査
⑥使用前に認定接着剤であること及び手順書どおりであることを再確認
⑦その他，工程管理各段階チェックポイントの点検と署名

5.7.5 工程内検査
①設備管理，定期・日常点検と記録の整備・活用
②計測管理
③表面処理条件の確認と維持（処理効果の管理）
④処理面の保護，接着までの時間の確認及び記録
⑤手袋が清浄であることのチェック
⑥接着剤塗布後，組付けまでのオープンタイムの記録，温・湿度も記録
⑦ボンディングサイクル（温度，時間，圧力），昇・降温速度の記録
⑧外観検査

引用・参考文献

1) 小野昌孝編 (1989)：新版接着と接着剤, p.227, 日本規格協会
2) 小野昌孝編 (1989)：新版接着と接着剤, p.229, 日本規格協会
3) 小野昌孝編 (1989)：新版接着と接着剤, p.234, 日本規格協会

第6章 接合部（継手）の設計[1]

接着接合部の設計をするにあたり考えなければいけないことの基本は，接着接合の長所・短所を十分に理解して，長所を生かす工夫をすることである．考えなければいけないことは，次の2点である．
(a) 接着接合部は，引張りおよびせん断方向の応力に対しては優れた強度を示すが，はく離方向の応力に弱い．それゆえ，接合部に，はく離応力がかからないような設計が必要である．
(b) 接着接合部の強度は，面積によって保持される．したがって，可能な限り接着面積を広く取る設計が必要である．

これらの考え方を基本に接着接合部を図示したものが図6.1，図6.2，図6.3である．

6.1 接着接合部に働く応力の基本形

接着接合部に働く応力は，接合部の形状によって異なる．応力は，次の4種類である．実際には，これらの応力が単独で働くことはほとんどなく，複雑に組み合わさった形で接着接合部に加わる．図6.1.1は，接着接合部に加わる応力の基本形を示したものである．

①引張り
　引張りでは，応力は，接着面に対して垂直に働き，接合部の面積に均一に分布する．接合部全体は同じモーメントの応力を受け，同時に，接着面全体が均一に応力に抵抗するので，接着強さは最大になる．

184   第6章　接合部（継手）の設計

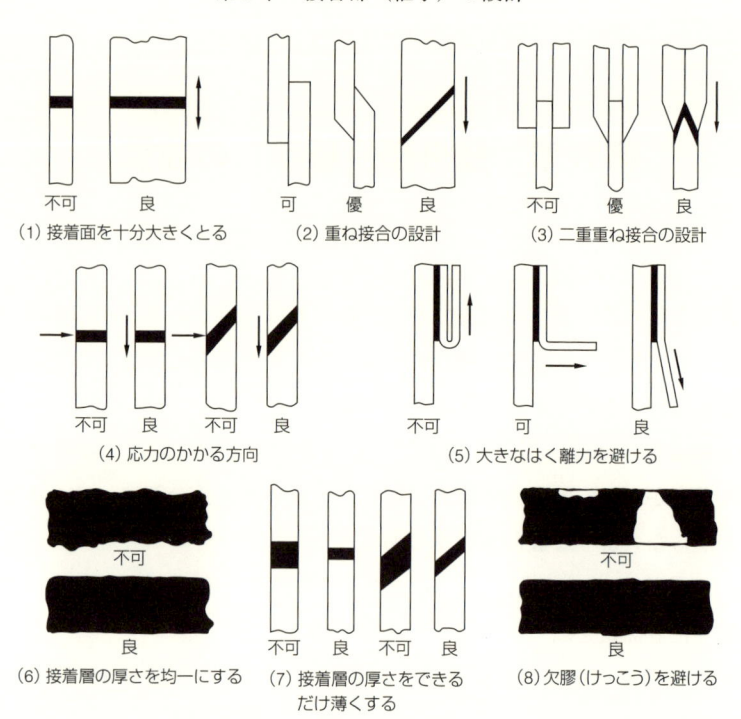

(1) 接着面を十分大きくとる
(2) 重ね接合の設計
(3) 二重重ね接合の設計
(4) 応力のかかる方向
(5) 大きなはく離力を避ける
(6) 接着層の厚さを均一にする
(7) 接着層の厚さをできるだけ薄くする
(8) 欠膠（けっこう）を避ける

図 6.1　接合部の設計要領[12]

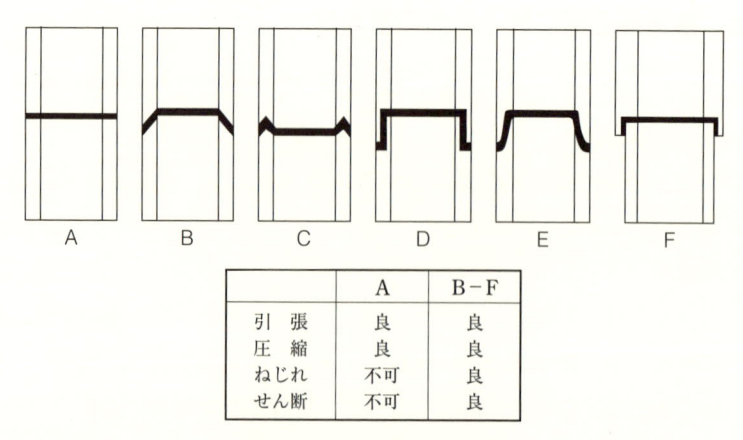

	A	B−F
引　張	良	良
圧　縮	良	良
ねじれ	不可	良
せん断	不可	良

図 6.2　管の接合部設計[5]

6.1 接着接合部に働く応力の基本形　　　　　　　　　　185

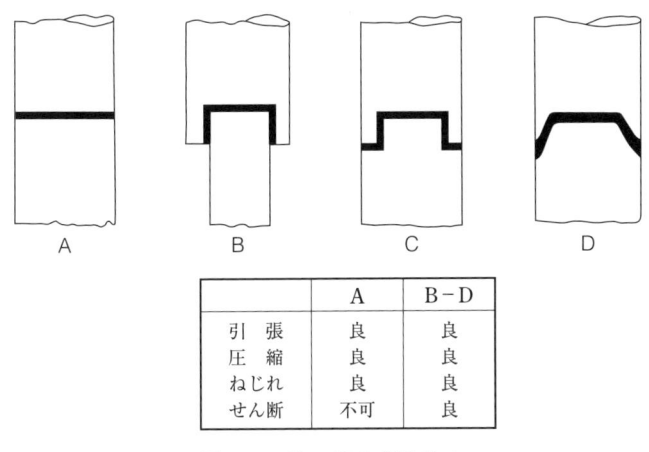

	A	B-D
引　張	良	良
圧　縮	良	良
ねじれ	良	良
せん断	不可	良

図 6.3 棒の接合部設計 [5]

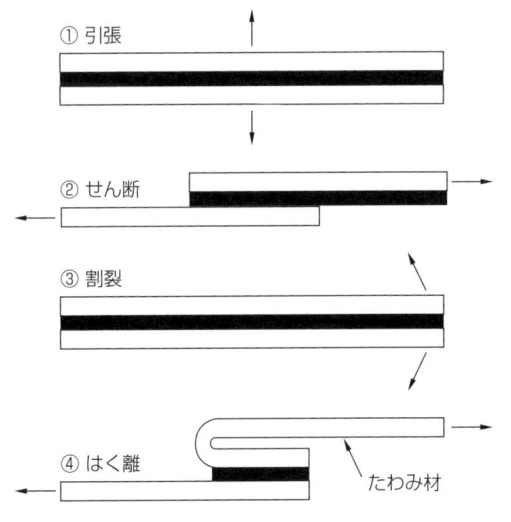

図 6.1.1 接着接合部に加わる応力の基本形 [6]

② せん断

　せん断では，応力は，接着面に平行に働き，接着面の大部分が応力に抵抗して働くので，最大に近い接着強さが得られる．なお，被着材の軸が

板圧の影響で一致しないために曲げモーメントが作用し,接着強さは被着材の弾性率に影響されることに,注意が必要である.

③割裂

割裂では,接合部の一端に応力が集中し,その他の部分は応力を受けない状態にある.この形状の接合部は,引張りやせん断の荷重を受ける同面積の接合部と比較して強度が低くなるので,設計上は避けるべき接合形状である.

④はく離

はく離では,応力は荷重方向に対して直角方向の線上に集中して働くために,接着強さは,割裂方向の強度よりさらに低くなる.

6.2　つき合せ接着 (butt joint)

接着接合は,はく離に弱い.例えば,つき合せ接合部に曲げ荷重が働いたとするならば,接着面にはある種のはく離応力が働くことから,避けたい接合方法の一つである.やむなくこの接合方法をとる場合には,あて板で補強した図 6.2.1 の構造が望ましい.

図 6.2.1 のいずれの構造も,せん断方向の力が働く工夫がされたり,接着面積を広げる工夫がされたものである.

棒や管の接合においても考え方は同じで,接着面積を広げ,せん断方向の応力への転換を取り入れた設計が必要である.

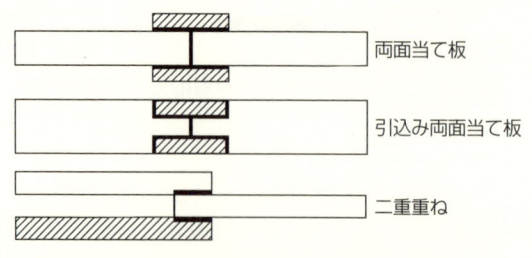

図 6.2.1　当て板で補強したつき合わせ接合[13]

6.3 重ね継ぎ（lap joint）[2]

図 **6.3.1** は重ね継ぎの種類をまとめたものである．

最も一般的な接合方法であるが，次の三つの問題点を考慮して利用しなければいけない．

(a) 重ね継ぎの幅と引張りせん断強さとは，比例関係にある．すなわち，重ね継ぎ幅が2倍になれば，引張りせん断強さも2倍になる．

(b) 重ね継ぎの長さを大きくすると強度は増加するが，比例関係は成立しない．

図 **6.3.2** は (a)，(b) を図示したものである．

そぎ重ね継ぎの強度は，単純重ね継ぎより大きくなる（図 **6.3.3**）．

(c) 重ね継ぎに引張り荷重が働くと，図 **6.3.4** に示すように両端に最大応

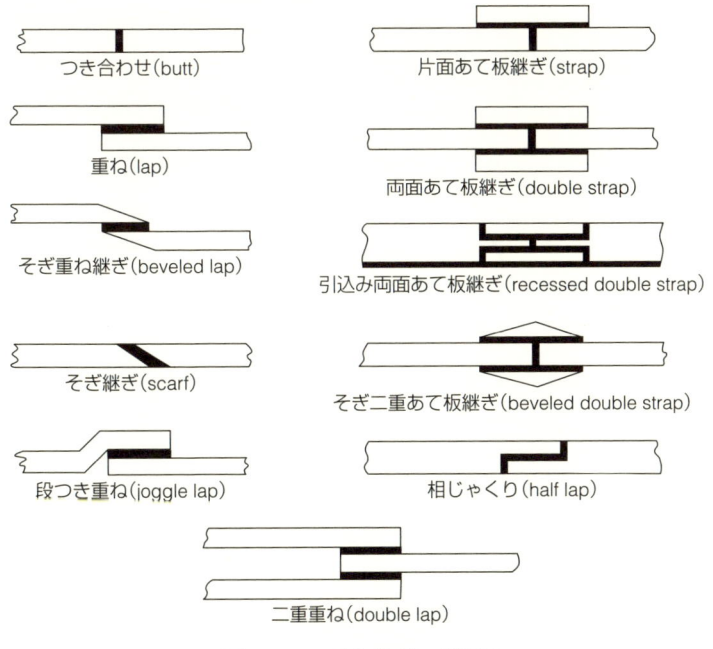

- つき合わせ (butt)
- 重ね (lap)
- そぎ重ね継ぎ (beveled lap)
- そぎ継ぎ (scarf)
- 段つき重ね (joggle lap)
- 片面あて板継ぎ (strap)
- 両面あて板継ぎ (double strap)
- 引込み両面あて板継ぎ (recessed double strap)
- そぎ二重あて板継ぎ (beveled double strap)
- 相じゃくり (half lap)
- 二重重ね (double lap)

図 **6.3.1** 重ね継ぎの種類[7]

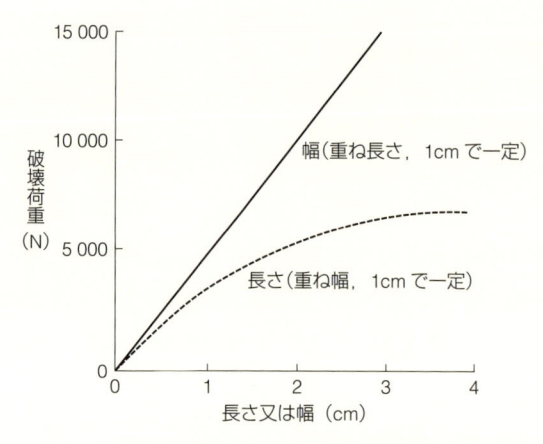

図 6.3.2 引張りせん断接着強さに及ぼす重ね合わせの幅と長さの影響[8]

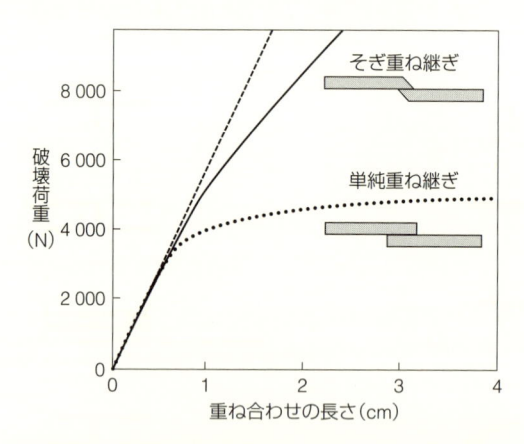

図 6.3.3 そぎ単純重ね合わせ継ぎ手の接着強さ[14]

力がかかり，中心部が最小の応力分布になる．

実際の設計にあたっては，応力集中はできるだけ少なくする配慮が必要である．

応力集中は，一般に次の場合に少なくなる．

①接着膜厚が厚い時

6.3 重ね継ぎ (lap joint)

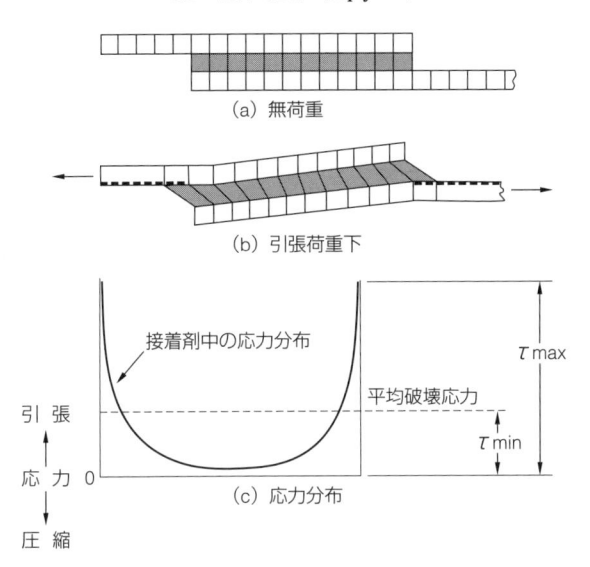

(a) 無荷重

(b) 引張荷重下

(c) 応力分布

接着剤中の応力分布
平均破壊応力
τ_{max}
τ_{min}

引張 ↑ 応力 ↓ 圧縮

図 6.3.4 重ね継ぎの応力分布 [14]

　②接着膜が柔軟な時
　③ラップの長さが小さい時
　④被着材が硬い時
　⑤被着材の厚みが厚い時
(d) 一般に，接着層の厚さが増加すると，引張りせん断強さは小さくなる．これは，次の原因による．
　①接着剤分子の配向の影響
　　　接着剤分子の配向力は，接着界面において最大であり，接着層の中心では最小になる．接着層が厚くなるに従い，接着強さが低下する．
　②熱膨張係数の影響
　　　温度変化により生じる接着剤層に発生する内部応力の大きさは，接着剤と被着材の熱膨張係数の差と接着剤層の厚さに依存している．
　③弾性率の影響
　　　荷重を加えたときに接合部に発生する応力は，接着剤と被着材の弾

性率の差と接着剤層の厚さによって変化する．弾性率の差が同じとすれば，接着剤層が薄くなるに従い，内部応力は小さくなり，接着強さは増加する．

④接着剤層に存在する欠陥の影響

接着剤層が厚いほど，接着剤層内に生じる欠陥が多くなる可能性が高くなるため，接着剤層が厚くなるほど，接着強さは低下する．

⑤内部応力の影響

接着剤は，硬化と共に収縮して内部応力を発生する．硬化した接着剤は被着材に拘束されているので，接着剤層が厚いほど，内部応力の影響を受けて接着強さが低くなる．

図6.3.5は，ニトリル-フェノール系接着剤による金属同士のせん断接着強さと，金属と綿帆布のはく離接着強さを示したものである．せん断接着強さは，接着剤層の厚さのわずかな増加でも急激に変化するが，はく離接着強さは，比較的厚い接着剤層で最大接着強さを示す．

⑥被着材の厚さの影響

接着強さは，重ね合わせの幅を広くすると増加するが，被着材の厚

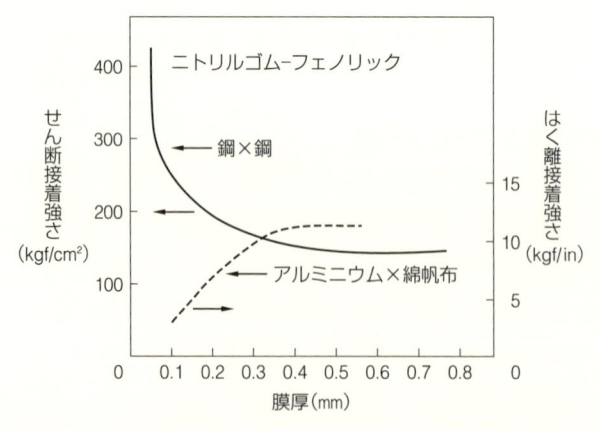

図6.3.5 せん断及びはく離接着強さと接着層の厚さの関係[9]

さを増すことによっても増加する．被着材が変形する荷重は被着材の厚さに比例し，厚くなるほど接着強さは被着材の固有強度に近づく．**図 6.3.6** は，重ね接合部の板厚と重ね長さ，破壊荷重の相関性を示したものである．

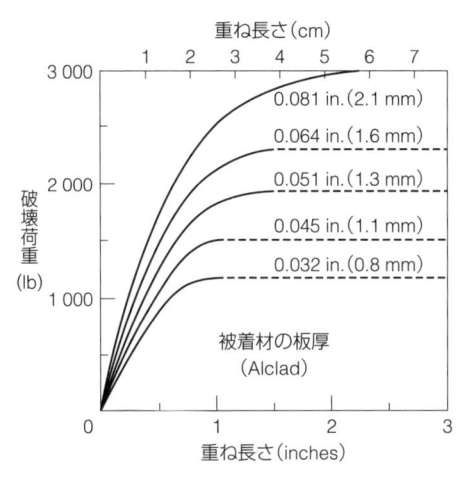

図 6.3.6 重ね接合部の板厚と重ね長さ，破壊荷重の相関性 [10]

⑦接合係数（joint factor）とは [3]

応力に対する被着材の厚さと重ね合わせの長さの関係には一定の係数が存在することを，De Bruyne が発見した．この係数を接合係数（joint factor）とよぶ．接合係数は，被着材の厚さの平方根と重ね合わせの長さの比によって得られる．**図 6.3.7** は接合係数とせん断接着強さとの関係を示したものである．

⑧フィレットの効果 [4]

フィレットとは，ハニカムサンドイッチ構造（2枚の表面板の間に蜂の巣状のコア材を挟んで接着した構造）のように，コア材（紙にフェノール樹脂を含浸させたものやアルミのものが多い）のセル壁と表面板の接する直角部分に接着剤が集まることをいう．**図 6.3.8**

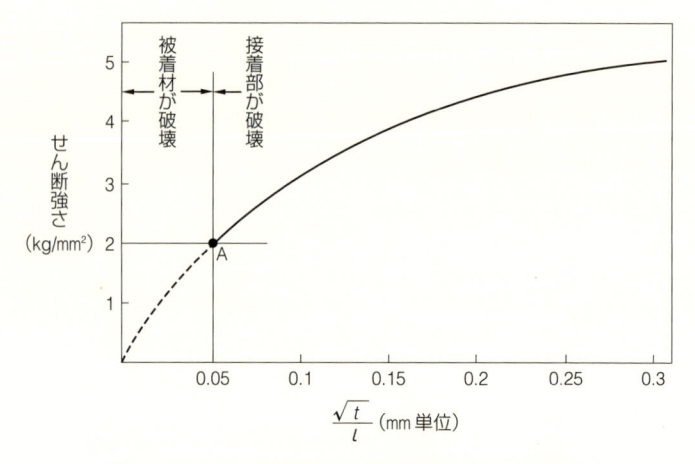

図 6.3.7　接合係数とせん断接着強さとの関係 [10]

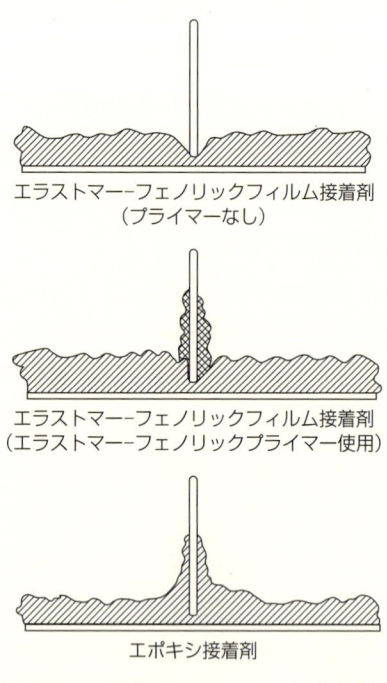

図 6.3.8　接着剤のフィレット形成能 [11]

は接着剤のフィレット形成能について図示したものである．図でわかるとおり，コア材表面をプライマー処理するとしないとでは大きな差がある．フィレット形成をさせる為には，コア材に対して"ぬれ"の良い接着剤を選定することである．また，接着剤を希釈してコア材のプライマーにすると有効である．

6.4 アングル及びコーナーの接合

アングルやコーナーの接合においても，はく離荷重が働かない設計が重要である．すなわち，接着面積をできるだけ大きくして，はく離応力を最小にする設計が必要である．**図 6.4.1** 及び**図 6.4.2** は，アングル接合およびコーナー接合の応力評価を示したものである．

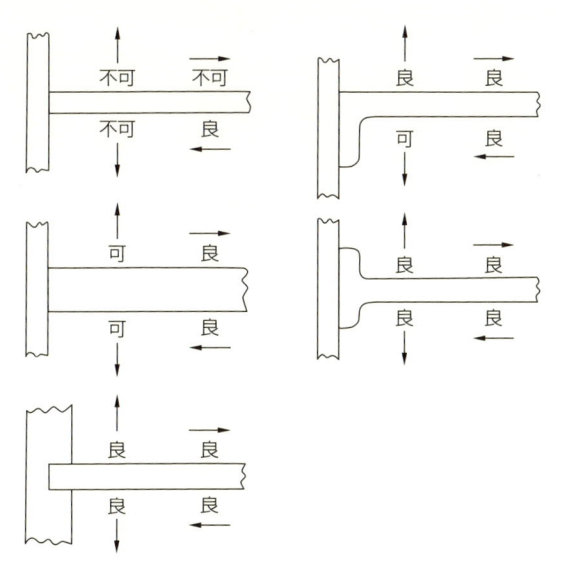

図 6.4.1 アングル接合にかかる応力の評価 [15]

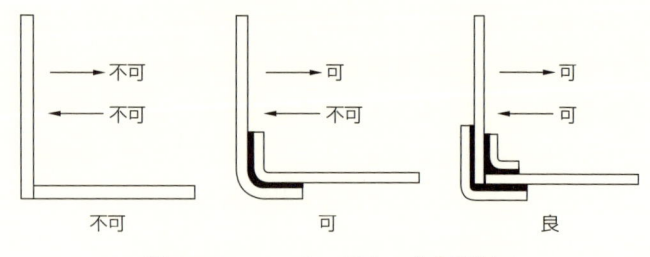

図 6.4.2　コーナー接合の応力評価[16]

6.5　フランジの接合

構造物の薄板金属を補強するために，図 6.5.1 に示すフランジの接合がしばしば用いられる．フランジの接合においても，設計にあたっては，接着面積をいかに広くとるかが重要である．

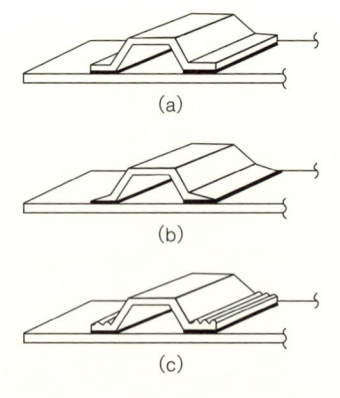

図 6.5.1　フランジの接合例[16]

6.6　接着接合部設計上の注意点

接合部を設計する時の注意点をまとめるならば，次のようになる．
　①外力が接合部に引張り強さあるいはせん断強さとして働くようにするこ

と.

②応力集中を極力避けること．合わせて工作の便を考えること．スカーフをつけた接合方法は，先を尖らせて応力集中を緩和させようとしているが，工作が面倒であり実用的でない．

当て板接合のうち，両面当て板を当てたものは，応力集中緩和という見地から見れば理想的であるが，両面を接着するので，接着作業に手間がかかる．

③接着剤層が薄く，かつ接着面が平行になるようにするための設計上の配慮が必要である．

④組立てにより発生するストレスを内在させないこと．

薄板を折り曲げて作られたアングルやチャンネルには，時々，正確な折り曲げ角度になってないものがある．これらを接着し，さらに他のものを取り付けたり，組み立てたりした場合，ストレスが内在することになる．

⑤棒材・管材の接合では，接着面積をいかに増すかの工夫が必要である．

⑥接着ずれ防止および締付けを考えた設計をすべきである．

⑦接着によって中空部ができる時は，空気抜きをつけること．

⑧フィレットの効用を設計時に考慮すること．

引用・参考文献

1) 若林一民（1989）：接着，Vol.33, No.8, p.5-8, 高分子刊行会
2) 日本接着剤工業会教育委員会編（2006）：接着技術講座　金属・複合接着テキスト（第2巻），p.44-49, 日本接着剤工業会
3) 宮入裕夫（1981）：接着の技術，Vol.1, No.2, p.5-6, 日本接着学会
4) 日本接着剤工業会教育委員会編（2006）：接着技術講座　金属・複合接着テキスト（第3巻），p.14-15, 日本接着剤工業会
5) 日本接着剤工業会教育委員会編（2006）：接着技術講座　金属・複合接着テキスト

(第2巻)，p.52，日本接着剤工業会
6) 日本接着剤工業会教育委員会編 (2006)：接着技術講座　金属・複合接着テキスト (第2巻)，p.44，日本接着剤工業会
7) 日本接着剤工業会教育委員会編 (2006)：接着技術講座　金属・複合接着テキスト (第2巻)，p.46，日本接着剤工業会
8) 日本接着剤工業会教育委員会編 (2006)：接着技術講座　金属・複合接着テキスト (第2巻)，p.55，日本接着剤工業会
9) 日本接着剤工業会教育委員会編 (2006)：接着技術講座　金属・複合接着テキスト (第2巻)，p.57，日本接着剤工業会
10) 日本接着剤工業会教育委員会編 (2006)：接着技術講座　金属・複合接着テキスト (第2巻)，p.59，日本接着剤工業会
11) 日本接着剤工業会教育委員会編 (2006)：接着技術講座　金属・複合接着テキスト (第3巻)，p.15，日本接着剤工業会
12) 若林一民 (1992)：接着管理 (下)，p.223，高分子刊行会
13) 若林一民 (1992)：接着管理 (下)，p.225，高分子刊行会
14) 若林一民 (1992)：接着管理 (下)，p.226，高分子刊行会
15) 若林一民 (1992)：接着管理 (下)，p.227，高分子刊行会
16) 若林一民 (1992)：接着管理 (下)，p.228，高分子刊行会

第7章　製品（品質）規格にみる接着の実際

7.1　木質製品

7.1.1　地球環境問題への木質製品の対応

世界の森林面積は，歴史的に遡ると8 000年前には陸域の50%を占めていた．その後，平均25万ha程度の森林が毎年減少し，1800年代に入ると，欧州の産業革命によるエネルギー源として木材が大量に利用され，北米やオセアニアでの農地開拓により温帯林減少が始まった．1900年代になると熱帯林減少が始まり，1960年代には急速に熱帯林が減少し，1980年代後半になると，木材資源枯渇というより，地球温暖化，生態系の危機という地球環境問題となった（**図7.1.1**）．

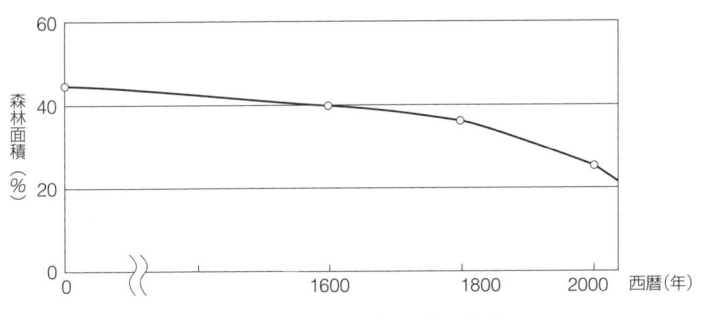

図7.1.1　世界の森林面積の推移

国内の森林資源関連法施行，木材（用材）の供給量推移を**表7.1.1**，**図7.1.2**に示した．すでに法律面では平成13年7月1日に森林・林業基本法改正が施行，平成14年5月30日に建設リサイクル法が施行，平成14年8月20日に日本住宅性能表示基準・評価方法基準が施行された．さらに，平成15年7月1日に建築基準法が一部改正され施行された．木材自給率がこの50年間で激減した．国内木材需要にもとづく森林資源の活性化が望まれており，木質材料の建

表 7.1.1 森林資源関連の法律

法　律　名	施行日
森林・林業基本法改正	H13.7.01
建設リサイクル法	H14.5.30
日本住宅性能表示・評価方法基準	H14.8.20
建築基準法改正（VOC 規制など）	H15.7.01

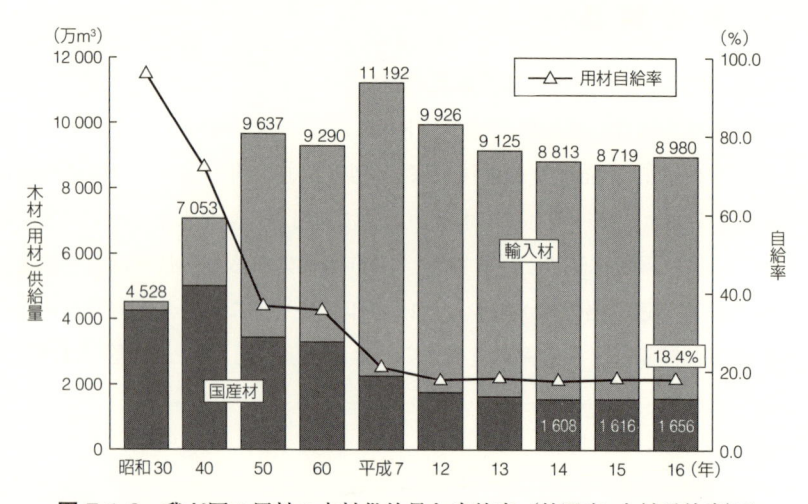

図 7.1.2　我が国の用材の木材供給量と自給率（林野庁　木材需給表）[109]

材・木造建築・家具・内装材・楽器等への利用において，環境問題・安全・健康を充分に考えた循環型社会の形成に向けて，木材資源の有効利用の実現が急務であることがわかる．

木材（用材）の用途は，その木質エレメントの形態"製材，板，削片，繊維，木粉"から，無垢，集成材，合板，パーティクルボード（PB），繊維板（MDF），木材薄片積層板（OSB）のように分類される（**表 7.1.2**）．

図 7.1.3 に，木材（用材）の種類別の曲げ強さ（JIS A 5908:2003　パーティクルボード）比較を示す[5]．ひき板（厚さ約 20〜30 mm）を繊維方向に平行に積層接着した集成材は，"曲げ強さ"が約 100 MPa を示し，素材（無垢材）の約 100 MPa に近く，他の木質パネルの合板・OSB・MDF・PB の曲げ強さ

7.1 木質製品

表 7.1.2 木材（用材）の用途 [3),4)]

木質エレメント	1軸配向	2軸配向	ランダム
ひき板	集成材	（クロスプライ）	—
単板	LVL	合板	—
薄片(strand)	—	OSB	—

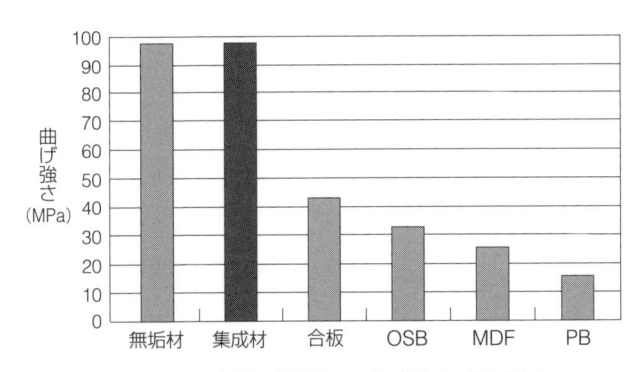

図 7.1.3 木材（用材）の曲げ強さ（参考）[5)]

20～40 MPa に比較して優れている傾向がみられる．その優れた強度を生かした構造用部材として，集成材への市場における期待は大きい．

図 7.1.4 に，国内における 1997 年から約 10 年間の集成材生産量推移を，合板，OSB，MDF および PB と比較して示す．合板の生産量が最も多いが，年を追うごとに生産量は減少している．PB および MDF の各生産量は，ほぼ横ばいであるのに対して，集成材の生産量は，少ないものの年を追うごとに増加している．この増加は，明らかに市場における期待が大きいことを示していると思われ，素材に近い強度を示す集成材の有効性が評価されているためと推定される．

集成材の用途としては，家具部材，建築部材はもちろんのこと，最近では大断面集成材がコンサートホール，体育館，橋梁などの大型土木建築の骨組にも使用されていて，集成材本来の構造用途に注目が集まっている[4)]．**写真 7.1.1**，**写真 7.1.2** に，秋田杉集成材で構成された世界最大級の木質ドーム"大館樹

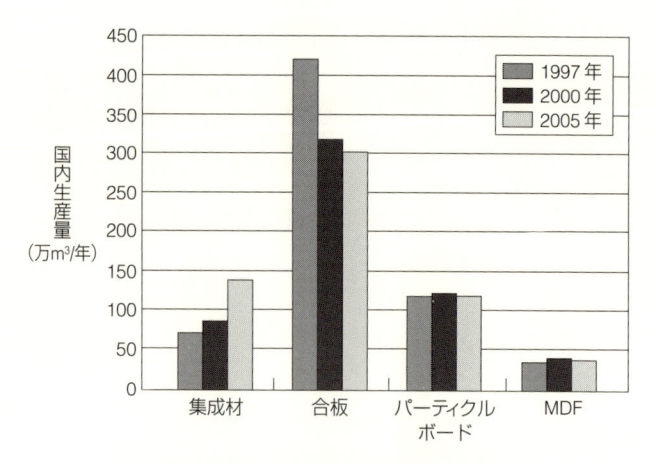

図 **7.1.4** 木質材料生産量の推移[6]

写真 **7.1.1** 大館樹海ドーム（全景）

写真 **7.1.2** 大館樹海ドーム（一部）

海ドーム"(秋田県)を示す．1982年12月の建築基準法改正により，大断面集成材が鋼材代わりに構造用部材として使用できることになった．同木質ドームは1997年の建築から既に約10年が経過していて，国産材を木材（用材）として有効利用したよい実績となっている．

集成材の用途の中で，特に木材密度0.6 g/cm³以上の広葉樹材（ブナ，カバ，ミズナラ，カエデなど）を使用した木材集成接着品（以下，集成材と記す．）の接着層におけるせん断接着強さは，約12 MPaである（**表3.1.4**）．この接着強さは，使用した広葉樹材のせん断強さ（約11～15 MPa）に近いことから木材並みの強度であり，長期耐久性に優れると評価され，木材密度0.6 g/cm³以上の広葉樹材を使用した集成材は，高級家具，楽器（ピアノ），ドアなどの構造部材として使用されている．また，このような接着された木製品の長寿命化が，循環型社会に貢献する．そのためには，接着耐久性に関与する因子の基準設定が必要であり，近年，接着剤―接着強さの温度依存性の求め方（JIS K 6831:2003, ISO 19212:2006）が制定され[7]～[9]，屋内用木材接着製品についてはすでに接着耐久性基準（ISO 26842）が制定されつつある（**図7.1.5**，**表7.1.3**）．

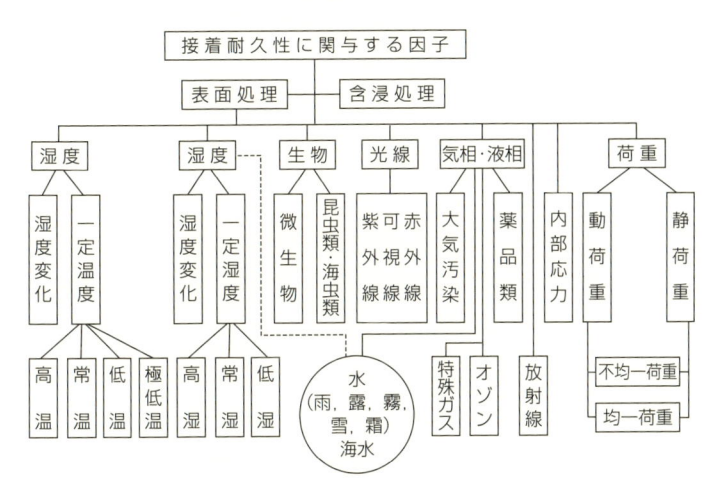

図7.1.5 接着耐久性に関する因子[7]

表 7.1.3 ISO DIS 26842:2007 屋内用木材接着製品の接着剤選定の耐久性評価試験方法より抜粋 [10]

Table 1 — Durability grades

Durability Grades	Durability tests and test conditions			
	Test condition A	Test condition B	Test condition C	Test condition D
1	A1 10 cycles	B1 2 cycles	C1 30 d	D1 30 d
2	A2 10 cycles	B1 1 cycle	C1 7 d	D1 7 d
3	A3 5 cycles	B2 2 cycles	C2 30 d	D2 30 d
4	A3 1 cycle	B2 1 cycle	C2 7 d	D2 7 d

Note : h = hour
　　　 d = day

Table 2 — Durability tests and test conditions

Durability tests	Test conditions
A1	－40℃ 16h / 80℃ 8h
A2	－20℃ 16h / 50℃ 8h
A3	－5℃ 4h / 40℃ 4h
B1	50℃ 90% RH 2d / 50℃ 20% RH 5d
B2	30℃ 85% RH 2d / 30℃ 30% RH 5d
C1	50℃ 90% RH
C2	30℃ 85% RH
D1	50℃ 20% RH
D2	30℃ 30% RH

Note : h = hour
　　　 d = day

　20世紀の工業化社会は，資源に限りのある化石資源，金属資源に基盤をおいていたが，21世紀は，資源の持続的確保，地球環境の保全をめざしている．そこで，生物資源である木材（用材）の有効利用が必須である．木材資源は生物資源であるため，条件さえ整えば太陽エネルギーと自らの生命力によって時々刻々と成長し，その資源量を増加させることができる．しかも，その生産（育成）過程で CO_2 を吸収することにより，環境改善をはかることができる．このような資源を他に見出すことはできず，木材資源の育成とその有効利用の

7.1 木質製品

推進は，21世紀における材料確保の中心的システムとなるであろう．

図 **7.1.6** に，木質資源循環系の例として，林野庁森林整備部が 2004 年 2 月 20 日に発表した木材の生産と利用のサイクルを示す．この"木材の生産と利用システム"は，理想的な資源循環系を形成する．すなわち，樹木の育成中に蓄積された炭素は，住宅や家具その他木質部材に形を変えて人間生活を支え続けるが，その後，解体廃棄されて燃焼・生分解されて CO_2 となり，大気中に放出される．この CO_2 が再造林される樹木に吸収され，再び森林を造ると考えれば，ここに，持続的に続く大きな循環系，理想的な循環サイクルを描くことができ，循環型社会形成の実現となる．鉄やプラスチックでは，このサイクルは描けない．木材（用材）の有効利用のために，ますます重要となる木材接着技術について，以下に説明する．

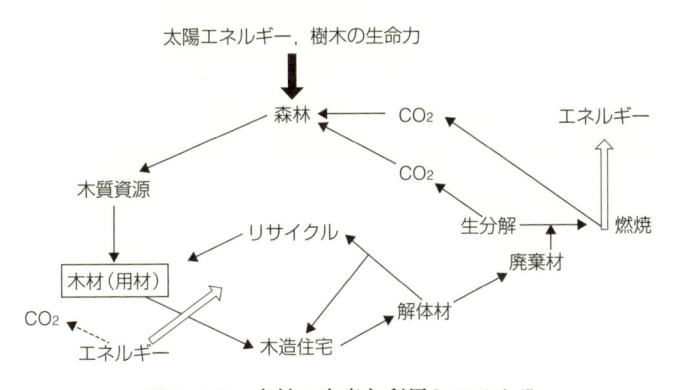

図 **7.1.6** 木材の生産と利用システム[12]

7.1.2 合　板

7.1.2.1 合板の概説

合板（plywood）とは，ロータリーレース又はスライサにより木材を薄く切削して，単板（心板にあたっては小角材を含む．）3 枚以上を主としてその繊維方向を互いにほぼ直角に接着剤で貼り合わせて一枚の板にしたものをいう[13]．単板の貼合せ方は，合板の安定性をはかるために，断面の中央に対して対称構造をとるのが普通である．その単板枚数（ply 数），厚さには種々のもの（3

ply 合板・5 ply 合板など）があり，それぞれの使用目的や用途に応じて，使用する接着剤や接着操作などを選定しなければならない．図 **7.1.7** に，5 枚合わせた場合の合板の構成を示す．

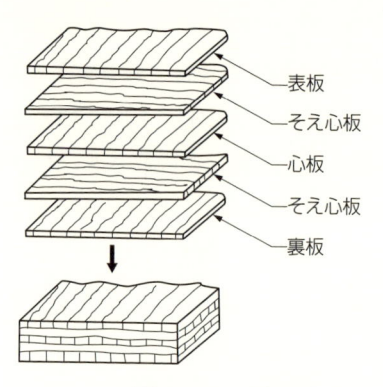

図 **7.1.7**　合板の構成 [33)]

　通常，合板は，単板のみを奇数枚貼り合わせて，なんら特殊加工を加えていない普通合板と，コンクリートを打ち込み所定の形に成形するための型枠として使用するコンクリート型枠合板，建築物の構造上主要な部分に使用する構造用合板，木材質特有の美観を表すことを主たる目的として表面又は表裏面に単板を貼り合わせた天然木化粧合板，コンクリート型枠合板又は天然木化粧合板以外の合板で表面又は表裏面にオーバーレイ，プリント，塗装プラスチック，紙，布，化粧単板などを合板の表面に貼ったオーバーレイ合板，塗装等の加工を施した塗装合板，木目や種々の模様を印刷したプリント合板のほか，薬剤処理した特殊加工化粧合板，さらに湿潤状態の使用区分から特類，1 類及び 2 類などにも分類される．

7.1.2.2　合板の材料と製造法 [3), 14), 15)]

　合板に用いられる原木は，主に外国から輸入されるラワン類が 80％以上を占めている．また，国産材では，セン・シナ・タモ・ナラ・ブナ・カバなどがある．最近の原木事情により，針葉樹材の使用が多くを占めている．

7.1 木質製品

合板のもとになる単板の作り方には，**図 7.1.8** に示すような方法がある．

わが国で生産されている単板の 90％以上を占めるロータリー単板は，原木丸太の中心を軸として回転させ，この軸に平行にナイフをあて連続的に薄板をはぎとって作られる．この方法で作られた薄板は，板目板となる．スライスド単板は，角材などに木取りしたフリッチ（板子）からナイフで薄板を平削する方法で，スライサを用いて作られる．この方法で作られる薄板は，美しい柾目や杢が現われる化粧単板をとることを目的としている．さらに，ソーン単板，ハーフラウンド単板などがあるが，ほとんど使用されていない．**図 7.1.9** に，標準的な普通合板の製造工程のフローシートを示す．

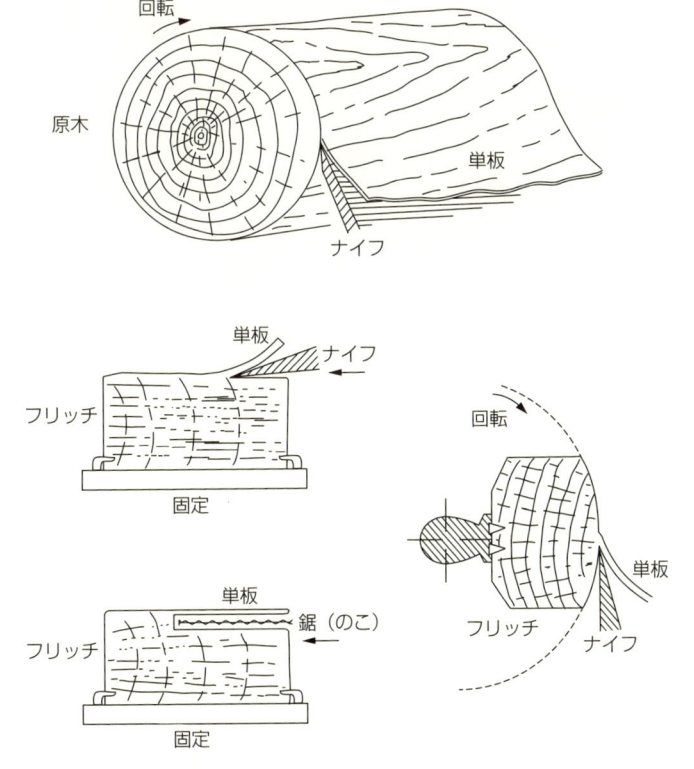

図 7.1.8 単板の製造法と種類[34]

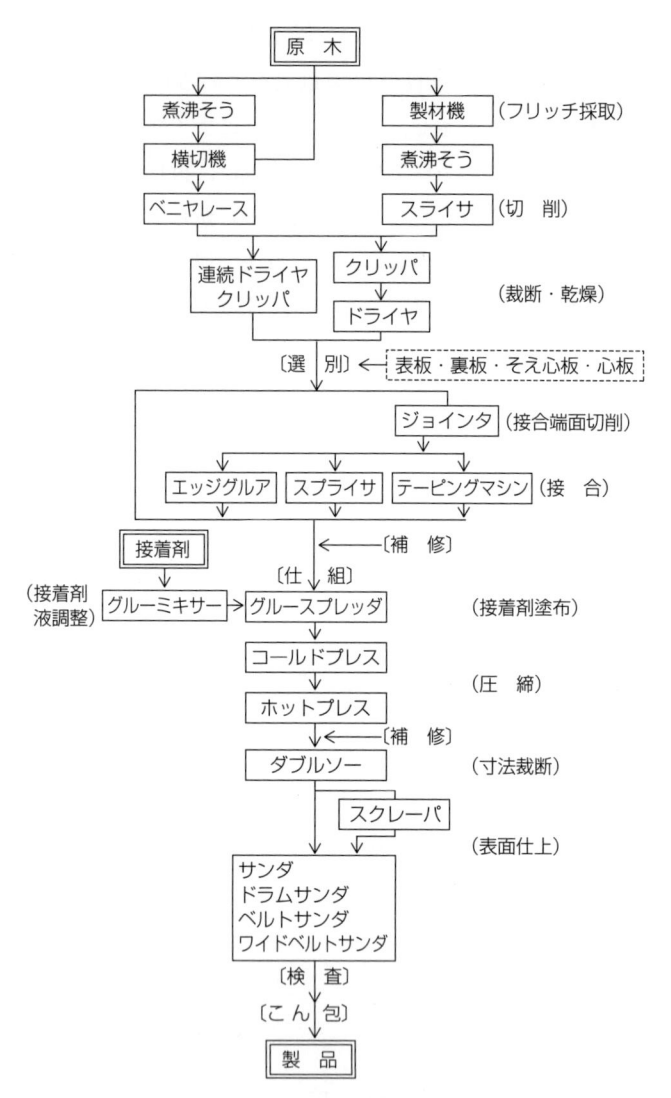

第7章 製品（品質）規格にみる接着の実際

```
                    原　木
           ┌─────────┴─────────┐
         煮沸そう              製材機 （フリッチ採取）
           ↓                    ↓
         横切機               煮沸そう
           ↓                    ↓
        ベニヤレース           スライサ （切　削）
           ↓                    ↓
       連続ドライヤ           クリッパ
         クリッパ               ↓           （裁断・乾燥）
           ↓                  ドライヤ
           └──────┬────────────┘
              〔選　別〕←── 表板・裏板・そえ心板・心板
                    ↓
                 ジョインタ （接合端面切削）
           ┌────────┼────────┐
       エッジグルア スプライサ テーピングマシン （接　合）
           └────────┼────────┘
                    ↓          ←〔補　修〕
          ┌─〔仕　組〕
        接着剤
（接着剤    ↓
 液調整）グルーミキサー→グルースプレッダ （接着剤塗布）
                    ↓
                コールドプレス      （圧　締）
                    ↓
                ホットプレス
                    ↓          ←〔補　修〕
                 ダブルソー        （寸法裁断）
                    ↓
                 スクレーパ
                    ↓          （表面仕上）
                  サンダ
                ドラムサンダ
                ベルトサンダ
               ワイドベルトサンダ
                    ↓
                〔検　査〕
                〔こん包〕
                    ↓
                  製　品
```

図 7.1.9　普通合板の製造工程 [35]

7.1.2.3 接着操作

接着の前工程として，また製造された合板の品質向上のために，単板は必ず乾燥される．乾燥工程を経て，単板のはぎ合せを行い調板された単板は，接着操作に入る．接着操作とは，所定の配合にしたがって接着剤，増量剤，水及び硬化剤などを混合した接着剤液を単板に塗布する工程のことである．一般に，接着剤の塗布には，グルースプレッダーロールによる塗布が採用されている．その構造を図 **7.1.10** に示す．単板に接着剤を塗布し，合板の構成になるよう仕組み，一定の数量になるまで堆積する．一回に堆積する数量は，製造する合板の厚さによって異なる．接着剤を単板に塗布して，コールドプレス（仮加圧）で加圧されるまでの時間を堆積時間（assembly time）といい，堆積時間を長くすると，接着剤の前硬化などの悪影響が現われるので，堆積時間は，なるべく短時間であることが望ましく，普通 30～50 分である．

接着剤を塗布し，各合板構成に仕組まれた単板に圧力を加えて単板どうしを

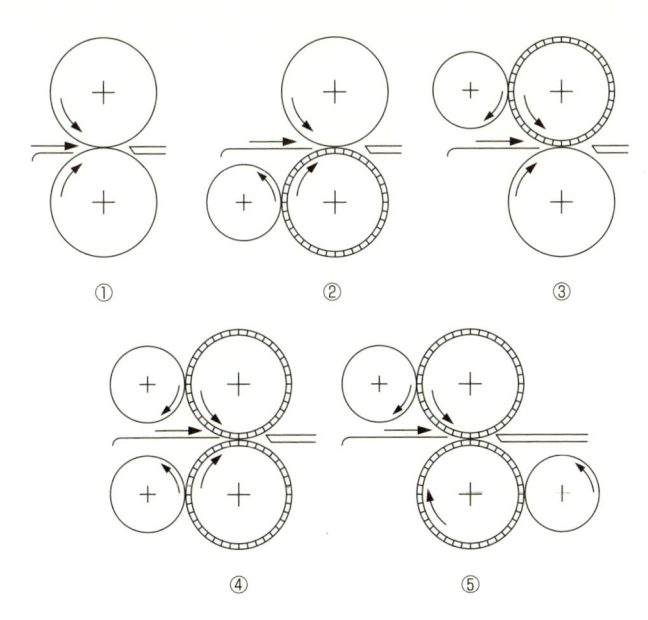

図 7.1.10 スプレッダーの型式 [36]

密着させ，圧縮中に接着剤を硬化させて合板を製造する．この場合，まず冷圧して仮接着を行った後，ホットプレスへ挿入熱圧によって完全硬化させる．

普通合板製造の場合には，圧縮圧力は，木材の圧縮減りをしない程度に圧縮すべきで，最大圧縮力は木材密度・含水率，接着剤などにより異なる．ラワン類で0.7～1.1 MPaである．ホットプレス温度は，接着剤の種類によって異なり，一般にユリア樹脂接着剤・水性高分子-イソシアネート系接着剤で100～130℃，メラミン樹脂接着剤で110～135℃，フェノール樹脂接着剤で135～150℃が採用されている．加熱時間は，合板厚さ1mmに対して1分というのが大略の標準であるが，工場生産では20～30秒が通常である．なお，2003年に施行された改正建築基準法ホルムアルデヒド規制（ホルムアルデヒドを1%を超えて含有する物は特化則2類物質となる．）[16),17)]により，遊離ホルムアルデヒド量が極度に制限され，加熱時間は長くなる傾向にある．

合板の圧縮圧力は，次式より算出される．

$$P = G \times A/J \qquad \cdots (7.1)$$

　　P：合板の単位面積当たりの圧縮圧力
　　G：ゲージ圧力
　　A：シリンダーのラム総面積
　　J：合板の加圧面積

7.1.2.4　接着の規格及び試験法

JAS 木―1:2006 の特類，1類及び2類により，合板の接着試験規格及び試験法が次のとおり定められている（試験片の例を図 **7.1.11** に示す）．

　　特類：試験片を沸騰水中に72時間浸せきした後，室温（10～25℃とする．以下同じ．）の水中に冷めるまで浸せきし，ぬれたままの状態で接着力試験を行い，平均木部破断率及びせん断接着強さが**表7.1.4**の値以上であること．また，試験片の同一接着層におけるはく離しない部分の長さが，それぞれの側面において，その長さの2/3以上であることなど．このような条件に合格する接着剤

7.1 木質製品

表 7.1.4 合板の接着の程度の基準[13]

単板の樹種		平均木部破断率(%)	せん断接着強さ(MPa)(図 7.1.12 参照)
広葉樹	かば		1.0
	ぶな，なら，いたやかえで，あかだも，しおじ，やちだも		0.9
	せん，ほう，かつら，たぶ		0.8
	ラワン，しな，その他広葉樹		0.7
針葉樹			0.7
		50	0.6
		65	0.5
		80	0.4

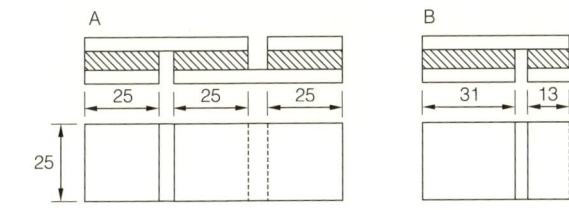

図 7.1.11 合板せん断接着強さ試験片[13]
（Aによって単板切れした場合にはB）

としては，レゾルシノール樹脂接着剤及びレゾルシノール–フェノール樹脂接着剤のように，耐水性・耐熱性の極めて優れたものでなければならない．

1類：試験片を沸騰水中に4時間浸せきした後，60±3℃で20時間乾燥（恒温乾燥器に入れ，器中に湿気がこもらないように乾燥するものとする．以下同じ．）し，さらに沸騰水中に4時間浸せきし，これを室温の水中に冷めるまで浸せきし，ぬれたままの状態で接着力試験を行い，平均木部破断率及びせん断接着強さが**表 7.1.4**の値以上であること．また，1類浸せき試験はく離試験（試験片

を沸騰水中に4時間浸せきした後，60±3℃で20時間乾燥し，さらに沸騰水中に4時間浸せきし，さらに60±3℃で3時間乾燥する．）の結果，試験片の同一接着層におけるはく離しない部分の長さが，それぞれの側面においてその長さの3分の2以上であることなど．このような条件に合格する接着剤としては，レゾルシノール樹脂接着剤，レゾルシノール-フェノール樹脂接着剤，メラミン樹脂接着剤及び水性高分子-イソシアネート樹脂系接着剤（JIS K 6806:2003 1種1号性能を満足するもの，以下同じ．）のように，耐水性・耐熱性が優れたものでなければならない．

2類：試験片を60±3℃の温水中に3時間浸せきした後，室温の水中に冷めるまで浸せきし，ぬれたままの状態で接着力試験を行い，平均木部破断率及びせん断接着強さが**表7.1.4**の値以上であること．ただし，乾燥（恒温乾燥器に入れ，器中に湿気がこもらないように乾燥するものとする．以下同じ．）し，平行層については，試験片の同一接着層におけるはく離しない部分の長さが，それぞれの側面において，その長さの3分の2以上であることなど．天然木化粧合板，特殊加工化粧合板又は特殊コアの合板は，2類浸せき試験はく離試験（試験片を70±3℃の温水中に3時間浸せきした後，60±3℃で4時間乾燥する．）の結果，試験片の同一接着層におけるはく離しない部分の長さが，それぞれの側面において50 mm以上であること．このような条件に合格する接着剤としては，レゾルシノール樹脂接着剤，レゾルシノール-フェノール樹脂接着剤，メラミン樹脂接着剤，メラミンユリア共縮合樹脂接着剤，ユリア樹脂接着剤及び水性高分子-イソシアネート樹脂系接着剤のように，耐水性・耐熱性の良いものでなければならない．

7.1.3 集成材
7.1.3.1 集成材の概説

集成材（laminated wood）は，ひき板，小角材等を，繊維方向を互いにほぼ平行にして，厚さ，幅及び長さの方向に集成接着した材料をいう[18]．

集成材の一つの特長として，**図7.1.12**に示すように，節などの欠点を除去することにより欠点の少ない材料を作ることができるとともに，ひき板を集成するときに欠点を分散することができる．

集成材は，種々の材料を用い，種々の方法で製作されるので，多様である．したがって，その種類の分け方も，材料，加工方法，製品の形，構成，性質及び使用目的などによって体系づけされるが，ここでいくつかをあげる．

使用条件によっては，屋内用集成材と屋外用集成材とに分けられる．前者は，耐湿性，耐水性に対する要求はあまりきびしくないが，後者は，雨，雪，光，熱などにさらされるので高度の接着耐久性が要求される．また，集成材の製品の形によって，曲がったものとまっすぐなものとに分類する方法がある．任意の曲り材を容易に作りうるのが集成材の特長でもあるので，建築用アーチ材や木造用曲り材などの部材として利用されることが多く，これを"わん曲集成材"という．これに対し，普通の梁や柱に使われるまっすぐなものを"通直集成材"という．

さらに，集成材は，使われ方によって構造用集成材と造作用集成材とに分けられる．構造用集成材は，主として軸組み材料として構造物の耐力部材に用いられるもので，造作用集成材は，主として構造物等の内部造作（なげし，敷居，

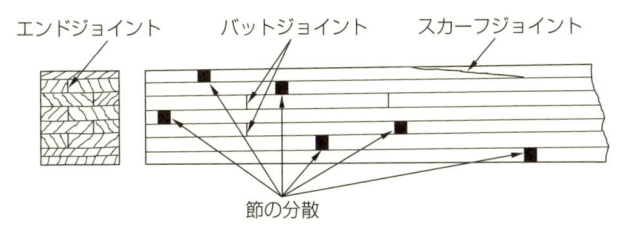

図7.1.12 集成接着の概要[37]

かもいなど）に用いられるものである．また，これら集成材に化粧薄板を貼ったものを化粧貼り造作用集成材及び化粧貼り構造用集成材という．

7.1.3.2 集成材の原材料と製造法

集成材に使用される木材の樹種は，**表 7.1.5** に示すとおりである．このなかで，造作用集成材に使用される材料は，針葉樹ではベイスギ，スギ，エゾマツ，トドマツ，スプルース，ベイツガなどが，広葉樹ではミズナラ，ブナ，ニレなどが多い．集成材を構成する木材は，原則として同一樹種とするのが普通であるが，類似した性質の樹種，例えば，エゾマツとトドマツなどの混用は造作にのみ許される．

化粧貼り集成材用の化粧薄板には，ヒノキ，スギなどが用いられるほか，外材の優良材も用いられる．

構造用集成材及び化粧貼り集成材の製造工程を，**図 7.1.13** 及び **図 7.1.14** にそれぞれ示す．

7.1.3.3 接 着 操 作

原木から製材されたひき板や小角材は，天然乾燥，さらに人工乾燥を行い含水率を調整し，プレーナーにより切削加工し，欠点の除去と仕分けがなされる．仕分け後，短いひき板は縦継ぎし，幅の狭いものは幅はぎして用いる．縦継ぎには，**図 7.1.15** に示すような形式がある．幅はぎは，普通は"つきつけ"

表 7.1.5 集成材に使用される木材の樹種区分 [38]

針葉樹	A類	アカマツ, クロマツ, カラマツ, ヒバ, ヒノキ, ベイマツ, ベイヒ
	B類	スギ, エゾマツ, トドマツ, モミ, ツガ, スプルース, ベイツガ, ベイモミ, ベニマツ
広葉樹	A類	ミズナラ, ブナ, シオジ, カバ, タモ, ケヤキ, イタヤカエデ, ニレ, アピトン
	B類	ラワン

7.1 木質製品

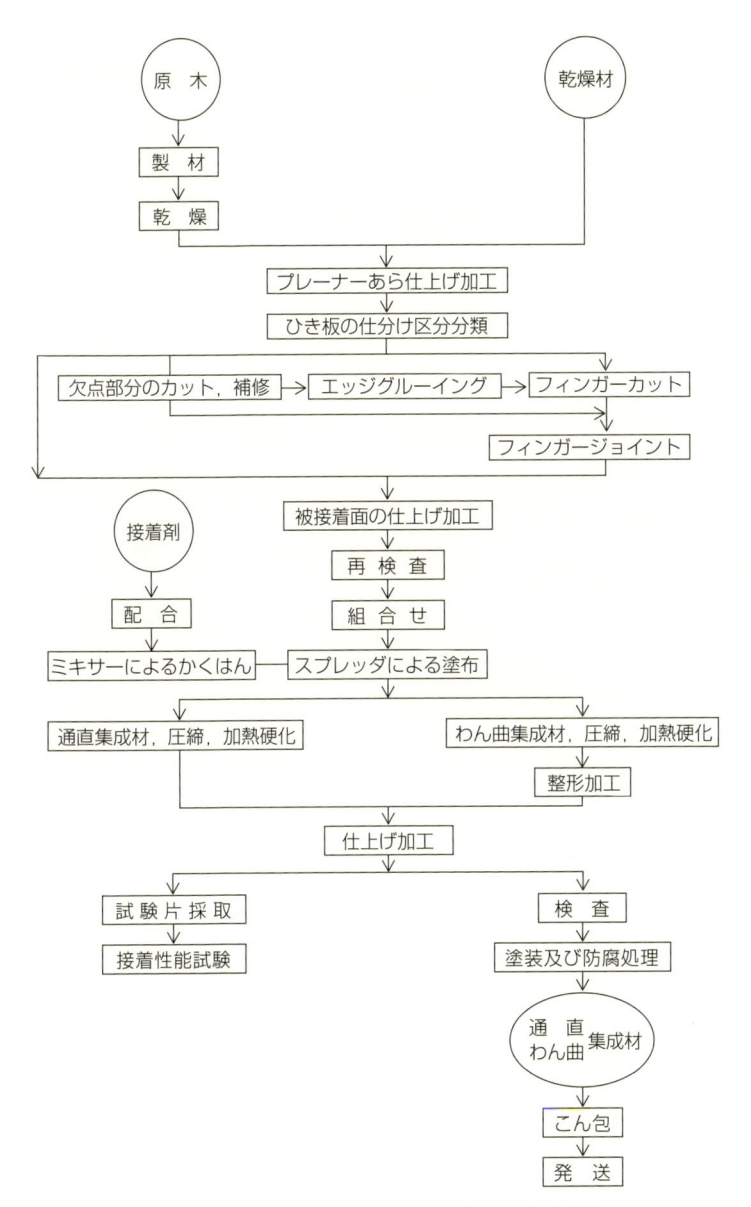

```
原木                           乾燥材
 ↓                              │
製材                             │
 ↓                              │
乾燥                             │
 ↓                              │
 └──────────────┬───────────────┘
                ↓
       プレーナーあら仕上げ加工
                ↓
       ひき板の仕分け区分分類
                ↓
欠点部分のカット,補修 → エッジグルーイング → フィンガーカット
                                              ↓
                                     フィンガージョイント
                                              ↓
接着剤                            被接着面の仕上げ加工
 ↓                                          ↓
配合                                       再検査
 ↓                                          ↓
ミキサーによるかくはん → スプレッダによる塗布
                 ↓                 ↓
       通直集成材,圧締,加熱硬化    わん曲集成材,圧締,加熱硬化
                                              ↓
                                         整形加工
                 ↓                 ↓
                       仕上げ加工
                 ↓                 ↓
            試験片採取              検査
                 ↓                 ↓
            接着性能試験        塗装及び防腐処理
                                   ↓
                              通直・わん曲集成材
                                   ↓
                                 こん包
                                   ↓
                                 発送
```

図 7.1.13 集成材の製造工程（構造用集成材）[39]

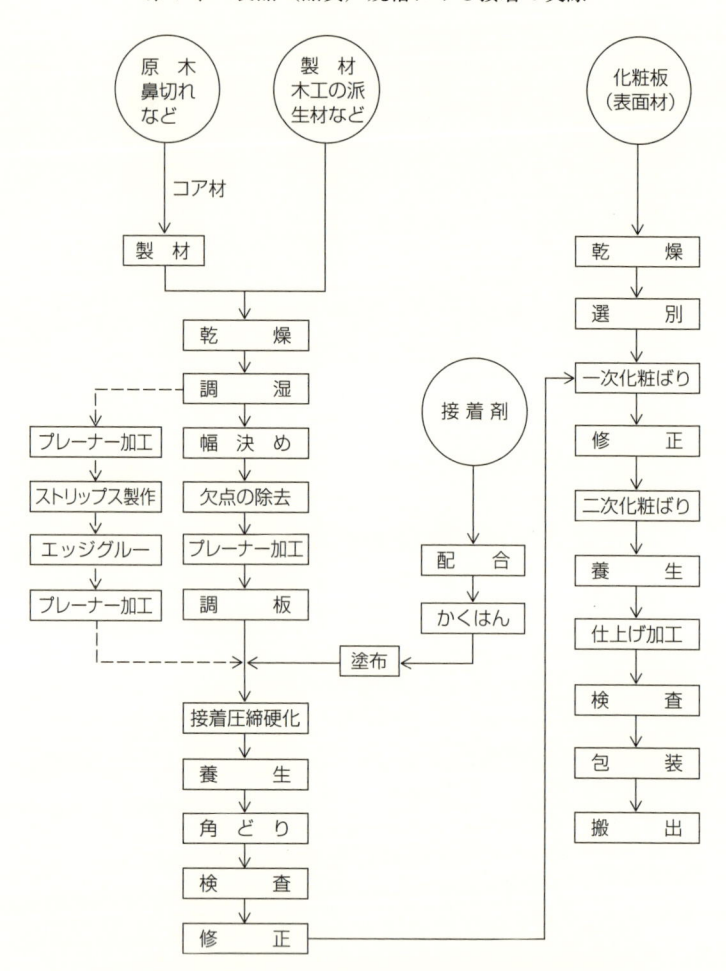

図 7.1.14 集成材の製造工程（化粧貼り造作用集成材）[40]

とし，**図 7.1.16** のように分散させる．縦継ぎ，幅はぎされたひき板は，接着操作に入る．

　集成材の生命は，接着部の信頼度と耐久性にある．接着操作は，合板の項でも述べたように，接着剤の塗布，圧締，硬化の手順で行われる．

　集成材用の接着剤として，集成材のJAS区分である使用環境A（含水率が

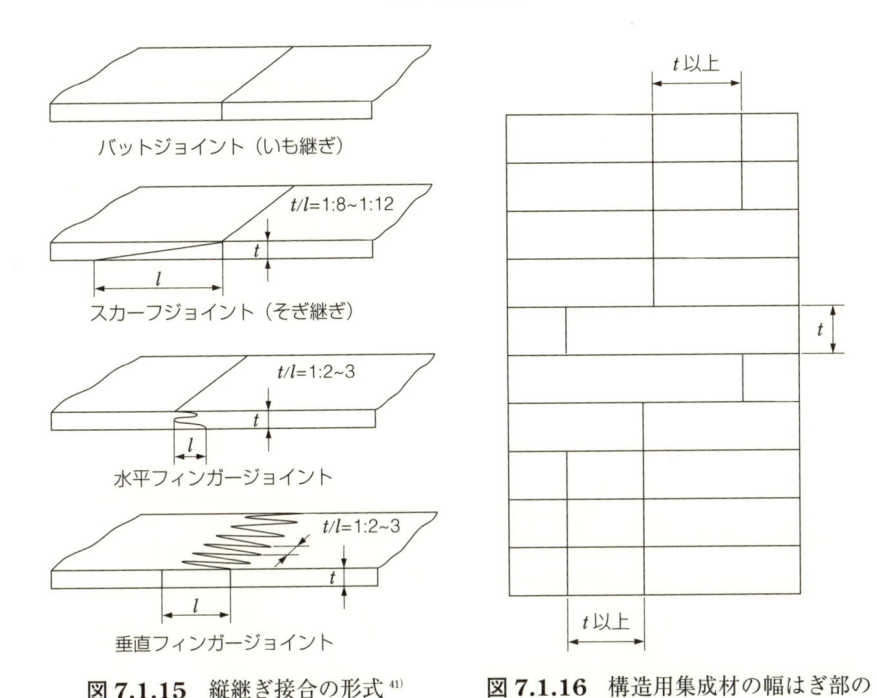

図 7.1.15 縦継ぎ接合の形式 [41]

図 7.1.16 構造用集成材の幅はぎ部の分散配置 [41]

長期的に19%を超え，火災時でも高度な接着性能を要求される環境）及び使用環境B（含水率が時々19%を超え，火災時でも高度な接着性能を要求される環境）において，ラミナ（集成材の構成層をなす材料又はその層をいう，以下同じ.）の積層方向，幅方向の接着に用いられる接着剤は，レゾルシノール樹脂接着剤，レゾルシノール-フェノール樹脂接着剤であり，長さ方向の接着に用いられる接着剤は，レゾルシノール樹脂接着剤，レゾルシノール-フェノール樹脂接着剤，メラミン樹脂接着剤である [18]．構造用集成材の使用環境C（含水率が時々19%を超え，高度な接着性能を要求される環境）においてラミナの積層方向，幅方向の接着に用いられる接着剤は，レゾルシノール樹脂接着剤，レゾルシノール-フェノール樹脂接着剤，水性高分子-イソシアネート系樹脂接着剤（JIS K 6806:2003，7.1.2.4 Ⅰ種を参照）であり，長さ方向の接着に用

いられる接着剤は，レゾルシノール樹脂接着剤，レゾルシノール-フェノール樹脂接着剤，水性高分子-イソシアネート系樹脂接着剤，メラミン樹脂接着剤及びメラミンユリア共縮合樹脂接着剤である．造作用集成材には，水性高分子-イソシアネート系樹脂接着剤，メラミンユリア共縮合樹脂接着剤あるいはポリ酢酸ビニル樹脂エマルジョン樹脂接着剤との混合系のものが用いられている．化粧貼り用には，メラミンユリア共縮合樹脂及び水性高分子-イソシアネート系樹脂接着剤を用いてホットプレスで接着する場合が多い．

接着剤の塗布は，通常，合板同様に，グルースプレッダによるローラ塗布が行われ，1接着層当たり 150〜250 g/m² が適正量とされている．塗布には，片面と両面塗布とがあるが，集成材の場合，長尺，広面積に塗布し，堆積時間が長くなるので，両面塗布の方が望ましい．

圧縮は，プレスによる方法とねじクランプによる方法がある．圧縮圧力の適正範囲はかなり幅広くとりうるが，一般に密度の大きな樹種は小さな樹種よりも大きな圧力を必要とし，各樹種の最適圧縮圧力は，**表7.1.6** に示すように針葉樹で 0.5〜1.0 MPa，広葉樹で 1.0〜2.0 MPa の範囲にほぼ入る．

接着剤の硬化温度については，レゾルシノール樹脂接着剤，水性高分子-イソシアネート系樹脂接着剤は常温で十分硬化するが，レゾルシノール-フェノール共縮合樹脂接着剤，メラミンユリア共縮合樹脂接着剤などでは，十分硬化するためにはより高い温度が必要となる．接着硬化のためには，圧力を保持した状態で，常温（20〜30℃）又は中間温度（40〜600℃）において，接着層が十分硬化した後，除圧する．さらに，高周波加熱，マイクロ波加熱などを用いて高温で短時間接着を行う場合もある．

表 7.1.6 各樹種の最適圧縮圧力 [55]

最適圧縮圧力	主要樹種
0.5 MPa 前後	サワラ，キリ
1.0 MPa 前後	モミ，トドマツ，クロマツ，ヒバ，カツラ，ラワン
1.5 MPa 前後	ブナ，ミズナラ，ケヤキ
2.0 MPa 前後	イタヤカエデ，クスノキ

7.1.3.4 規格と試験法

集成材は，接着剤によって集成接着された材料であるから，それぞれの使用目的に応じて十分な接着性能を保持しなければならない．一般に，集成材の接着層には，被着材である木材の強度とほぼ同等の接着強度をもつことが要求され，接着の良否を判定するには，木材自体の強度と接着強度とを対比して検討する必要がある．

集成材の接着性能試験は，一般に接着強度試験と接着はく離試験とに分けられ，前者は接着初期の性能を主に判定するために，後者は接着耐久性を判定するために行われる[8)～11)]．

集成材の日本農林規格（JAS）では，集成材の種類及び試験項目を表 7.1.7 のように定めている．そのうち接着性能に関するものについて記す．

造作用集成材の浸せきはく離試験：

試験片は，各試料集成材から木口断面寸法をそのままとした長さ 75 mm のものを 3 個ずつ作製し，室温（10～25℃）の水中に 6 時間試験片を浸せきした後，40±3℃［化粧ばり構造用集成柱（化粧薄板を除く）は，70±3℃］の恒温乾燥器中に入れ，器中の湿気がこもらないようにして質量が試験前の質量の 100～110％の範囲となるように乾燥する．適合基準の判定は，試験片の両木口

表 7.1.7　集成材の試験項目 [18)]

集成材 種類 試験法	造作用	化粧ばり 造作用	構造用	化粧ばり 構造用
浸せきはく離試験	○	○	○	○(化粧薄板)
煮沸はく離試験			○	○(ひき板)
ブロックせん断試験			○	○
含　水　率	○	○	○	○
ホルムアルデヒド放散量	○	○	○	○
表面割れに対する抵抗性		○		○
曲　げ　性　能			○	○

におけるはく離の長さが 3 mm 以上のものについて測定し，両木口面におけるはく離率が 10% 以下であり，かつ同一接着層におけるはく離の長さの合計がそれぞれの長さの 1/3 以下であること．ここで，はく離率の算出の仕方（以下，同じ．）は，次式によって求める．

$$はく離率（\%）= \frac{両木口面のはく離長さの合計}{両木口面の接着層長さの合計} \times 100 \quad \cdots (7.2)$$

はく離の長さの測定においては，干割れ，節等による木材の破壊，節が存在する部分のはがれは，はく離とみなさない．

(a) 構造用集成材の浸せきはく離試験

試験片は，各試料集成材から木口断面寸法をそのままとした長さ 75 mm のものを 3 個ずつ作製し，室温（10～25℃）の水中に 24 時間試験片を浸せきした後，70±3℃の恒温乾燥器中に入れ，器中の湿気がこもらないようにして質量が試験前の質量の 100～110% の範囲となるように乾燥する．ただし，使用環境 A の表示をしてあるものは，上記処理（室温水中 24 時間，70±3℃乾燥）を 2 回繰り返す．適合基準の判定は，試験片の両木口におけるはく離の長さを測定し，両木口面におけるはく離率が 5% 以下であり，かつ同一接着層（幅はぎ接着層を除く．以下同じ．）におけるはく離の長さの合計がそれぞれの長さの 1/4 以下であること．

(b) 煮沸はく離試験

試験片の寸法，数量については，浸せきはく離試験と同様である．試験の方法としては，試験片を沸騰水中に 4 時間浸せきし，さらに室温（10～25℃）の水中に 1 時間浸せきした後，水中からとり出した試験片を 70±3℃の恒温乾燥器中に入れ，器中に湿気がこもらないようにして質量が試験前の質量の 100～110% の範囲となるように乾燥する．ただし，使用環境 A の表示をしてあるものは，上記処理を 2 回繰り返す．適合基準の判定は，試験片の両木口におけるはく離の長さを測定し，両木口面におけるはく離率が 5% 以下であり，かつ同一接着層（幅はぎ接着層を除く．以下同じ．）におけるはく離の長さの合計がそれぞれの長さの 1/4 以下であること．

(c) ブロックせん断試験

試験片は，各試料集成材から各積層部の接着層がすべて含まれるようにして図 **7.1.17** に示すブロックせん断試験片を作製する．試験は，圧縮せん断用の装置を用い，荷重速度毎分約 9 800 N を標準として試験片を破断し，表 **7.1.8** に示すせん断強さ，木部破断率の数値に合格しなければならない．集成材用に使用されている接着剤には，既述（**7.1.3.3**）のように,レゾルシノール樹脂接着剤，レゾルシノール-フェノール樹脂接着剤，水性高分子-イソシアネート系樹脂接着剤，メラミン樹脂接着剤，メラミンユリア共縮合樹脂接着剤及びメラミンユリア共縮合樹脂接着剤とポリ酢酸ビニル樹脂エマルジョン樹脂接着剤との混合系のものが用いられている．化粧貼り用には，主としてメラミンユリア共縮合樹脂及び水性高分子-イソシアネート系樹脂接着剤である．JIS ではホルムアルデヒド系樹脂接着剤，酢酸ビニル樹脂接着剤が制定されており，それぞれの規格で規定された接着剤の性能に関する品質に適合しなければならない．表 **7.1.9** には，JIS K 6806:2003（水性高分子-イソシアネート系木材接着剤）の性能規格の例を示す．

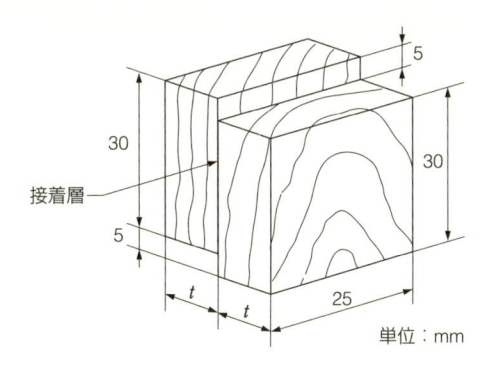

図 **7.1.17** 集成材のブロックせん断接着試験片 [42]

7.1.4 木製品における接着

家具，建具，楽器，運動具，キャビネットなどの木材加工品には，接着剤が重要な役割を果たしている．以下，家具を中心に述べる．

表 7.1.8 試験片の適合基準 [58]

樹種区分の番号	樹種区分	せん断強さ (MPa 又は N/mm²)	木部破断率 (%)
1	イタヤカエデ，カバ，ブナ，ミズナラ，ケヤキ及びアピトン	9.6	60
2	タモ，シオジ及びニレ	8.4	
3	ヒノキ，ヒバ，カラマツ，アカマツ，クロマツなど	7.2	
4	ツガ，アラスカイエローシダー，ベニマツ，ラジアタパイン及びベイツガ	6.6	65
5	モミ，トドマツ，エゾマツ，スプルース，ロッジポールパイン，ラワンなど	6.0	
6	スギ及びベイスギ	5.4	70

　家具用木材としては，国内産材及び外国産の輸入材があり，また，針葉樹と広葉樹に分類される．一般に使用される木材の特性を**表 7.1.10**に示す．

　木材調達事情が悪い現状では，木製品に木材を無垢のまま使用するケースはさほど多くなく，他の異種材との複合など，接着操作に負うところが大きい．

7.1.4.1　平板接着

　机，卓子の甲板，箱物の天板，側板，戸，その他の平板部分に使用されるものであり，平板接着で注意しなければならないことは，いかにして反狂を防止するかである．その第一条件として，厚さの中心面を境として上下対称的な材の組合せ，構成を行って接着することである．代表的なパネル構造は，次の通りである．

（1）練心構造

　前もって小角材を互いに接着して幅剥ぎしておいたものを心材（core）として，その両面に繊維方向を直交させて添心板，表板，裏板を接着したもので，一般にランバーコア合板といわれている．その構成を**図 7.1.18**に示す．これらの欠点としては，パネルの重量が重くなることである．

7.1 木質製品

表 7.1.9 水性高分子-イソシアネート系木材接着剤の性能 (JIS K 6806:2003)[54]

試験項目		単位	試験条件	性能			
				1種		2種	
				1号	2号	1号	2号
圧縮せん断接着強さ	常態	N/cm²	—	981以上	981以上	—	—
	耐温水	N/cm²	恒温水中 60±3℃, 3h	—	588以上	—	—
	煮沸繰返し	N/cm²	恒温水中 100℃, 4h 乾燥 60±3℃, 20h 恒温水中 100℃, 4h	588以上	—	—	—
合板引張りせん断接着強さ	常態	N/cm²	—	—	—	118以上	118以上
	耐温水	N/cm²	恒温水中 60±3℃, 3h	—	—	—	98以上
	煮沸繰返し	N/cm²	恒温水中 100℃, 4h 乾燥 60±3℃, 20h 恒温水中 100℃, 4h	—	—	98以上	—
接着強さ保持時間		min	23±0.5℃	10以上			

(2) 粋心構造

ソリッド材の小幅材で粋心を作り，両面に普通合板を圧縮接着したパネルのことで，フラッシュパネルとよばれ，軽量化がはかられたものである．さらに，コア材に，ハニカムコア，ロールコア，発泡プラスチックを使用したサンドイッチ構造をとる場合もある（**図 7.1.19**）．それらの製造工程の概略を図

第7章 製品(品質)規格にみる接着の実際

表7.1.10 家具及び

	樹　種	分布（産地）	材色	材質
日本産材針葉樹	ス　ギ	本州，四国，九州	心材：淡紅，赤かっ色 辺材：白，淡黄色	木理通直，比較的軽軟，加工容易，保存性は中
	ヒノキ	本州中部より以西，四国，九州	心材：淡黄かっ色，淡紅色 辺材：淡黄白色	木理通直，肌目精，やや軽軟，加工容易，保存性高く，よく水湿に耐える
	アカマツ	北海道南部，本州，四国，九州	心材：帯黄かっ色 辺材：黄白色	木理概通直，肌目疎，重硬，加工性は中，保存性は中
	クロマツ	本州，四国，九州	心材：淡かっ色 辺材：淡黄白色	アカマツに類似
	モ　ミ	本州，四国，九州	通常白色，心辺材の区別不明	木理通直，肌目疎，やや軽軟，加工容易，保存性は低い
	エゾマツ	北海道	顕著な心材なし，淡黄白色	木理通直，肌目精，軽軟，加工容易，表面仕上げは良好
	カラマツ	北海道，本州北部	心材：かっ色 辺材：白色	木目通直，肌目疎，重硬，加工性は中，保存性は中
外国産材針葉樹	ベイスギ	アメリカ・カナダの国境を中心とした西海岸地方	心材：はじめは紅色経日後，黒変　辺材：白色	木理通直，肌目中，耐久性大
	ベイマツ	アメリカ，オレゴン州，コロンビア州，カナダ	心材：帯赤，帯黄，帯白がある　辺材：淡色	木理通直，肌目疎，加工性中
	ベイヒ	アメリカ，オレゴン州，カリフォルニア州	全般に淡黄色	木理通直，肌目精，やや軽軟，加工容易，耐久性大
日本産材広葉樹	キ　リ	本邦に広く植栽される	くすんだ白，帯かっ色	木理通直，肌目はやや疎，軽い，加工容易，耐湿，燃えにくい
	ホオノキ	本邦全域	心材：灰緑色 辺材：灰白色	木理通直，肌目精，軽軟，加工容易，表面仕上げは良
	シナノキ	北海道地方に多く本州，四国，九州の山地	心材：淡黄かっ色 辺材：淡黄白色	肌目は精，波状紋あり，軽軟加工容易，表面仕上げ中
	カツラ	本邦全域	心材：かっ色 辺材：淡黄かっ色	軽軟，加工容易，表面仕上げは良好
	セン (ハリギリ)	北海道，本州，四国，九州の山地	心材：淡灰かっ色 辺材：淡黄白色	肌目疎，重硬中庸，加工容易，割裂しやすい
	シオジ	関東以西，四国，九州の山地	心材：鮮かなかっ色 辺材：淡黄白色	木理概して通直，肌目疎，美しい杢を有することあり，加工・表面仕上げ・保存性中

7.1 木質製品

建具に使用される木材 [43]

曲げ弾性率 (kgf/cm²)	圧縮強さ (kgf/cm²)	引張強さ (kgf/cm²)	曲げ強さ (kgf/cm²)	せん断強さ (kgf/cm²)	木口面硬さ (kgf/mm²)	板目面硬さ (kgf/mm²)
75 000	350	900	650	60	3.2	0.8
90 000	400	1 200	750	75	4.0	1.2
115 000	450	1 400	900	95	4.3	1.2
105 000	450	1 400	850	90	4.3	1.2
90 000	400	1 000	650	70	3.5	0.8
90 000	350	1 200	700	70	3.5	0.8
100 000	450	850	800	80	4.5	1.4
80 000	330	—	550	60	—	—
120 000	450	—	825	90	—	—
150 000	430	—	800	75	—	—
50 000	200	600	350	55	1.5	1.0
75 000	350	1 150	650	110	3.5	1.5
80 000	350	700	650	60	3.0	1.0
85 000	400	1 000	750	85	3.5	1.2
85 000	370	1 000	750	75	3.5	1.2
95 000	440	1 200	900	110	3.5	1.5

表 7.1.10

	樹　種	分布（産地）	材色	材質
日本産材広葉樹	ヤチダモ（タモ）	北海道，本州（中部地方以北），の山間湿地	心材：くすんだかっ色 辺材：淡黄白色	肌目疎，美しい杢を有することあり，やや重硬，加工性・表面仕上げ・保存性中
	クスノキ	本州（関東以西），四国，九州	心材：黄かっ色～紅かっ色 辺材：灰白色～黄かっ色	肌目やや疎，交錯木理が多い，強い芳香，加工性・表面仕上げ中，保存性が高い
	クリ	北海道西南部，本州，四国，九州	心材：かっ色 辺材：帯灰白かっ色	肌目精，重硬，保存性は高いが加工が困難，耐湿性
	ブナ	北海道南部，本州，四国，九州	偽心材を形成，偽心材はかっ色～紅かっ色 辺材：淡紅白色～白色	肌目精，重硬，加工性は中，狂いが生じやすい，表面仕上げ良
	イタヤカエデ	北海道，本州，四国，九州の山地	心材：帯紅かっ色 辺材：淡かっ色	材質ち密，重硬，加工はやや難，仕上げ面は良好
	マカンバ（カバ）	北海道，本州（中部以北）	心材：淡紅かっ色 辺材：白色	肌目精，重硬，加工性，保存性は中，表面仕上げは良好
	アサダ	北海道，本州，四国，九州	心材：紅かっ色 辺材：帯白かっ色	肌目精，重硬，加工はやや困難
	ケヤキ	本州，四国，九州の平地丘陵地	心材：黄かっ色～帯黄紅かっ色 辺材：淡黄かっ色	肌目疎，美しい杢を有する，やや重硬，加工性・表面仕上げ中，保存性高く，耐湿性
	ミズナラ（ナラ）	北海道，本州，四国，九州	心材：くすんだかっ色 辺材：淡紅白色	肌目疎，重硬，表面仕上げ・保存性は中，加工はやや困難
外国産材（南洋材）広葉樹	赤ラワン（レッドメランティ）	フィリピン，ボルネオ，スマトラ，マレーシア	心材：桃色～赤かっ色 辺材：黄白色	材質は粗で重硬，交錯木理，加工容易，耐久性小
	カポール	マレーシア，ボルネオ，スマトラ	心材：淡赤かっ色～濃赤かっ色 辺材：帯桃淡黄かっ色	木理通直，肌目疎，重硬，鉄により汚染される
	チーク	ビルマ，タイ，ジャワ	心材：金かっ色～濃かっ色 辺材：黄白色	木理通直～波状，肌目疎，やや重硬

7.1.21 に示す．

(3) ボード類コア構造

心材に繊維板（パーティクルボード，ファイバーボード）を使用したもので，主としてパーティクルボードが用いられ，その両面に化粧単板又は普通合板を接着して作ったものである．特に化粧単板を接着した場合には，表面の小さな凹凸が目立つので，注意が必要である．

(続き)

曲げ弾性率 (kgf/cm²)	圧縮強さ (kgf/cm²)	引張強さ (kgf/cm²)	曲げ強さ (kgf/cm²)	せん断強さ (kgf/cm²)	木口面硬さ (kgf/mm²)	板目面硬さ (kgf/mm²)
95 000	440	1 200	950	110	3.5	1.5
90 000	400	1 100	700	100	3.5	1.4
90 000	430	950	800	80	4.5	1.5
120 000	450	1 350	1 000	130	4.5	1.8
120 000	450	1 350	950	120	4.5	2.0
130 000	430	1 400	1 050	140	5.0	2.4
135 000	500	1 600	1 100	140	4.5	1.9
120 000	500	1 300	1 000	130	4.5	2.0
100 000	450	1 200	1 000	110	3.5	1.5
115 000	420	—	780	90	—	—
135 000	630	—	1 180	120	—	—
125 000	420	—	920	135	—	—

　以上のようなパネル構造のなかで，家具にはフラッシュ構造が多く用いられる．接着の要点を次に示す．

　①堆積中の接着剤の前硬化．すなわち，夏季高温時における酢酸ビニル樹脂エマルジョン接着剤の使用条件及びホルムアルデヒド系樹脂接着剤の可使時間に注意し，皮膜の前硬化による接着不良を防ぐ．

　②圧締圧力はあまり大きくしない．フラッシュ構造の場合，圧締圧力は，

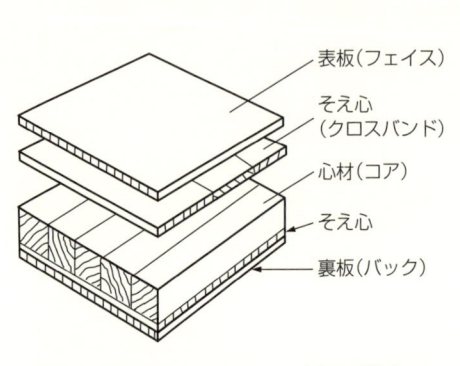

図 7.1.18 ランバーコア合板の構成 [44)] 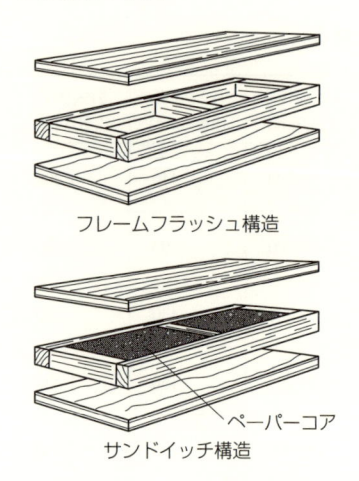　　**図 7.1.19** 粋心構造の例 [44)]

格子面当たり 0.1 MPa 前後にとるべきで，圧力が大きすぎると，表板が薄い場合には波打ちの原因となる．

③含水率は，心材と表裏板とを同範囲（8〜12%）に設定し，反りを防ぐ．

④心材を中心として，材質・寸法を対称構成にして，反りを防ぐ．

7.1.4.2　表面化粧材の接着

つき板，木目化粧紙，フィルム（塩ビ，ポリオレフィン）及びメラミン化粧板などが表面化粧材として，合板，パーティクルボード，MDF が心材として用いられる．

(1) つき板の接着

主に，厚さ 0.2〜1 mm の化粧用スライス単板を心材表面に接着する作業で，このうち家具には 0.2〜0.3 mm のごく薄いものが使用されている．材種として，ナラ，サクラ，ケヤキなどの国産材やチーク，ウォルナット，マホガニーなどの輸入材がある．接着工程の概略及び接着方法の特徴を図 **7.1.21**，表 **7.1.11** に示す．

接着剤としては，酢酸ビニル樹脂エマルジョン接着剤，ホルムアルデヒド系

7.1 木質製品

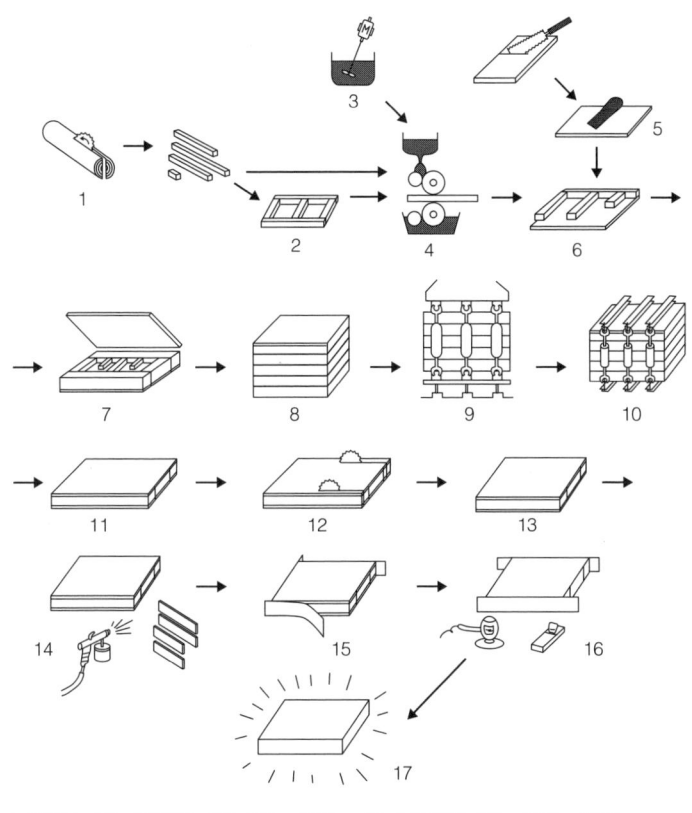

1. 木取り（桟，埋め木）プレンナー加工
2. 木組（接着，波釘，タッカー止め）
3. 接着剤調合（グルーミキサ）
4. 塗布（グルースプレッダ）
5. 合板裁断・木地調整
6. 中心入れ
7. 表板
8. 堆積（クローズ）
9. 圧締（コールドプレス）
10. 圧締放置（ターンバックル）
11. 解圧
12. 切削加工（ダブルソ）
13. 準製品
14. 接着剤塗布（スプレイ，ハケ）
15. 接着（シリンダプレス，クランプ）
16. 仕上げ加工
17. 完成
（注 14～16は，ふち貼り作業）

図 7.1.20 フラッシュパネルの製造工程略図 [45]

樹脂接着剤及び混合系接着剤が用いられる．接着剤を台板に塗布し，つき板の接目をそろえてから，ホットプレスで100～110℃，圧縮圧力 0.2～0.5 MPa で 30～60 秒熱圧する．

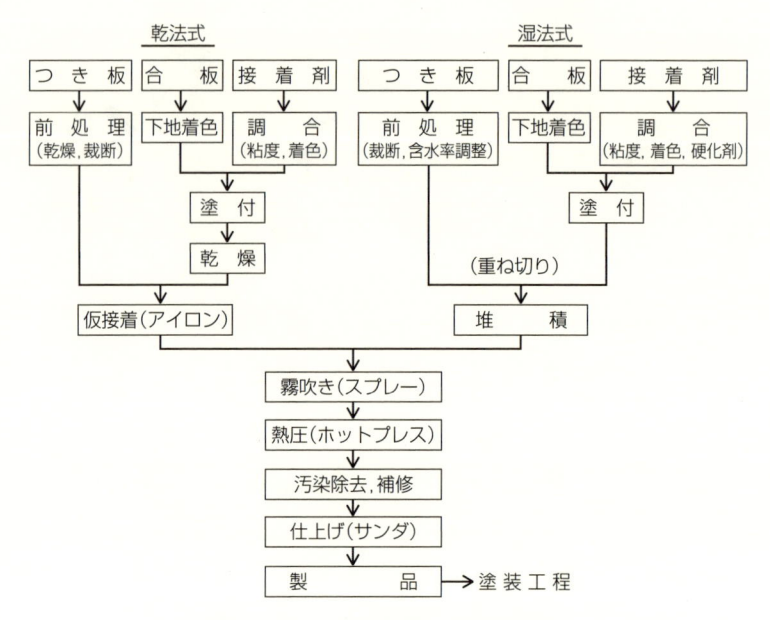

第7章 製品（品質）規格にみる接着の実際

```
       乾法式                          湿法式
┌────┐┌────┐┌─────┐   ┌────┐┌────┐┌─────┐
│つき板││合 板││接着剤│   │つき板││合 板││接着剤│
└─┬──┘└─┬──┘└──┬──┘   └─┬──┘└─┬──┘└──┬──┘
  ↓      ↓      ↓          ↓      ↓      ↓
┌────┐┌────┐┌─────┐   ┌──────┐┌────┐┌────────┐
│前処理││下地││ 調 合 │   │ 前処理 ││下地││  調 合  │
│(乾燥,││着色││(粘度,││   │(裁断,含││着色││(粘度,着色,│
│裁断) ││    ││ 着色)│   │水率調整)││    ││ 硬化剤) │
└─┬──┘└─┬──┘└──┬──┘   └──┬───┘└─┬──┘└───┬────┘
                ↓                              ↓
             ┌────┐                         ┌────┐
             │塗付│                         │塗付│
             └─┬──┘                         └─┬──┘
             ┌────┐
             │乾燥│                      (重ね切り)
             └─┬──┘                           ↓
    ┌──────────────┐              ┌──────┐
    │仮接着(アイロン)│              │ 堆 積 │
    └──────┬───────┘              └───┬──┘
                    ↓
           ┌──────────────┐
           │霧吹き(スプレー)│
           └──────┬───────┘
           ┌──────────────┐
           │熱圧(ホットプレス)│
           └──────┬───────┘
           ┌──────────────┐
           │ 汚染除去,補修  │
           └──────┬───────┘
           ┌──────────────┐
           │ 仕上げ(サンダ) │
           └──────┬───────┘
           ┌────────┐       ┌────────┐
           │ 製  品 │  →   │ 塗装工程 │
           └────────┘       └────────┘
```

図 7.1.21 つき板接着工程の概略[46]

表 7.1.11 接着方法による相違点[3), 15)]

接着方法 項目	乾式法	アイロン貼り法	湿式法
堆積	乾燥時間・場所を要する	左同	短時間でよい
接着剤しみ出し	なし	左同	注意を要する
はぎ合せ	仕上りよい	左同	重ね切り利用可能,はぎ隙発生しやすい
その他	各種模様貼り可能,塗装仕上りよい	曲面接着可能,熟練を要する 量産できない	量産可能

ホットプレスの代わりに乾式法によるアイロン貼りを行う場合もある.

また，印刷した木目化粧紙を貼る場合も，つき板接着と類似の方法がとられる．この場合，接着前に紙の裏面に水を霧吹きし，あらかじめ紙質を膨潤させ，接着剤の水分吸収によるしわの発生を防止する．

これら普通合板の表面に天然木化粧単板などをオーバーレイした特殊合板の浸せきはく離試験については，既述（**7.1.2.4**）を参照されたい．

次に平面引張り試験[13]を示す.

平面引張試験：

試験片は，各試料合板から1辺が 50 mm の正方形状のものを4片ずつ作製し，試験片の表面中央に1辺が 20 mm の正方形状の接着面を有する金属盤を，シアノアクリレート系接着剤を用いて接着し，周囲に台板合板に達する深さの切りきずをつけた後，平面引張試験を行う．平面引張試験は，試験片及び金属盤を**図 7.1.22** のようにチャックに固定し，接着面と直角の方向に毎分 5 880 N 以下の荷重速度で引っ張り，はく離時又は破壊時における最大荷重を測定する．平面引張試験の適合基準は，同一試料合板から採取した試験片の接着力の平均値が 0.4 MPa 以上である．

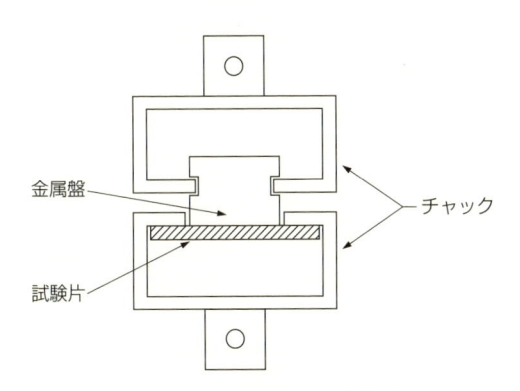

図 7.1.22 試験片の固定方法[47]

(2) フィルム（塩ビ，ポリオレフィン）の接着

接着剤としては，エチレン-酢ビ共重合樹脂エマルジョン接着剤，アクリル共重合樹脂エマルジョン接着剤，酢酸ビニル樹脂エマルジョン接着剤，ゴム系（水性，溶剤）接着剤などが用いられる．接着の前処理として，塩ビの接着面の汚れや油を溶剤（アルコール系）でとっておく．また，深みのあるエンボス加工を施したフィルム（シート）は，エンボス加工されていないものを貼るときより接着剤の塗布量を多くするなど，注意を払う必要があろう．フィルム（シート）接着強さ測定については，JIS K 6854-1〜4:1999（接着剤—はく離接着強さ試験方法）が応用できる．

(3) メラミン樹脂化粧板の接着

図 7.1.23 のメラミン化粧板標準積層工程例（高圧法）に示されるように，メラミン樹脂をトップコートした樹脂含浸紙を，加熱圧締して厚さ1〜2mmに積層した台板に接着する作業である．これは，机の天板，カウンタートップ，家具の表面材として広く用いられている．接着剤は，酢酸ビニル樹脂エマルジョン接着剤，ホルムアルデヒド系樹脂接着剤及び混合系接着剤，合成ゴム系（水性，溶剤）などを用いる．

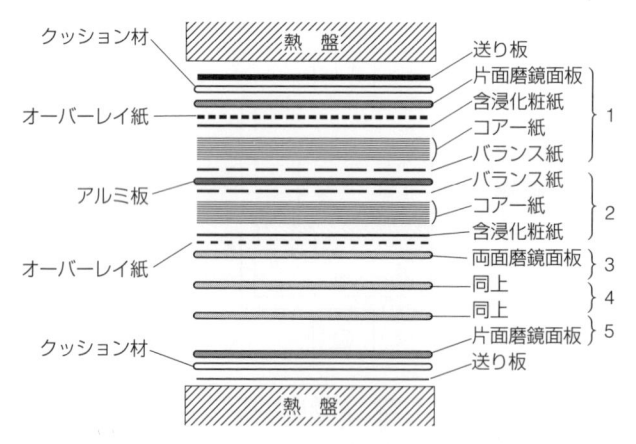

図 7.1.23 メラミン化粧板標準積層工程例（高圧法）[48]

7.1.4.3 成形接着

成形接着とは，ジグを用いて単板を一定の形に積層接着することで，一般に成形合板とよばれているものに代表される．卓子の甲板，椅子の背，座脚などを含む応接セットなどの一次，二次曲面をもつ製品を作る際に欠くことのできない技術である（図 **7.1.24**）．

合板の積層の方法は，その用途を考えたうえで，単板の繊維方向を直交させるか平行か，この両者を併用するなど，種々の組合せがとられる．それらの例を図 **7.1.25** に示す．ただし，これらいずれの場合においても，合板の厚さ方向に対し，中心（なかしん）を中心として上下対称的に材を組み合わせる構成をとらないと，変形の原因となる．熱源としては，蒸気，電熱，さらに高周波誘導加熱などの方法があり，使用される接着剤は，メラミンユリア共縮合樹脂接着剤が主である．

7.1.4.4 組立接着

組立接着は，組手，継手の各構造によって接合接着されるものであって，家具には，伝統的に，木材の特性をうまく利用した多くの接合形式が用いられてきた．それら組手，継手の形式を図 **7.1.26** に示す．現在では，機械の導入さ

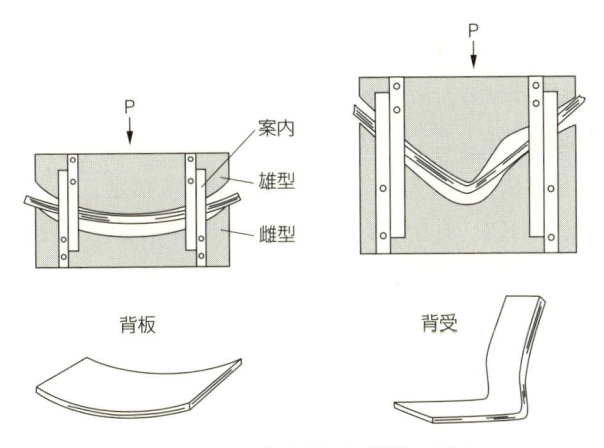

図 **7.1.24** 成形治具と製品の例 [49]

(a) 互いに繊維を直交させた積層

(b) 繊維を同一方向にそろえた積層

(c) 一部に繊維を直交させた積層

図 7.1.25 合板の積層法 [49]

らに量産加工などにより，ホゾ接合やダボ接合が多く採用されている．

接着剤は，酢酸ビニル樹脂エマルジョン接着剤が多く用いられている．

ダボの嵌合度によって，引抜強度あるいは接合強度は，大きく影響を受ける．現在，使用されているダボの形状は，圧縮溝付のスパイラル状のものが多く，はじめから圧縮されているために，ダボ孔の中で接着剤の水分を吸収して膨張し密着性をよくする方法がとられているので，この点を十分考慮して，接着作業をすみやかに行わなければならない．

また，接着剤塗布後の時間が長いと，皮膜の形成，接着剤の前硬化などが生じて接着強度が低下するため，作業条件には最善の注意を払う必要がある．

ダボの引抜試験方法として，**図 7.1.27** に示す方法が用いられる [20]～[23]．上下方向にダボを引き抜き，そのときの最大破壊荷重を測定し，ダボの引抜抵抗（KN），引抜強度（KN）あるいはダボの接着強度（MPa）で表されるのが一般である．

また，ダボ接合の強度試験方法としては，T字形，L字形試験方法（**図 7.1.28**）がある [20]～[23]．

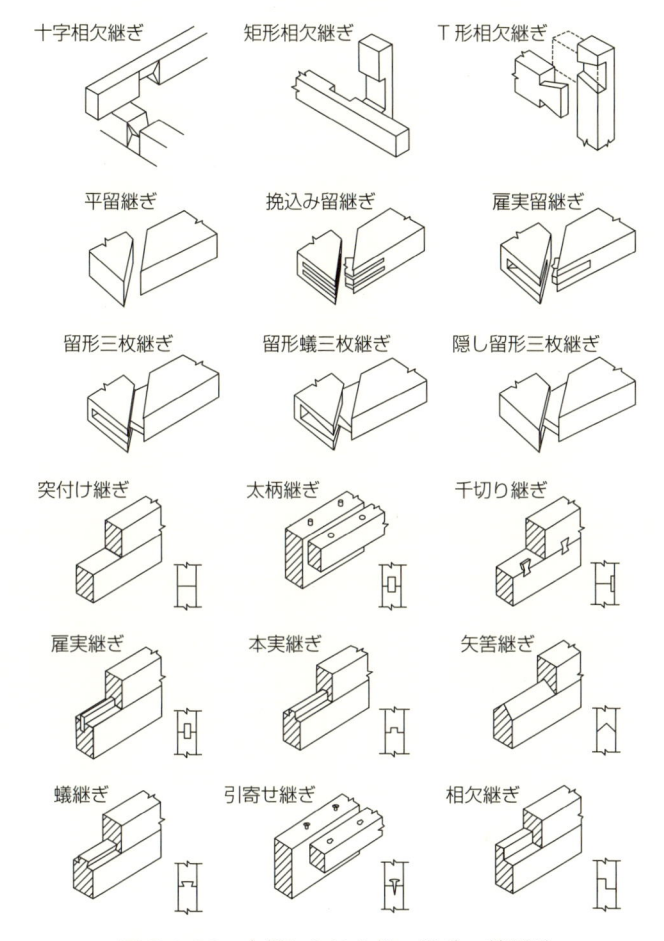

図 7.1.26 木材における組，継手の種類 [50]

7.1.5 WPCへの木質廃材リサイクル

木質廃材の循環型社会への貢献として，生物資源のカスケード的利用体系のシステムがある．そのモデル図を図 7.1.29 に示した．その一つとして，WPC（wood plastic composites：木材・プラスチック再生複合材）への木質廃材リサイクルがある．

WPCには2種類のタイプがあり，木材に浸透性モノマーなどを含浸したの

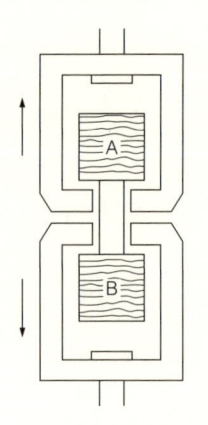

図 7.1.27 ダボの引抜試験方法[51]

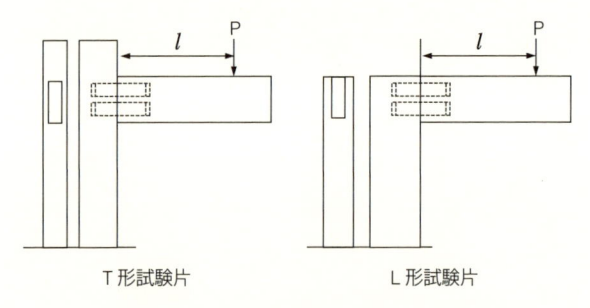

図 7.1.28 ダボ接合の試験方法[52]

ち重合させて高品質木質製品となるタイプと,プラスチックと木質材料の混合・ブレンドにより得られる木材・プラスチック複合材タイプがあり,現在,市場において躍進しているタイプは,後者の木材・プラスチック複合材タイプ(以下,WPCと記す.)である[24]〜[26].

このパルプ・木粉などの木質材料とプラスチックとの複合化には,すでに40年近い歴史があり,当初は,コスト低減・強度アップを目的として,プラスチックに木質材料を増量剤・補強材として加えていた.木質材料の重量比は30%以下であった.その後,50%近くまで木質材料を加えた材料が実績を上げ,最近では木質材料を重量比で80〜90%含む複合体を押出し成形することが可

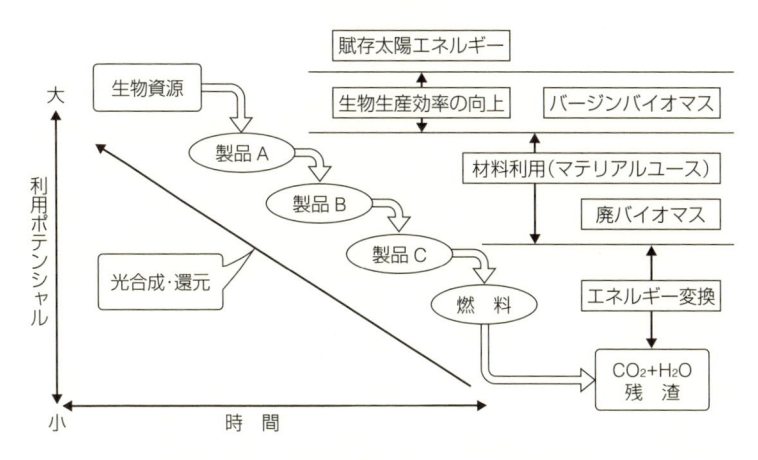

図 7.1.29 生物資源のカスケード的利用 [56]

能となり，曲げ強さも 20 MPa 以上の性能を示すようになった．そのため，WPC は，屋外用としては，貯蔵または輸送用コンテナ・パレット・フェンス・庭用家具・デッキ・外壁化粧材・間柱・水辺の構築物・自動車用等，屋内用としては，床材・家具・ドア枠・建築用半製品等と，対象分野を広く持つようになった．2009 年の WPC の北米市場は，2004 年の 1.6 倍になるとの予測もあり，世界的に注目され認められるようになってきた [27)～29)]．

CEN/TC 249 - Wood plastic composites では既に**表 7.1.12** に示すように WPC の規格が制定されており，ISO 規格化も併行して進められている．また，日本においても JIS A 5741:2006 木材・プラスチック再生複合材（WPC）が制定され，用途分野の"エクステリア，インテリア，土木"及び素材性能の"密度・吸水特性，強度，熱特性・耐候性などの基本物性，安全性"を規定している（**表 7.1.13，表 7.1.14**）．

WPC は，木質廃材・熱可塑性プラスチック（ポリオレフィンが多い）・相溶化剤より構成されている．WPC は，加熱混練後，ペレット化して高温約 180～200℃で射出，押出または圧縮成形して製作する（**図 7.1.30**）．本技術は，ホットメルト系接着剤と多くの共通点がある．製品の特長は，耐水性，耐腐食性，

表 7.1.12　CEN/TC249 による WPC 規格 [55]

CEN/TC 249 — Wood plastics composites
Wood-Plastics Composites (WPC) — Part 1 : Test methods
Wood-Plastics Composites (WPC) — Part 2 : General characterisation
Wood-Plastics Composites (WPC) — Part 3 : Products related characleristics

表 7.1.13　再生複合材の用途分野及び用途区分，並びに主な製品類 [30]

用途分野	記号	用途区分	記号	主な製品類（参考）
エクステリア	EX	歩道用	I	デッキ材
		住宅又は野外施設用	II	デッキ材，ベンチ，バルコニー，フェンス，門扉，パーゴラ，テラス
		その他用	III	外壁，ルーバー，さく（柵）
インテリア	IN	住宅等床用	I	フローリング材
		住宅等室内造作用	II	造作材，化粧材
土木	CV	型枠工事用	I	型枠材
		歩道用	II	ブロック材

耐湿寸法安定性，環境調和性，及び強度が優れている点である．ポリオレフィンの代わりに生分解性プラスチックを接着性樹脂として用いる WPC の試みもある．これは，木質廃材リサイクルとして魅力があり，今後の発展を期待したい．

表 7.1.14 再生複合材の素材性能 [31]

性能項目		単位	用途分野記号								
			EX			IN			EX		CV
			Ⅰ	Ⅱ	Ⅲ	Ⅰ	Ⅱ	Ⅰ	Ⅱ	Ⅰ	Ⅱ
基本物性	密度・比重	真比重	—	0.8〜1.5	0.8〜1.5	0.8〜1.5	0.8〜1.5	0.8〜1.5	0.8〜1.5	0.8〜1.5	1.0〜1.4
	吸水特性	吸水率	%	10 以下	10 以下	10 以下	10 以下	10 以下	10 以下	10 以下	10 以下
		長さ変化率	%	3 以下	3 以下	3 以下	3 以下	3 以下	3 以下	3 以下	3 以下
	強度	曲げ特性	MPa	20 以上	20 以上	15 以上	10 以上	10 以上	—	—	10 以上
		衝撃強さ	kJ/m²	0.5 以上	0.5 以上	0.5 以上	0.5 以上	0.5 以上	—	—	—
	熱特性	荷重たわみ温度	℃	70 以上	70 以上	40 以上	40 以上	40 以上	—	—	—
	耐候性	引張強さ変化率	%	−30 以内	−30 以内	−30 以内	—	—	—	—	—
		伸び変化率	%	50 以内	50 以内	50 以内	—	—	—	—	—
安全性	揮発性物質放散量	ホルムアルデヒド	mg/L	平均値で 0.3 以下、かつ、最大値で 0.4 以下					—		
	有害物質溶出量	カドミウム	mg/L	0.01 以下							
		鉛		0.01 以下							
		水銀		0.000 5 以下							
		セレン		0.01 以下							
		ひ素		0.01 以下							
		六価クロム		0.05 以下							

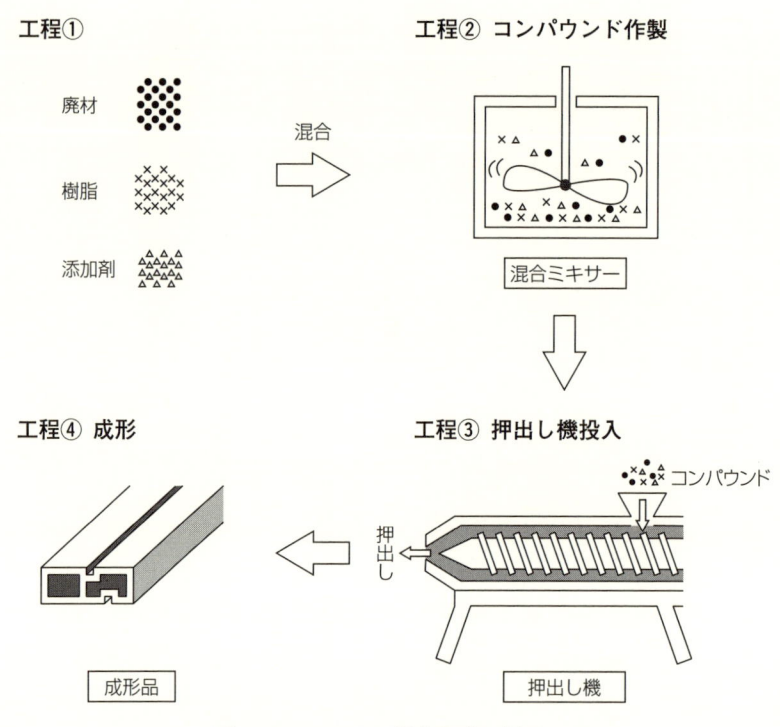

238　第7章　製品（品質）規格にみる接着の実際

工程①
廃材
樹脂
添加剤

混合

工程② コンパウンド作製
混合ミキサー

工程③ 押出し機投入
コンパウンド
押出し
押出し機

工程④ 成形
成形品

図 7.1.30　WPC 押出成形の例 [31]

7.2　建　　築

　木工用の接着剤として，古来，アスファルト，うるし，にかわが，江戸時代以降は，そくい（続飯）が主として使われてきたが，現在は，ほとんど，合成高分子材料を主成分とする接着剤が利用されている．接着剤の用途区分における建築部門は，日本接着剤工業会によれば，現場用と工場用に区分される．工場用は，従来，工業化住宅，すなわち"工業化住宅性能認定に係わる耐久性に関する技術認定"に従い，各部材や構法の認定を受けてきたが，"住宅の品質確保の促進等に関する法律"の施行以降は運用されていない．しかし，現在でも，この技術認定の内容を踏まえて材料を選択している．その内容は，材料単

7.2　建　築

独の性能が主であり，異種材料の接合に使われる接着剤の性能評価には触れていない．ここでは，主として，現場の内装工事に使用する接着剤の製品規格を紹介する．最近は，外装用途の規格も制定されている．

接着剤使用に際しての共通的留意事項は，次のようである．

① 接着剤の選定では，JIS 認定品を優先すること．性能とともに，ホルムアルデヒド放散区分 F ☆☆☆☆（無制限使用）に適合するものが勧められる．

② 環境対応品には，日本接着剤工業会自主登録品 JAIA F ☆☆☆☆がある．

③ 接着条件によって硬化速度が変化するので，低温（5℃以下）や高湿度（70%以上）のときは注意する．特に，化学反応形及びエマルジョン形接着剤には，注意する．

④ 吸湿性材料は，含水率が接着に影響する．木材の場合，20%以下が適している．コンクリート面は 10%以下が望ましい．

⑤ 接着面の処理が接着耐久性を支配する．汚染物質（水分，油分に弱い境界層，ほこりなど）は必ず除去する．

⑥ 溶剤形は引火性であり，有害であるから，火気厳禁とし，換気励行する．

⑦ 廃棄物処理方法をあらかじめ決めておく．固形物として処理するのが原則である．

⑧ MSDS（製品安全データシート）により，接着剤の取扱いに配慮する．

7.2.1　内装下地工事用接着剤

内装仕上げの前に行う下地作りに使う接着剤には，床根太用接着剤と木れんが用接着剤がある．

7.2.1.1　JIS A 5550 床根太用接着剤

この規格は，釘との併用で床根太と床下張り材を張り付ける目的の接着剤を規定している．用途によって，次の3種に分かれる．

　構造用一類：枠組み壁工法住宅の床組に用いるもの

構造用二類:枠組み壁工法住宅の床組に用いるもので,凍結しない環境(0℃以上)に限定して用いられるもの

一般用:枠組み壁工法住宅の床組以外の床下地組に用いるもの

(1) 接着剤の種類
- 酢酸ビニル樹脂系エマルション形
- ビニル共重合樹脂系エマルション形
- アクリル樹脂系エマルション形
- ゴム系溶剤形
- ウレタン樹脂系
- 変成シリコーン樹脂系

(2) 品 質

規定の根太材とJAS構造用合板を接着した試験体の圧縮せん断接着強さ(**表7.2.1**)及び耐酸素老化性(**表7.2.2**)が規定されている.

表7.2.1 圧縮せん断接着強さ[60]

単位:mm^2

試験項目	構造用一類	構造用二類	一般用
乾燥材試験	1.1以上	1.1以上	1.1以上
湿潤材試験	1.1以上	1.1以上	—
凍結材試験	0.7以上	—	—
すき間充てん性試験	0.7以上	0.7以上	0.7以上
耐水性試験	1.1以上 耐水性処理によって試験片の90%以上に接着はく離が生じない.	1.1以上 耐水性処理によって試験片の90%以上に接着はく離が生じない.	1.1以上 耐水性処理によって試験片の90%以上に接着はく離が生じない.

表7.2.2 耐酸素老化性[61]

試験項目	構造用一類	構造用二類	一般用
耐酸素老化性	皮膜を分断するような大きな割れの発生がない.	皮膜を分断するような大きな割れの発生がない.	—

7.2.1.2 JIS A 5537 木れんが用接着剤

この規格は，壁及び床の下地を構成するために，木れんがを張り付ける目的の接着剤を規定している．

用途区分として，一般用と耐水用がある．

(1) 接着剤の種類
- 酢酸ビニル樹脂溶剤形
- エポキシ樹脂系
- アクリル樹脂系エマルション形
- 変成シリコーン樹脂系

(2) 品質

ひのき又はべいひの板目無欠点の心材とフレキシブル板を接着した試験体について，**表7.2.3**の規定がある．表中の特殊条件は，高温条件が$50±2℃$，低温条件が$5±1℃$，多湿状態が$23±2℃$，80% RH以上を指している．

7.2.2 床仕上げ工事用接着剤

JIS A 5536（床仕上げ材用接着剤）は，建築物の床仕上げ材（ビニル系床タイル又は床シート，リノリウム系床材，ゴム系床材，木質系床材タイルカーペット，単層及び複合フローリングなど）の張り付けに使用する接着剤を規定している．

(1) 接着剤の種類

同規格に示される接着剤は，次のようである．多種類あるので，便宜的に番号を付しておく．

- ①酢酸ビニル樹脂系エマルション形
- ②酢酸ビニル樹脂系溶剤形
- ③ビニル共重合樹脂系エマルション形
- ④ビニル共重合樹脂系溶剤形
- ⑤アクリル樹脂系エマルション形
- ⑥ゴム系ラテックス形

⑦ゴム系溶剤形
⑧エポキシ樹脂系
⑨ウレタン樹脂系
⑩変成シリコーン樹脂系

表 7.2.3　接着剤の品質 [62]

試験項目				一般用	耐水用	適用試験箇条
接着強さ	引張割裂接着強さ N/mm	標準条件		20 以上	20 以上	5.2.5
		特殊条件[1]	水中浸せき	受渡当事者間の協定による.	10 以上	
			高温状態			
			低温状態			
			多湿状態			
	衝撃接着強さ（破断の位置）	標準条件		受渡当事者間の協定による.		5.2.6
		特殊条件	水中浸せき			
			高温状態			
			低温状態			
			多湿状態			
	圧縮せん断接着強さ N/mm²	標準条件		受渡当事者間の協定による.		5.2.7
		特殊条件	水中浸せき			
			高温状態			
			低温状態			
			多湿状態			
ずれ　mm				5 未満		5.3
塗布性				気泡を含まず，均一なくし目山を残し，接着面に完全に密着していなければならない.		5.4
張合せ可能時間[2]　分				表示項目		5.5
可使時間[3]　分				表示項目		5.6
密度　g/cm³				表示項目		5.7

注　[1] エポキシ樹脂系及び変成シリコーン樹脂系接着剤に適用する.
　　[2] 酢酸ビニル樹脂系溶剤形，アクリル樹脂系エマルジョン形及び変成シリコーン樹脂系接着剤に適用する.
　　[3] エポキシ樹脂系接着剤だけに適用する.

(2) 品質

用途として一般型と耐水型，平場用と垂直面用の区分があり，床材の種類による接着強さ及びずれ変化量，床鳴り防止性能について**表 7.2.4**，**表 7.2.5**，**表 7.2.6** の規定がある．

(3) 留意点

① 接着剤の選択の基本は，被着体の組合せと用途条件から**表 7.2.4～7.2.6** を参考にして選択することである．下地は木質かコンクリートのような剛体であるが，仕上げ材は軟質から硬質，複合材，場合によっては重ね張りがある．場所によっては，水がかかるか熱がかかる（床暖房）ことを考慮し，その程度によって選択する．接着層の応力はせん断が主であるが，端末には，はく離（ピーリング）が働く．現実問題として，仕上げ材の伸縮（水分，温度）を考慮した継ぎ目の仕上げ方の工夫も必要である．

② 床タイルは，反りぐせ，つぶれ，厚みむら，寸法むら，色むら，きず，汚れのないものを選ぶ．床シート（長尺物）は，仮敷きしてひずみを取り除く．

③ 接着剤の硬化速度は，その種類によって異なるから，事前に使用接着剤について確認しておく．特に，冬場の低温は，接着剤の高粘度化によって塗布性に影響するだけでなく，凍結や硬化不良などの不具合を発生させることがあるから，注意しなければならない．5℃以上の作業環境が勧められる．

④ 接着剤の塗布は，一般に，くし目ごて（**図 7.2.1**）を用いて下地面に塗布する．塗布量は，くし目の深さと間隔によって調整される．各接着剤に適したくし目ごての使用が，メーカから指定・推奨されている．また，下地と床材の面精度（不陸や厚みむら）や吸込みの有無によって，適切に設定する．

⑤ 粘着加工品の床材は，接着剤で接着してはならない．それぞれの特性が相殺されるからである．

⑥ 換気を行い，作業者の衛生管理を心がける．

表 7.2.4 高分子系張り床材（床タイル・床シート，

床材の形状又は種類	特性項目	用途及び試験時条件		接着剤		
				酢酸ビニル樹脂系溶剤形	ビニル共重合樹脂系	
					エマルション形	溶剤形
床タイル	引張接着強さ N/mm²	一般形	常態	0.5 以上	0.2 以上	0.5 以上
		垂直面用		—	—	—
		耐水形	水中浸せき	—	—	—
床シート	90°はく離又は浮動ローラ法接着強さ N/25mm	一般形	常態	20.0 以上	20.0 以上	20.0 以上
		垂直面用		—	—	—
		耐水形	水中浸せき	—	—	—
タイルカーペット	引張せん断接着強さ N/mm²	平場用	常態	—	—	—
床タイル床シート	ずれ変化量 mm	垂直静置 24 時間				2

備考：接着強さは，この数値未満の場合でも，その最大面積を示す破断の位置（JIS A 5536 の図 1）が F 又は G であれば合格とする．
　　　表中の（—）は適用除外であることを示す．

タイルカーペット）の接着強さ及びずれ変化量 [63)]

の　種　類						適用試験箇条
アクリル樹脂系エマルション形	ゴム系		エポキシ樹脂系	ウレタン樹脂系		
	ラテックス形	溶剤形				
0.2 以上	0.2 以上	0.2 以上	0.8 以上	0.8 以上		5.3.2 d) 1)
—	—	—				
—	—	—	0.5 以上	0.5 以上		5.3.2 d) 3)
10.0 以上	10.0 以上	10.0 以上	20.0 以上	20.0 以上		5.3.3 e) 1)
—	—	—				
—	—	—	10.0 以上	10.0 以上		5.3.3 e) 2)
0.01 以上	—	—	—	—		5.3.4
以下						5.3.5

表 7.2.5 木質系床材（単層フローリング又は

床材の形状又は種類	特性項目	用途及び試験時条件	
単層フローリング又は複合フローリング	引張接着強さ N/mm²	一般形／木質系下地	常態
		耐熱形／木質系下地	常態
			耐熱
		耐水形／コンクリート系下地	常態
			水中浸せき
		耐水・耐熱形／コンクリート系下地	常態
			水中浸せき
			耐熱
	床鳴り防止性能 (dB)	23℃	
		40℃	
単層フローリング又は複合フローリング	引張接着強さ N/mm²	一般形／発泡プラスチック系下地	常態
単層フローリング又は複合フローリング	引張接着強さ N/mm²	垂直面用	常態

備考：接着強さは，この数値未満の場合でも，その最大面積を示す破断の位置（JIS A 5536 の図 1）がF又はGであれば合格とする．
　　　表中の（―）は適用除外であることを示す．

複合フローリング）の接着強さ及び床鳴り防止性能 [64)]

接着剤の種類							適用試験箇条
酢酸ビニル樹脂系エマルション形	ビニル共重合樹脂系エマルション形	アクリル樹脂系エマルション形	エポキシ樹脂系	ウレタン樹脂系	変成シリコーン樹脂系		
1.0 以上	1.0 以上	1.0 以上	1.0 以上	1.0 以上	1.0 以上	5.3.2 d) 1)
1.0 以上	1.0 以上	1.0 以上	1.0 以上	1.0 以上	1.0 以上	5.3.2 d) 1)
1.0 以上	1.0 以上	1.0 以上	1.0 以上	1.0 以上	1.0 以上	5.3.2 d) 2)
—	—	—	1.0 以上	—	—	5.3.2 d) 1)
—	—	—	1.0 以上	—	—	5.3.2 d) 3)
—	—	—	1.0 以上	—	—	5.3.2 d) 1)
—	—	—	1.0 以上	—	—	5.3.2 d) 3)
—	—	—	1.0 以上	—	—	5.3.2 d) 2)
40 以下	40 以下	40 以下	40 以下	40 以下	40 以下	5.3.6
40 以下	40 以下	40 以下	40 以下	40 以下	40 以下	
0.5 以上	0.5 以上	0.5 以上	—	—	—	5.3.2 d) 1)
1.0 以上	1.0 以上	1.0 以上	1.0 以上	1.0 以上	1.0 以上	5.3.2 d) 1)

表7.2.6 木質系床材［単層フローリング又は複合フロー

床材の形状又は種類	特性項目	用途及び試験時条件	
単層フローリング又は複合フローリング（緩衝剤裏打ち）	引張接着強さ N/mm^2	一般形／木質系下地	常態
		耐熱形／木質系下地	常態
			耐熱
		耐水形／コンクリート系下地	常態
			水中浸せき
		耐水・耐熱形／コンクリート系下地	常態
			水中浸せき
			耐熱
	床鳴り防止性能（dB）	23℃	
		40℃	

備考：接着強さは，この数値未満の場合でも，その最大面積を示す破断の位置（JIS A 5536 の図1）がF又はGであれば合格とする．
表中の（—）は適用除外であることを示す．

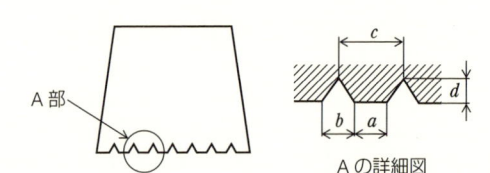

部位	寸法
a	3±0.2
b	2±0.2
c	5±0.4
d	2±0.2

単位：mm

図7.2.1 くし目ごてのくし目形状[66]

7.2.3 壁・天井仕上げ工事用接着剤

JIS A 5538（壁・天井ボード用接着剤）は，発泡プラスチック保温板を除く建築用ボード類を壁面・天井面に張り付けるための接着剤を規定している．用途区分としては，壁ボード用，天井ボード用が，性状区分としては，マスチック状，ペースト状がある．

7.2 建築

リング（緩衝材裏打ち）]の接着強さ及び床鳴り防止性能[65]

接着剤の種類							適用試験箇条
酢酸ビニル樹脂系エマルション形	ビニル共重合樹脂系エマルション形	アクリル樹脂系エマルション形	エポキシ樹脂系	ウレタン樹脂系	変成シリコーン樹脂系		
0.3 以上	0.3 以上	0.3 以上	0.3 以上	0.3 以上	0.3 以上		5.3.2 d) 1)
0.3 以上	0.3 以上	0.3 以上	0.3 以上	0.3 以上	0.3 以上		5.3.2 d) 1)
0.3 以上	0.3 以上	0.3 以上	0.3 以上	0.3 以上	0.3 以上		5.3.2 d) 2)
—	—	—	0.3 以上	0.3 以上	—		5.3.2 d) 1)
—	—	—	0.3 以上	0.3 以上	—		5.3.2 d) 3)
—	—	—	0.3 以上	0.3 以上	—		5.3.2 d) 1)
—	—	—	0.3 以上	0.3 以上	—		5.3.2 d) 3)
—	—	—	0.3 以上	0.3 以上	—		5.3.2 d) 2)
40 以下	40 以下	40 以下	40 以下	40 以下	40 以下		5.3.6
40 以下	40 以下	40 以下	40 以下	40 以下	40 以下		

（1） 接着剤の種類

・酢酸ビニル樹脂系溶剤形

・酢酸ビニル樹脂系エマルション形

・合成ゴム系溶剤形

・エポキシ樹脂系

・変成シリコーン樹脂系

（2） 品　質

壁ボード用接着剤の品質については，下地材料と仕上材料の組合せによって**表 7.2.7** の品質規定がある．

天井ボード用接着剤の品質は，基本的に壁ボード用と同じである．マスチック状接着剤について垂れ（3 mm 以下）の規定がある以外は，表示項目は両者同じである．

（3） 留意点

①下地材料・仕上材料ともに種類が多い．材料名のみならず，その表面

(接着面)状態を確認する．ほこり，汚れ，塗料，油などは取り除く．
②下地は不陸調整を行い，十分乾燥させておく．
③接着剤は種類によって扱いが異なるから，事前に製品説明書を読んで理解しておく．
④換気を行い，作業者の衛生管理を心がける．

7.2.4 断熱材取付け工事用接着剤

JIS A 5547（発泡プラスチック用接着剤）は，建築物の壁面，天井面などに，押出法ポリスチレンフォーム保温板又は硬質ウレタンフォーム保温板2種（面材としてポリエチレン加工紙，はり合せアルミニウムはくなどを積層したもの）を張り付けるための接着剤を規定している．用途区分として，内部用（壁，天井）と外部用がある．

表 7.2.7 壁ボード

	試験項目				
被着体	下地試料			木材，鋼板	
	仕上試料			合板	繊維板，パーティクルボード，木毛セメント板，フレキシブル板，けい酸カルシウム板
接着強さ	引張接着強さ[1] N/mm²	標準条件		1.0 以上	0.5 以上
		第一種特殊条件	高温状態	1.0 以上	0.5 以上
			低温状態	1.0 以上	0.5 以上
			水中浸せき	0.5 以上	0.2 以上
		第二種特殊条件	高温状態		
			低温状態	1.0 以上	0.5 以上
			多湿状態		

7.2 建築　251

(1) 接着剤の種類
- 酢酸ビニル樹脂系溶剤形
- 酢酸ビニル樹脂系エマルション形
- ゴム系溶剤形
- ゴム系ラテックス形
- 再生ゴム系溶剤形
- エポキシ樹脂系
- ウレタン樹脂系
- 変成シリコーン樹脂系

(2) 品質

接着剤の品質については**表 7.2.8**の規定がある．

用接着剤の品質[67]

品　質			適用試験箇条
コンクリート，モルタル，ALCパネル	木材，鋼板，モルタル，コンクリート，ALCパネル，せっこうボード	せっこうボード	
グラスウールボード，ロックウールボード	せっこうボード	合板，繊維板，フレキシブル板，パーティクルボード，けい酸カルシウム板，グラスウールボード，ロックウールボード	―
	0.2 以上		
	0.2 以上		
	0.2 以上		
0.1 以上		―	5.2.5
受渡当事者間の協定による．			
	0.2 以上		
受渡当事者間の協定による．			

表 7.2.7

	試験項目			
接着強さ	被着体	下地試料		木材，鋼板
接着強さ	引張せん断接着強さ N/mm²	標準条件		
		第一種特殊条件	高温状態	
			低温状態	
			水中浸せき	
		第二種特殊条件	高温状態	
			低温状態	
			多湿状態	
	圧縮せん断接着強さ N/mm²	標準条件		
		第一種特殊条件	高温状態	
			低温状態	
			水中浸せき	
		第二種特殊条件	高温状態	
			低温状態	
			多湿状態	
作業性	マスチック状			気泡を含まず，均一な塗膜で，表る．
	ペースト状			作業に支障がなく，塗布した後のが 20cm 以上あるものとする．
密度　g/cm³				
張合せ可能時間(²)　分				
可使時間(³)				

注　(¹) 引張接着強さは，この数値未満でも，その破断位置が下地試料又は仕上試料であれば合格とする．
　　(²) エポキシ樹脂系以外の接着剤に適用する．
　　(³) エポキシ樹脂系接着剤にだけ適用する．

7.2 建　　築　　　　　　　　　　253

(続き)

品　　質			適用試験箇条
コンクリート，モルタル，ALC パネル	木材，鋼板，モルタル，コンクリート，ALC パネル，せっこうボード	せっこうボード	—
受渡当事者間の協定による．			5.2.6
受渡当事者間の協定による．			5.2.7
面に完全に密着している部分の長さが 20cm 以上あるものとす			5.3.1
状態が，かすれがなく，均一な塗膜を形成している部分の長さ			5.3.2
表示項目			5.5
			5.6
			5.7

表7.2.8 接着剤の品質 [68]

試験項目			品質					適用試験箇条
			内部用（壁及び天井）			外部用		
				せっこうボード	ポリスチレンフォーム保温板	硬質ウレタンフォーム保温板	ポリスチレンフォーム保温板	硬質ウレタンフォーム保温板	
被着体	用途	下地試料	木材，コンクリート，モルタル，コンクリートブロック，ALCパネル				コンクリート，モルタル，コンクリートブロック，ALCパネル		5.2.5
		仕上試料（発泡プラスチック保温板）	ポリスチレンフォーム保温板，硬質ウレタンフォーム保温板				ポリスチレンフォーム保温板，硬質ウレタンフォーム保温板		
接着強さ	引張接着強さ [2] N/mm²	標準条件 標準状態		0.2			0.2		5.3
		第一種特殊条件 高温状態 水中浸せき	0.1	—	0.2		0.1	0.2	5.4
		第二種特殊条件 低温状態		0.2					
作業性			気泡を含まず，均一な塗膜で，表面に完全に密着している部分の長さが20 cm以上あるものとする．						5.5
垂れ			1 mm以下						5.6
密度 g/cm³			表示項目						5.7
張合せ可能時間 [3] 分			1 mm以下						
可使用時間 [4] 分			表示項目						
侵食性			溶解，膨潤，ひび割れなどの有害な異常が認められないものとする．						5.8
耐熱クリープ			ずれ，はく離などの有害な異常が認められないものとする．						5.9

注 (1) 仮止めをしない内部用（天井）接着剤だけに適用する．
(2) 引張接着強さは，この数値未満でも，その破断位置が下地試料又は仕上試料である場合は合格とする．
(3) エポキシ樹脂系以外の接着剤に適用する．(4) エポキシ樹脂系接着剤にだけ適用する．

（3）留意点

① 接着面に油類や不純物，微粉が付着していると，接着不良の原因となるので，取り除いておく．

② 接着剤の塗布は，**図 7.2.2** のように，メーカ指定のくし目ごてを用いて行う．幅約 10 mm に塗布する．梁（はり）に対しては，プラスチックピンを併用する．塗布後，直ちに接着する．オープンタイムはとらない．

③ パネルの反りが大きいと，パネルのずれ，接着不良が起こる．そのような場合は，スリットを深めにし，本数を増やす，粘着テープで仮止めするなどの対策が必要である．

④ 下地は，木質，コンクリート，モルタル，コンクリートブロック，ALCパネル，せっこうボード，保温板など，多岐にわたる．そのため，接着剤の種類が多くなっているが，表面状態（平滑性，硬さ，強度，含水率など）に応じて接着剤選択を行うのがよい．

⑤ 換気を行い，作業者の衛生管理を心がける．

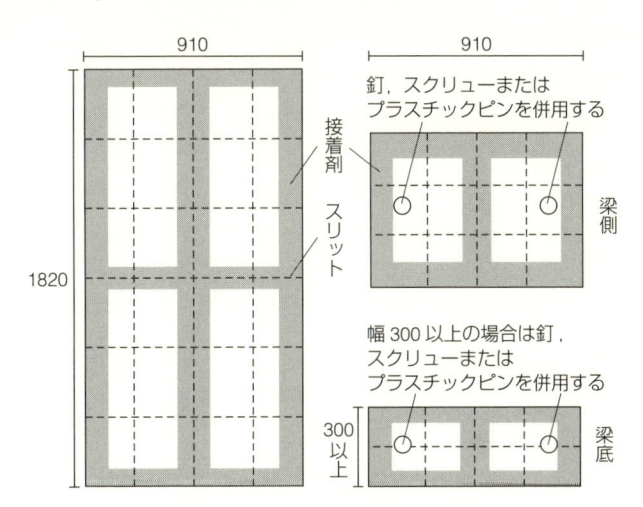

図 7.2.2 参考塗布図（S1 工法）[74]

7.2.5 内装陶磁器質タイル工事用接着剤

JIS A 5548(陶磁器質タイル用接着剤)は,建築物の内壁面に陶磁器質タイルを施工する場合に使用する有機質接着剤について規定している.用途区分として表7.2.9がある.

表7.2.9 用途による区分[69]

種類	用途
タイプⅠ	湿っている下地に張付け後,長期にわたって水及び温水の影響を受ける箇所に用いるもの.
タイプⅡ	ほぼ乾燥している下地に張付け後,間欠的に水及び温水の影響を受ける箇所に用いるもの.
タイプⅢ	ほぼ乾燥している下地に張付け後,水及び温水の影響を受けない箇所に用いるもの.

(1) 接着剤の種類
 ・合成ゴム系ラテックス形
 ・合成樹脂系エマルション形
 ・エポキシ変成合成ゴム系ラテックス形
 ・エポキシ樹脂系反応硬化形
 ・ウレタン樹脂系
 ・変成シリコーン樹脂系

(2) 品　質

品質試験項目を表7.2.10に示す.その判定基準を表7.2.11に示す.

(3) 留意点
 ①塗布は,標準くし目ごて又はメーカの指定するものを用いる(5mm).
 ②気温5℃以上で使用する.
 ③換気を行い,作業者の衛生管理を心がける.

7.2.6 外装タイル張り工事用接着剤

JIS A 5557(外装タイル張り用有機系接着剤)は,建築物の外壁面に陶磁器

7.2 建築

表 7.2.10 品質試験項目 [70)]

種類＼項目	貯蔵安定性	混練終結確認容易性	接着強さ 標準	接着強さ 温水	接着強さ 乾燥・水中	接着強さ 乾燥・湿潤	接着強さ 熱劣化	接着強さ 低温硬化	接着強さ アルカリ水中	耐熱性	ずれ抵抗性
タイプⅠ	○	○	○	○	—	—	○	○	○	○	○
タイプⅡ	○	○	○	—	○	—	○	○	○	○	○
タイプⅢ	○	○	○	—	—	○	○	○	—	○	○

表 7.2.11 判定基準 [71)]

単位：N/cm²

項目		判定基準
貯蔵安定性		容積及び粘度に著しい変化のないもの．
混練終結確認容易性		混練終結時の色が明りょうである．
接着強さ [(1)]	標準	58.8 以上
	温水	29.4 以上
	乾燥・水中	29.4 以上
	乾燥・湿潤	29.4 以上
	熱劣化	29.4 以上
	低温硬化	29.4 以上
	アルカリ水中	29.4 以上
耐熱性		60℃，24 時間 4.5 kg のおもりで安定している．
ずれ抵抗性		ずれが生じない．

注 [(1)] 接着強さは，この数値未満の場合でも，その破断位置が下地試料又は陶磁器質タイルであれば合格とする．

質タイルを施工する場合に使用する有機系接着剤について規定している．

（1） 接着剤の種類

・ウレタン樹脂系（1液反応硬化形及び2液反応硬化形）

・変成シリコーン樹脂系（1液反応硬化形及び2液反応硬化形）

(2) 品　質

接着剤の品質については**表 7.2.12** の規定がある．

(3) 留意点

①塗布は，標準くし目ごて又はメーカの指定するものを用いる（5mm）．
②気温 5℃以上で使用する．

表 7.2.12

試験項目			
貯蔵安定性 ([3])			
混練終結確認容易性 ([2])			
接着強さ	標準養生		
	低温硬化養生		
	アルカリ温水浸せき処理		
	凍結融解処理		
	熱劣化処理		
皮膜物性	引張性能	引張強さ	
		破断時の伸び	
	温度依存性	引張強さ	試験時温度　80℃
			試験時温度　−20℃
		破断時の伸び	試験時温度　80℃
			試験時温度　−20℃
	劣化処理後の引張性能	引張強さ	アルカリ温水浸せき処理
			熱劣化処理
		破断時の伸び	アルカリ温水浸せき処理
			熱劣化処理
耐熱性			
ずれ抵抗性			
可使時間 ([2])			
張付け可能時間 ([3])			
密度			

注　([1]) 凝集破壊率とは，破壊面全体の面積に対する凝集破壊（タイル，下地材の破壊を含
　　([2]) 二液反応硬化形に適用．
　　([3]) 一液反応硬化形に適用．

7.2.7 注入材料

JIS A 6024（建築補修用注入エポキシ樹脂）は，主としてモルタル，タイル，コンクリートなどのひび割れ浮きの補修及びアンカーピンの固定に用いられる主剤と硬化剤からなる建築物の補修用注入エポキシ樹脂について規定している．

品質 [72]

品質	試験方法
質量の変化が5%以内で，かつ，均質で異物が認められない．	6.3.1
混練終結時の色が明りょうでなければならない．	6.3.2
$0.60\ \text{N/mm}^2$ 以上で，かつ，凝集破壊率[1]が75%以上	6.3.3
$0.40\ \text{N/mm}^2$ 以上で，かつ，凝集破壊率[1]が50%以上	
$0.40\ \text{N/mm}^2$ 以上で，かつ，凝集破壊率[1]が50%以上	
$0.40\ \text{N/mm}^2$ 以上で，かつ，凝集破壊率[1]が50%以上	
$0.40\ \text{N/mm}^2$ 以上で，かつ，凝集破壊率[1]が50%以上	
$0.60\ \text{N/mm}^2$ 以上	6.3.4
35%以上	
$0.60\ \text{N/mm}^2$ 以上	
$0.60\ \text{N/mm}^2$ 以上	
35%以上	
35%以上	
$0.40\ \text{N/mm}^2$ 以上	
$0.40\ \text{N/mm}^2$ 以上	
25%以上	
25%以上	
80℃，4週間1kgのおもりで安定していなければならない．	6.3.5
ずれが生じてはならない．	6.3.6
9．（表示）に記載する時間	6.3.7
9．（表示）に記載する時間	6.3.8
9．（表示）に記載する密度	6.3.9

む．）の割合とする．

(1) 接着剤の種類

エポキシ樹脂の種類として2種類がある．

　・硬質形：引張破壊伸びが10%以下のもの
　・軟質形：引張破壊伸びが50%以上のもの

ほかに粘性による区分として，低粘度形，中粘度形，高粘度形があり，施工時期による区分として一般用，冬用がある．

(2) 品　　質

硬質形及び軟質形に規定があるが，ここでは硬質形を**表7.2.13**に示す．

(3) 留意点

　①主剤と硬化剤の混合比は，メーカの指定に従うこと．
　②混合量によってポットライフ（可使時間）が影響を受ける．多いほど短くなるから一定量を心がける．
　③気温5℃以上で作業する．
　④皮膚接触を避ける．
　⑤作業後は必ず手洗いを励行する．

7.2.8　そ の 他

JIS A 5549（造作用接着剤）は，造作材及び家具，建具などの取付け部材に使用する接着剤について規定している．

(1) 接着剤の種類

溶剤形，エマルション形，反応形，ホットメルト形など，ほとんどの接着剤

(2) 品　　質

不揮発分，密度のほか接着強さは，メーカの規定によるものとしている．

(3) 留意点

　①接着剤の選択肢は多いが，その種類によって取扱い方は大きく異なる．カタログや取扱説明書で使用方法を確認し，作業すること．
　②気温5℃以上で使用する．
　③換気を行い，作業者の衛生管理を心がける．

7.2 建築

表 7.2.13 硬質形エポキシ樹脂の品質[73]

試験項目	試験条件	低粘度形 一般用	低粘度形 冬用	中粘度形 一般用	中粘度形 冬用	高粘度形 一般用	高粘度形 冬用
粘性 粘度 mPa·s	23±0.5℃	100~1000	—	5000~20000	—	—	—
粘性 チキソトロピックインデックス	23±0.5℃	—	—	5±1	—	5以下	5以下
粘性 スランプ性 mm	15±2℃	—	—	—	—	—	—
粘性 スランプ性 mm	30±2℃	—	—	—	—	5以下	—
接着強さ MPa（標準条件）	標準条件	6.0以上	6.0以上	6.0以上	6.0以上	6.0以上	6.0以上
接着強さ MPa（特殊条件 低温時）	—	—	3.0以上	—	3.0以上	—	3.0以上
接着強さ MPa（特殊条件 湿潤時）	—	3.0以上	3.0以上	3.0以上	3.0以上	3.0以上	3.0以上
接着強さ MPa（特殊条件 乾燥繰返し時）	—	3.0以上	3.0以上	3.0以上	3.0以上	3.0以上	3.0以上
硬化収縮率 %	標準条件	3以下	3以下	3以下	3以下	3以下	3以下
加熱変化 質量変化率 %	110±3℃ 7日間	5以下	5以下	5以下	5以下	5以下	5以下
加熱変化 体積変化率 %	110±3℃ 7日間	5以下	5以下	5以下	5以下	5以下	5以下
引張強さ MPa	標準条件	15.0以上	15.0以上	15.0以上	15.0以上	15.0以上	15.0以上
引張破壊伸び %	標準条件	10以下	10以下	10以下	10以下	10以下	10以下
圧縮強さ MPa	標準条件	50.0以上	50.0以上	50.0以上	50.0以上	50.0以上	50.0以上

JIS A 6922（壁紙施工用及び建具用でん粉系接着剤）は，建物の内壁，天井などに仕上げとして壁紙を張り付ける場合に，現場で塗布使用するでん粉系接着剤及び建具に使用するでん粉系接着剤について規定している．品質については規格を参照されたい．

7.3 包　　装

包装の基本的な役割は，ものを貯蔵，分配，運搬することである．しかし，現在では，包装は，商品の販売促進，商品を説明するための表示の役割も担うようになった．また，ものの取扱いを便利にする機能も要求されるようになっている．このように，包装の機能として，ものの保護性に加え，商品性や便利性も重要なものとなっている．

1951 年に制定された JIS Z 0101（包装の定義）では，"包装とは，物品の輸送・保管などにあたって価値および状態を保護するために適切な材料・容器などを物品に施す技術および施した状態をいい，これを個装，内装および外装の3種に分ける．" となっていた．現在，この規格は廃止されている．

その後，1974 年に制定され，1990 年と 2005 年に改正されている JIS Z 0108（包装用語）では，包装の意味が少し広げられて販売と使用の場も含められるようになり，次のようになっている．

　　包装（packaging）：

　　　"物品の輸送，保管，取引，使用などに当たって，その価値及び状態を維持するために，適切な材料，容器などに物品を収納すること及びそれらを施す技術，又は施した状態．これを個装，内装及び外装の3種類に大別する．"

また，同規格では，個装（item package），内装（inner package），外装（outer package）についても規定されているが，その意味は旧 JIS Z 0101 と変わっていない．

包装材料としては，ガラス，金属，紙，プラスチックなど，種々の材料が適

用されている．現在，紙・板紙製品は，輸送包装にも多く使用されているため，需要が最も多い．また，プラスチックは，種々の形態に成形が可能であることや特性の異なる種々のものがあるため，種々の機能をもったプラスチック包装材料が使用されている．

現在，包装は多様化しており，種々の機能が要求されるようになっている．単一の材料では，そのような多くの要求特性に対応することは困難であるため，材料を複合化することが一般的に行われている．

複合化の手段には，種々の技法があるが，プラスチックフィルム，紙，金属箔などの複合化には，接着剤や接着樹脂を適用した接着技法が最も一般的である．

7.3.1 ラミネート包装材料

プラスチックフィルム包装としては，単体フィルムとして使用される量が多く，生鮮食品，加工食品，菓子類など広い分野で用いられている．単体フィルム包装材料としては，ポリエチレン（PE）とポリプロピレン（PP）のフィルムの使用量が特に多い．野菜，穀物，豆類の包装には，低密度ポリエチレン（LDPE）が一般に使用されている．麺類やパンの包装には，LDPEや無延伸ポリプロピレン（CPP）フィルムが多用される．しかし，種々の包装技法で適用されるフィルム包装では，種々の特性が要求されるため，多層化が行われている．

多層フィルム包装としては，袋（パウチ）の形態がとられるため，ヒートシール層（シーラント）が必須となる．パウチの基本構成としては，印刷基材／シーラント，印刷基材兼ガスバリア材／シーラント，印刷基材／ガスバリア材／シーラント，印刷基材／補強材／ガスバリア材／シーラントなどがある．

（1）フィルムの表面処理

多層フィルム包装材料を得るラミネーションの方法としては，後述するドライラミネーションなどの接着剤を用いる方法，アンカー剤を用いる押出ラミネーション，接着樹脂を用いた共押出ラミネーションなどが一般的に適用されて

いる．

　一般に，接着界面の強度は，接着面の表面自由エネルギーが高いほど良好となる．しかし，プラスチックの表面自由エネルギーは，金属やガラスに比べて低い．特に，シーラントとして多用されるPEやPPなどのポリオレフィンの表面自由エネルギーは低いので，表面自由エネルギーを高くし，接着性を改善するために，表面処理が行われる．

　表面処理の方法には，洗浄，研磨，化学的処理（薬品処理），物理的処理（コロナ処理，プラズマ処理，オゾン処理など），プライマ処理などがあるが，包装用フィルムのラミネーションでは，コロナ処理が多用される．また，押出ラミネーションでは，基材にプライマ処理されるのが一般的である．

　コロナ処理とは，プラスチックの誘電体でカバーされた接地ロールと固定電極間に高周波の高電圧を印加し，空気の絶縁破壊の結果発生するコロナ放電の中をプラスチックフィルムを通過させる方法である．通常，空気の雰囲気で行われる．コロナ処理により，フィルム表面が荒れるとともに，アルコール，エステル，ヒドロキシパーオキサイド，ケトン，カルボキシルなどの極性基が表面に導入される．コロナ処理には，処理後，導入された官能基が内部に潜り込んで処理効果が低減するという欠点がある．このため，製膜時にコロナ処理が行われるが，さらにラミネーションの直前にもラミネータに設置された処理装置で再処理されるのが一般的な方法である．プラスチックフィルム表面のぬれやすさの程度は，臨界表面張力 γ_c（mN/m）で表される．PEやPPの γ_c の値は小さく，ともに31 mN/m 程度である．コロナ処理は，この値を 40 mN/m 以上，最低でも 36 mN/m となる条件で実施される．

　プラスチックフィルムのぬれ張力の測定方法としては，JIS K 6768（プラスチック—フィルム及びシート—ぬれ張力試験方法）がある．

　押出コーティングの場合は，基材フィルムに接着剤の薄膜（プライマコート層）を形成させ，このプライマ層を介して基材フィルムとポリオレフィンメルトが接着される．この接着は，基材フィルム表面とポリオレフィンメルトの双方に極性基が存在する場合に強固となる．したがって，押出ラミネーションの

ところで後述するように，ポリオレフィンメルト表面にも酸化などにより，極性基が導入される．

(2) ラミネーション方法
(a) ウェットラミネーション

ウェットラミネーションは，水性接着剤を基材に塗工し，塗工面が湿潤状態のままで直ちに他の材料と貼り合わせ，その後，オーブンによって水分を乾燥させるラミネート法である．したがって，他方の貼合わせ材料は多孔質の材料に限られ，主に紙，セロファン，布，不織布，ガラスクロスの貼合わせに使用される．接着剤としては，酢酸ビニル樹脂エマルション，スチレン-アクリル系樹脂エマルション，アクリル酸エステルなどが使用される．

水性接着剤の基材への塗工は，**図 7.3.1** のロールコーティング方式，**図 7.3.2** のリバースロールコーティング方式，および後述するドライラミネーションで用いられているグラビアコーティング方式が適用されている．また最近では，エアーナイフ方式やメイヤーバー方式も採用されている．

ウェットラミネーションは，包装材料ではアルミ箔と紙の貼合わせに適用されており，タバコの包材やカップラーメンの蓋材などが製造されている．

(b) ドライラミネーション

ドライラミネーションとは，酢酸ビニル樹脂エマルションなどの水性接着剤を使用するウェットラミネーションに対するよび方で，有機溶剤を使用するラミネート方法である．ドライラミネーションは，**図 7.3.3** に示すようなラミネータによって行われる．この方法では，有機溶剤に溶解した接着剤を基材フィルム（I）に塗布し，乾燥オーブンに通して溶剤を蒸発させ，他の基材フィルム（II）と加熱圧着される．接着剤の塗布は，ロール表面に凹部（セル）があるコーティングロールを使用するグラビアコート方式によるのが一般的である（**図 7.3.4**）．接着剤としては，OH基をもった主剤とNCO基をもった硬化剤とを混合して用いる2液反応型のイソシアネート系（ポリウレタン系）接着剤が一般的に使用される．主剤としては，両末端にOH基をもつポリエステル，ポリエーテル，ウレタン変性ポリオールなどが

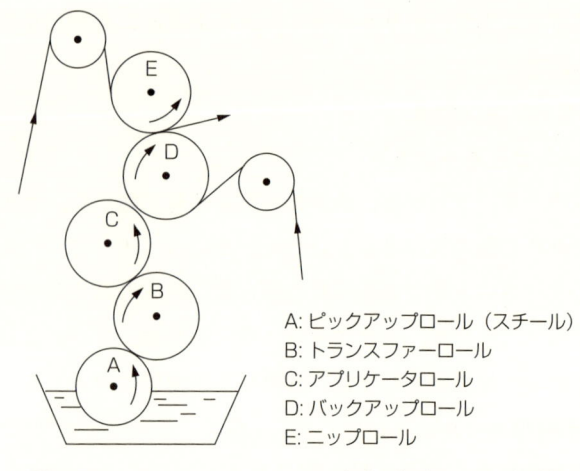

図 7.3.1 ロールコーティング方式（2段ロール方式）

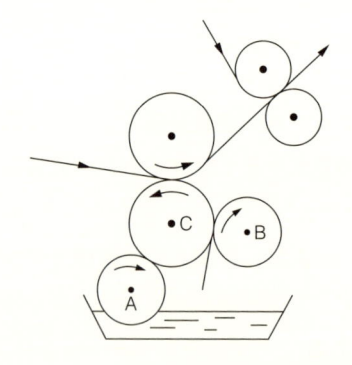

A: ピックアップロール（スチール）
B: トランスファーロール
C: アプリケータロール
D: バックアップロール
E: ニップロール

図 7.3.2 リバースロールコーティング方式（3本ロール・ボトムフィード）

あるが，レトルトパウチ用としては，ポリエステルやエポキシ変性ポリエステルが一般的である．硬化剤としては，トリレンジイソシアネート（TDI），ヘキサメチレンジイソシアネート（HDI），イソホロンジイソシアネート（IPDI），キシリレンジイソシアネート（XDI）などがある．これらのジイソシアネートは，トリメチロールプロパンとのアダクト体として使用される．芳香族系のTDIは，反応性が高いが，モノマーに毒性の懸念があるため，

7.3 包　装

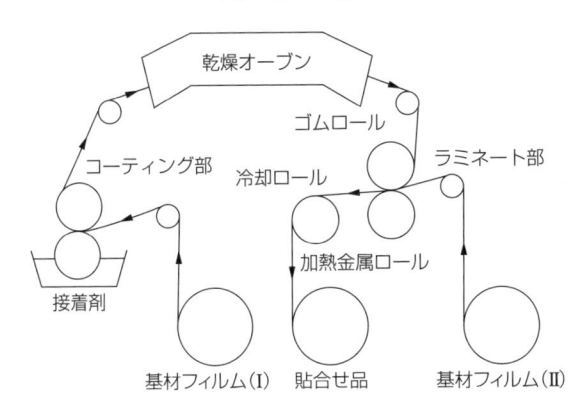

図 7.3.3 ドライラミネーション装置

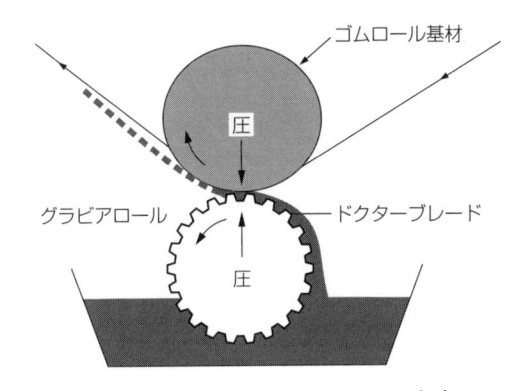

図 7.3.4 グラビアコーティング方式

現在，食品用としては使用されていない．

　イソシアネート系接着剤の硬化反応は，主剤の末端 OH 基と硬化剤の NCO 基とがウレタン結合を 3 次元的に形成することによって進行する．プラスチックフィルム，特に無極性の PE や PP などのポリオレフィンフィルムとの高い接着強度を得るためには，フィルムの表面の接着剤に対するぬれ性を良くし，活性化する必要がある．このため，通常，コロナ処理が行われる．コロナ処理を行うと，PE の場合，カルボニル基を形成することが，IR

スペクトル，ESCA などによる分析で証明されている．また，PP の場合には，カルボニル基やカルボン酸の形成が認められている．

ナイロンやポリエステルなどは，それ自体，極性基をもっているため，接着はしやすいが，接着強度の向上を計るためにコロナ処理を施した品が広く使用されている．

これらプラスチックフィルムは，表面に活性水素や極性基をもつため，活性水素および吸着水とイソシアネートとの反応が考えられ，さらに，接着剤の硬化により生じるウレタン結合とプラスチック表面の極性基との2次結合による接着も考えられる．

アルミ箔タイプのレトルトパウチ材料の多層化にもドライラミネーションが使用されている．アルミ箔などの金属表面には吸着水や金属酸化物が存在するために表面活性は高く，イソシアネート系接着剤との接着は良好である．

ドライラミネーションの長所としては，まず基材フィルムの種類が自由に選べることが挙げられる．また，接着層の耐熱性，耐水性，耐油性が優れており，内面印刷も可能である．

食品包装分野における用途としては，ドライラミネーションの耐熱水性を生かしたレトルトパウチやボイル用パウチが主要である．多層パウチのヒートシール強度は，層間のラミネート強度とも関係する．ドライラミネーションは高い接着強度が得られるため，高いヒートシール強度が要求される水物の用途にも適している．スナック食品用などの一般用には，後述する押出ラミネーションが広く用いられているが，PP は押出特性があまり良好でないため，ヒートシール層が PP の場合，ドライラミネーションが適用される．それ以外の用途としては，蓋材や深絞り包材などがある．

(c) 無溶剤ラミネーション

ドライラミネーションは，前述したように非常に優れたラミネート方式であるが，残留溶剤の問題，揮発溶剤処理の問題，溶剤乾燥に必要なエネルギーの問題などをもっている．これらの問題を解決するため，有機溶剤を含まない無溶剤型のイソシアネート系接着剤と専用のラミネータが開発されてい

る．現在，実用化されている接着剤は，1液硬化型のもので，両末端がOH基のポリエステルなどのポリオール成分とイソシアネートの反応により得られたイソシアネート基を末端にもつポリウレタンプレポリマーが単体で使用される．空気中の水分やフィルムに吸着されている水分との反応により，尿素結合を形成して硬化が進行する．

　接着剤の基材への塗布は，対向する金属ロールとゴムロールの間の接着剤を供給し，ゴムロールに付着した接着剤を金属のトランスファーロールに転写してから基材にトランスファーする方式である．

(d) 押出ラミネーション

　押出ラミネーションは，押出コーティングともよばれる．方式としては，PE, PP, エチレン酢酸ビニル共重合体（EVA），アイオノマーなどについて，Tダイからフィルム状に溶融押出しを行い，フィルムが溶融状態にあるうちに基材と圧着後冷却することによりラミネートする押出コーティングと，基材と第2のフィルムの間に溶融押出を行うサンドイッチラミネーションとがある．図**7.3.5**に，押出ラミネータの概要を示す．押出コーティング用の基材としては，PET，2軸延伸ポリプロピレン（OPP），2軸延伸ナイロン（ONY），アルミ箔，紙などがある．サンドイッチラミネーションでは，こ

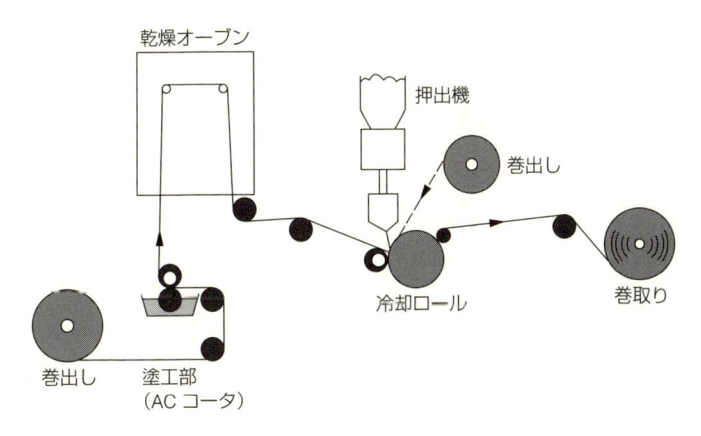

図 7.3.5 押出ラミネータ

れらの基材とPEやPPなどのシーラントフィルムの組合せが一般的である．

これら紙以外の基材フィルムと押出樹脂との接着を良好にするために，プライマ処理（アンカー処理）が行われるのが普通である．アンカー処理は，有機溶剤に溶解した有機チタネート系，ポリエチレンイミン，イソシアネート系（ポリウレタン系）のアンカー剤を基材表面に塗布して乾燥する方法がとられる．このようなアンカー処理によって基材表面の表面自由エネルギーが高められるが，良好な接着強度を得るためには，押出樹脂表面の表面自由エネルギーも高める必要がある．

押出樹脂として多用されているLDPEの場合，305～320℃の樹脂温度で押出しを行い，溶融PEを空気酸化させることによって極性基を導入する方法がとられる．

アンカー剤がポリエチレンイミンの場合，ポリオレフィン分子鎖のカルボニル基の負に荷電した部分とポリエチレンイミンの正に荷電したイミノ基の間で双極子間の強い引き合いにより良好な接着が得られ，また同時にポリエチレンイミンは，被接着基材フィルムの表面の極性基との間で水素結合を形成して良好な接着性が発現される．

ポリウレタン系のプライマとしては，各種グリコールと脂肪族または芳香族ジカルボン酸とからなるコポリエステルをポリイソシアネートと混合して使用する2液型が一般的で，ドライラミネーション用接着剤と同様のものをスムーズロールにより薄層の状態でコーティングすることが行われている．

押出ラミネーションで得られる多層フィルムは，耐熱水性が十分でないため，レトルト用途には適用できないが，スナック食品をはじめ，乾燥食品を中心として多用されている．また，牛乳容器として使用されている紙カートンは，板紙にLDPEを押出コーティングしたものが用いられている．

アルミ箔を基材とする押出コーティングでは，アンカー剤を使用しないで，接着性の高い溶融ポリマーを単層押出やPEなどと多層共押出コーティングする方法も一般化している．代表的な接着性ポリマーとしては，5～10％のアクリル酸またはメタアクリル酸をエチレンと共重合したEAAやEMAA,

EMAAの金属イオン化物（アイオノマー），あるいはマレイン酸を1％以下の量でグラフト重合したポリオレフィンなどが実用化されている．これらのポリマーのアクリル酸残基やマレイン酸残基は，アルミ箔表面の酸化被膜と水素結合を形成して，良好な接着力を発現する．

　アルミ箔を基材とする押出コーティングで無水マレイン酸変性PPを接着性ポリマーに用いた場合，積層後にPPの融点以上の温度で熱処理を行うと，非常に強固な接着強度が得られる．$12\,\mu m$ PET/$9\,\mu m$ アルミ箔のドライラミネート品の基材と$60\,\mu m$のCPPフィルムの間に$10\,\mu m$の無水マレイン酸変性PPを押出した積層体についてオーブンにより熱処理を行って接着強度を高くしたものが，現在，レトルトパウチ材料として使用されている．

(e)　共押出ラミネーション

　共押出ラミネーションとは，2台以上の押出機を用いて異種の樹脂を溶融状態でダイ内部あるいはダイの開口部において接合させ，多層フィルムやシートを1工程で製造する方法である．

　共押出ラミネーションには，大別して，フラットダイを用いるTダイ法と，サーキュラーダイを用いるインフレーション法とがある．

　共押出ラミネーションにおける層間の接着性は，樹脂の種類によって大きく異なる．**表7.3.1**に，共押出における樹脂素材間の接着性を示す．樹脂間の接着性は，それぞれの樹脂の凝集エネルギー密度の平方根である溶解度パラメータ（SP値）や，SP値と比例関係にある臨界界面張力（γ_c）が目安となる．すなわち，SP値やγ_c値が似ているものどうしは互いに溶け合いやすく，接着性は良好である．**表7.3.2**に，代表的な樹脂のSP値とγ_c値を示す．親油性であるPEはSP値の小さい樹脂である．また，同じポリオレフィンであるPPのSP値も，同表には示されていないが，PEと同程度である．一方，分子に極性基を含んでいるポリ塩化ビニリデン（PVDC）のSP値は高い．また，PVDCと同様にガスバリア材として使用されるナイロン（NY）やエチレンビニルアルコール共重合体（EVOH）は極性基を含んでおり，これらのSP値も，同表には示されていないが高い．このため，**表**

表 7.3.1 共押出しにおける樹脂素材間の接着性

素材の組合せ	接着性
LDPE／HDPE	◎
LDPE／LDPE	◎
EVA／HDPE	◎
EVA／LDPE	◎
アイオノマー／ナイロン	◎
アイオノマー／LDPE	◎
無水マレイン酸変LDPE／LDPE	◎
無水マレイン酸変HDPE／HDPE	◎
無水マレイン酸変PP／PP	◎
無水マレイン酸変LDPE／EVOH	◎
無水マレイン酸変HDPE／EVOH	◎
無水マレイン酸変PP／EVOH	◎
EVA／PVC	◎
アイオノマー／pp	○
EVA／PP	○
PE／PP	○
EVA／ナイロン	×
アイオノマー／ポリエステル	×
アイオノマー／PVDC	×
EVOH／PE	×
EVOH／PP	×
EVA／AN系ポリマー	×
PE／ナイロン	×
PP／PS	×

◎：非常に良好，○：良好，×：劣る

表 7.3.2 各種樹脂の溶解度パラメータ（SP値）と臨界界面張力（γ_c）[75]

樹　　脂	SP 値	γ_c (dyn/cm)*
テフロン（PTFE）	6.2	22
ポリエチレン（PE）	8.1	31
ポリスチレン（PS）	9.2	33
ポリビニルアルコール（PVA）	—	37
ポリ塩化ビニル（PVC）	9.6	39
ポリ塩化ビニリデン（PVDC）	9.3	40
ポリエチレンテレフタレート（PET）	10.6	43
ナイロン（NY）	—	46

*測定温度：20℃

7.3.1 に示されるように，ポリオレフィンとナイロン，PVDC，EVOH などのガスバリア性樹脂との接着性は劣っている．これらの SP 値の異なる樹脂を共押出によって接着するには，接着材層を介在させる必要がある．代表的な接着樹脂としては，ポリオレフィンに極性基を導入したアイオノマーや無水マレイン酸変性ポリオレフィンが使用される．PE や PP に無水マレイン酸がグラフトされた無水マレイン酸変性ポリオレフィンは，それぞれ PE，PP との相溶性は良好である．また，グラフトされている官能基は，ナイロンのアミノ基（—NH_2）や EVOH の水酸基（—OH）と化学結合，あるいは水素結合し，このため接着性が発現するものと考えられる．このような接着性の発現には，加熱溶融時の温度と時間が関係しており，共押出の場合，ダイ内での樹脂間の接合時間が長い方が接着性は良好となる．

(3) ラミネート用材料

包装用ラミネート材料としては，各種プラスチックフィルム，紙，金属箔（アルミ箔，スチール箔）などが適用されている．

食品包装用プラスチックフィルムの規格としては，JIS Z 1707（食品包装用プラスチックフィルム通則）がある．

(a) アルミ箔

包装材料としてのアルミ箔は，金属光沢に優れ光反射性がよい，保香性・ガスバリア性・防湿性に優れる，無毒であるなどの特長をもつ．その反面，不透明である，機械的強度が弱い，酸・アルカリに比較的弱い，箔自体はヒートシール性をもたないなどの欠点があり，プラスチック材料との複合化が一般に行われている．

JIS Z 1520（はり合せアルミニウムはく）では，"使用するアルミニウムはくとして JIS H 4160（アルミニウム及びアルミニウム合金はく）に規定する厚さ 0.007 mm 以上のもの" としている．

他の材料とのラミネーション加工には，ウェットラミネーション，ドライラミネーション，押出ラミネーション，ホットメルトラミネーションが適用されている．

ホットメルトラミネーションは，接着剤（主にワックス系）を加熱溶融した状態で基材に塗布，貼り合わせた後，冷却ロールによって接着剤を固化させる方式である．

(b) ポリエチレンテレフタレートフィルム

ポリエチレンテレフタレート（PET）フィルムは，2軸延伸フィルムで，寸法安定性，熱安定性に優れ，透明性に優れるため，ラミネートフィルムの印刷基材として多用されている．

包装用PETフィルムの規格としては，JIS Z 1715（包装用延伸ポリエチレンテレフタレート（PET）フィルム）とJIS Z 1716（包装用無延伸ポリエチレンテレフタレート（PET）シート及びフィルム）がある．

印刷基材用としては，JIS Z 1715［包装用延伸ポリエチレンテレフタレート（PET）フィルム］の延伸フィルムが適用される．この規格では，厚さが12, 16, 25 μm で，コロナ処理あり（ぬれ張力 40 mN/m 以上）となしのものが規定されおり，ラミネート用としてはコロナ処理ありのタイプが用いられる．

(c) ナイロンフィルム

2軸延伸ナイロン（ONY）フィルムは，引っ張り強度，衝撃強度，突き刺し強度が良好で，ガスバリア性もかなり良好であるため，レトルトパウチや冷凍食品用パウチの基材として用いられている．

包装用ナイロンフィルムの規格としては，JIS Z 1714（包装用延伸ナイロンフィルム）があり，厚さが 12, 15, 25 μm で，コロナ処理あり（ぬれ張力 40 mN/m 以上）となしのものが規定されている．また，酸素透過度は，100 μm 換算で，41 fmol/m^{2}sPa と規定されている．

(d) ポリエチレンフィルム

ポリエチレン（PE）は，一般に密度を基準にして分類されており，高密度ポリエチレン（HDPE, 0.941〜0.965），中密度ポリエチレン（MDPE, 0.926〜0.940），低密度ポリエチレン（LDPE, 0.910〜0.925）に分類される．また，エチレンとα-オレフィンとの共重合により作られた低密度ポリエチ

レンは，線状低密度ポリエチレン（LLDPE）とよばれる．

LDPE, LLDPE, HDPE は，いずれも単体フィルムで袋用材料として多用されている．また，PE はヒートシール性が非常に良好であるため，多層パウチのシーラントとしての用途も多い．シーラントとして使用される場合，フィルムにしたものを接着剤で基材にラミネートする場合と，基材に押出ラミネーションを行う場合がある．スナックなどの軽包装用パウチや紙カートンのシーラントには，後者の押出ラミネーションが適用されている．

包装用 PE フィルムの JIS としては，JIS Z 1702（包装用ポリエチレンフィルム）がある．

(e) ポリプロピレンフィルム

ポリプロピレン（PP）は，チーグラー・ナッタ触媒で 30 気圧程度以下の圧力で 100℃ 程度までの温度で重合される．PP の特性を改良するために，プロピレンに少量のエチレンをランダムあるいはブロック共重合する技術や，プロピレンに他の少量の α-オレフィンを共重合する技術が開発され，種々の共重合体（コポリマー）が生産されている．

PP の特性は，アイソタクチック構造の割合，分子量，分子量分布などによって定まるが，共重合体では共重合の様式，共重合単量体（コモノマー）の種類と量，および分布の仕方により定まる．ランダム共重合体では，一般に，耐寒性，耐衝撃性など，PP の強靱性が改良されるが，剛性が低下する．ブロック共重合体では，剛性を比較的高く維持しつつ，耐寒性，耐衝撃性が改良される．

PP の用途としては，PE と同様にフィルムが多い．単体フィルムのパウチの用途が量的に多いが，強度や耐熱性に優れるため，水物のパウチやレトルトパウチの内面シーラントとして使用されている．レトルトパウチ用としては，耐熱性と低温耐衝撃性が要求されるため，エチレン–プロピレンブロック共重合体のフィルムが適用されている．

PP は，2 軸延伸を行うと，強度特性が非常に良好となる．このため，2 軸延伸 PP（OPP）フィルムがパウチ用の外面基材フィルムとして使用されて

いる．また，PVDC をコーティングしたフィルム（KOP）もガスバリア包材として使用されている．

包装用 PP フィルムの JIS としては，JIS Z 1712（包装用延伸ポリプロピレンフィルム）と JIS Z 1713（包装用無延伸ポリプロピレンフィルム）とがある．JIS Z 1712 の延伸 PP フィルムとしては，厚さ 12，15，20，25，30，40，50，60 μm で，コロナ処理あり（ぬれ張力 36 mN/m 以上）となしのものが規定されている．一方，JIS Z 1713 の無延伸 PP フィルムとしては，厚さ 20，25，30，40，50，60 μm で，コロナ処理あり（ぬれ張力 36 mN/m 以上）となしのホモポリマーフィルムとコポリマーフィルムが各々規定されている．

(f) ガスバリアフィルム

ガスバリア性フィルム包材は，真空・ガス置換包装，脱酸素剤封入包装，無菌（アセプチック）包装，乾燥食品包装，レトルト食品包装などに不可欠なものである．

ガスバリア性フィルム包材として最も多く使用されてきたものは，PVDC 系フィルムである．PVDC は，コートフィルム，単体フィルム，共押出フィルム・シートとして，使用されるが，PVDC コートフィルム（K コートフィルム）の使用量が特に多い．フィルム基材としては，2 軸延伸 PP（OPP），2 軸延伸 NY（ONY），PET，ビニロン，無延伸 NY（CNY）などがある．コートフィルム使用量としては，OPP 基材のものが多い．最近の傾向として，環境問題から包材の脱塩素化が進んでおり，PVDC 系バリアフィルムの使用量が減少し，非 PVDC 系バリアフィルムがその分増加傾向にある．代替品としては，**表 7.3.3** に示すようなものがある．需要が伸びているものは，アルミナ系およびシリカ系の透明蒸着 PET フィルム（**表 7.3.4**）と PVA コート OPP フィルムである．

(4) 多層フィルム包装の構成と用途

包装されている内容品に及ぼす外的要因の主なものとしては，酸素，水分，光，温度，微生物などがあげられる．包装の機能としては，このような外的要

表 7.3.3 PVDC コートフィルムの代替素材および用途

項目	代替素材	代替済み，代替予定品目
KOP	透明蒸着 PET	スナック食品，その他菓子，畜肉加工食品，保香食品，カイロほか
	PVA コート OPP	豆菓子類，クッキー，スナック食品，米菓，珍味ほか
	アクリルコート OPP	オーバーラップ（スナック菓子，和菓子ほか）
	MXD 共押出	漬物，水産食品，ウインナー類（ピロー，巾着）ほか
KONY	MXD 共押出	水物食品，和洋菓子類，液体スープ，乾燥食品，味噌
	EVOH 共押出	蓋材，めん類（生めんほか），食品業務袋ほか
	透明蒸着 PET，NY	液体スープ類，チーズ類，畜肉加工食品，包装餅，水物食品ほか
	EVOH フィルム	液体スープ類ほか
KPET	透明蒸着 PET	スナック菓子，畜肉加工食品，保香食品ほか

注　KOP：PVDC コート 2 軸延伸 PP，KONY：PVDC コート 2 軸延伸ナイロン，KPET：PVDC コート PET

表 7.3.4 各種透明蒸着フィルム

コーティングの種類	コーティング方法	原料	基材
シリカコーティング	PCD 抵抗加熱法	SiO	PET, ONY, PVA
	PVD 電子線加熱法	SiO	PET, ONY
	CVD プラズマ蒸着法	シロキサン（HMDSO）	PET, ONY
アルミナコーティング	PCD 抵抗加熱法	Al_2O_3	PET, ONY, OPP
	PVD 電子線加熱法	Al_2O_3	PET, ONY, OPP
	CVD プラズマ蒸着法	Al	PET, ONY
シリカ-アルミナ2元コーティング	PVD 電子線加熱法	$SiO_2 + Al_2O_3$	PET, ONY

注　PVD：physical vapor diposition，物理蒸着　CVD：chemical vapor diposition，化学蒸着
　　HMDSO：ヘキサメチルジシロキサン
　　PET：ポリエチレンテレフタレート，ONY：2 軸延伸ナイロン，OPP：2 軸延伸ポリプロピレン
　　PVA：ポリビニルアルコール

因を抑えることが必要であり，これらの要因を制御する種々の技法が用いられている．

主に酸素などのガスの透過を防ぐための技法としては，真空包装技法，ガス置換包装技法，ガスバリア包装技法，脱酸素剤封入包装技法，酸素吸収性容器包装技法などが挙げられる．また，野菜や果物などの青果物の鮮度を保持するための包装では，酸素や炭酸ガスの透過を制御する技法が必要となる．

乾燥食品や医薬品の包装では，水分の侵入を防止することが重要であり，防湿包装が適用されている．水分は，物理的に内容品に影響を与えるだけでなく，水分の存在は微生物の繁殖する原因にもなる．

光は，その物理化学的作用により，食品や医薬品の変質・劣化の原因となる．特に，紫外線の作用は強力である．また，酸素の存在で酸化反応の速度が顕著となる．包装材料には透明性が要求されることがあり，このような包装材料では，紫外線を吸収するための設計が必要となる．

食品包装の場合，微生物を制御する技法が特に重要である．微生物を制御する方法としては，熱，殺菌剤，放射線などによる殺菌，温度，水分，雰囲気ガスの制御による殺菌，洗浄，ろ過などによる除菌など，種々の技法がある．無菌化包装技法は，微生物を遮断する技法であるが，内容品や包装材料は，熱や薬剤，あるいは放射線などにより殺菌される．

以上に述べた種々の包装技法で使用される包装材料には，包装技法の種類により多少異なるが，種々の特性が要求される．

表 7.3.5 に，各種の食品包装技法に要求される特性と使用される多層フィルムパウチの構成，および用途を示す．

アルミ箔を用いた多層フィルム包材は，**表 7.3.5** に示されるように，レトルトパウチなど，ガスバリア性が要求される用途に使用されている．しかし，アルミ箔ラミネート材は，板チョコレートの包材のように，かならずしも密封されていない包材としても使用されてきた．**表 7.3.6** に，製菓用と酪農用に使用されている主要なアルミ箔ラミネート包材の構成と用途を示す．アルミ箔と紙とのラミネーションには，ウェットラミネーションが一般に適用されてい

表 7.3.5 各種食品包装技法に用いられる多層パウチの構成,要求特性および用途

包装技法	要求特性	多層パウチ構成例	主な用途
真空包装	野菜類,魚肉類	KOP／LDPE,ONY／LDPE,KONY／LDPE,PET／LDPE	畜産加工食品(ハム,ソーセージ)
	防湿性	PET／EVOH／LDPE,ONY／EVOH／LDPE,NY／EVOH／LDPE	水産加工品(かまぼこ類,生麺
	突刺強度	OPP／EVOH／LDPE,PET／アルミ蒸着PET／LDPE	カット野菜,緑茶,コーヒー
ガス置換包装	ガスバリア性	KOP／LDPE,ONY／LDPE,KONY／LDPE,NY／MXD／NY／LDPE	削り節,スナック類,緑茶,コーヒー
	防湿性	PET／EVOH／LDPE,ONY／EVOH／LDPE,NY／EVOH／LDPE	チーズ,ハム,ソーセージ
	低温ヒートシール性	OPP／EVOH／LDPE,PVAコートOPP／LDPE,アルミ蒸着PET／LDPE	水産加工食品
		OPP又はPET／アルミ蒸着CPP,シリカ(アルミナ)蒸着PET／LDPE	和菓子,カステラ
脱酸素剤封入包装	ガスバリア性	KOP／LDPE,ONY／LDPE,KONY／LDPE,NY／MXD／NY／LDPE	餅,和菓子,洋菓子
	防湿性	PET／EVOH／LDPE,ONY／EVOH／LDPE,NY／EVOH／LDPE	米飯,水産加工食品
		OPP／EVOH／LDPE,シリカ(アルミナ)蒸着PET／LDPE	珍味
鮮度保持包装	ガス選択透過性 ガス吸着性 防湿性,防曇性	無機フィラー充填LDPE 微細孔LLDPE 表面活性剤添加OPP／PP	青果物
アセプティック(無菌)包装	ガスバリア性	ONY／EVOH／LDPE,PET／EVOH／LDPE	スライスハム,餅

表7.3.5 （続き）

包装技法	要求特性	多層パウチ構成例	主な用途
冷凍食品包装	低温耐衝撃性 低温耐ピンホール性 突刺強度	ONY／LDPE, PET／LDPE, OPP／LDPE	加工食品（シューマイ、ギョーザ、削り節、ピラフ）、野菜類、魚肉類
乾燥食品包装	防湿性	KOP／LDPE, ONY／LDPE, KONY／LDPE KPET／LDPE	海苔、削り節、米菓、スナック品
	ガスバリア性	OPP／EVOH／LDPE, PET／EVOH／LDPE, NY／MXD／NY／LDPE PVAコート OPP／LDPE, シリカ（アルミナ）蒸着 PET／LDPE	インスタントラーメン、粉末食品
レトルト食品包装	ガスバリア性	ONY／CPP, PET／アルミ箔／CPP	カレー、シチュー、ミートソース
	耐熱性	PET／アルミ箔／ONY／CPP, ONY／MXD／CPP	ハンバーグ、ミートボール、米飯
飲料・液体食品包装	ガスバリア性 自立性、非収着性	ONY／LDPE, KONY／LDPE PET／アルミ箔／LDPE, PET／1軸延伸 HDPE／アルミ箔／CPP	液体スープ、ジュース

注1　LDPE：低密度ポリエチレン，CPP：無延伸ポリプロピレン，OPP：2軸延伸ポリプロピレン，PVDC：ポリ塩化ビニリデン，KOP：PVDCコート OPP，NY：ナイロン，ONY：2軸延伸 NY，KONY：PVDCコート ONY，PET：ポリエチレンテレフタレート，EVOH：エチレンビニルアルコール共重合体，PVA：ポリビニルアルコール，MXD：MXD6ナイロン（メタキシリレンアジパミド）
注2　LDPEの代わりに LLDPE（線状低密度ポリエチレン）が多用されている．エチレン酢酸ビニル共重合体）が使用される場合がある．低温ヒートシール性が必要な場合，EVA（エチレン酢酸ビニル共重合体）が使用される場合がある．また，耐熱性が要求される場合，CPPが使用される．

る．また，PEとのラミネーションには，押出ラミネーションが適用されている．

表7.3.6 アルミ箔ラミネート包材の構成と用途

分類	材料構成	用途
製菓用	アルミ箔／ワックス接着剤／紙	チューインガム，アイススティック，チョコレート
	アルミ箔／酢ビ系接着剤／紙	ビスケット
	アルミ箔／酢ビ系接着剤／紙／ホットメルトコーティング	チョコレート
	アルミ箔／PE	板チョコレート
	紙／酢ビ系接着剤／アルミ箔／PE	ようかん
	OPP／ワックス接着剤／アルミ箔	キャンデー
	OPP／ウレタン系接着剤／アルミ箔／PE	チョコレート
酪農用	アルミ箔／酢ビ系接着剤／紙	バター，マーガリン
	アルミ箔／ワックス接着剤／パーチメント紙	バター，マーガリン

注 表の材料構成は主なもので，その他の材料構成のものも多く使用されている．

7.3.2 段ボール

段ボールは，商品の外装，輸送用として，食品，電気，機械，薬品，化粧品，陶磁器，ガラス，繊維，その他の多くの分野で使用されており，輸送包装材料として確固たる位置を占めるに至っている．

(1) 段ボールの構造と種類

段ボールは，波形に成形した中しん原紙の片面または両面にフラットなライナを貼った構造で，ライナと中しんはデンプン系の接着剤で接合されている．

段ボールには，構造上，図7.3.6に示すような種類がある．また，中しんの波形の段の種類には，表7.3.7のようなものがある．段の種類，記号，段の数は，JIS Z 1516（外装用段ボール）で規定されている．

使用用途から段ボールを分類すると，内装用と外装用に区別される．外装用

片面段ボール　　両面段ボール

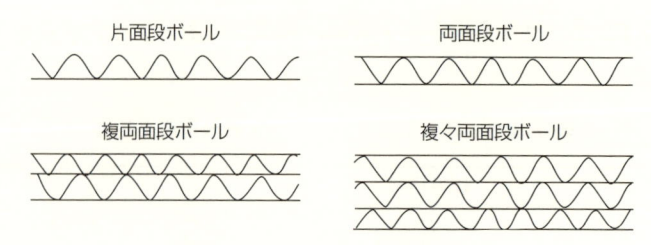

複両面段ボール　　複々両面段ボール

図 7.3.6　段ボールの種類 [76]

表 7.3.7　段ボールの段の種類 [77]

段の種類	段の高さ(m/m)	30 cm 当たりの標準山数
Aフルート	4.5〜4.8	34±2
Bフルート	2.5〜2.8	50±2
Cフルート	3.5〜3.8	40±2
Eフルート	約 1.1	93±5

注　EフルートについてはJISに規定されていない.

段ボールは，輸送，荷役，保管の対象となる段ボールで，JIS P 3902（段ボール用ライナ）に規定されたライナと JIS P 3904（段ボール用中しん）に規定された中しんを使用し，JIS Z 1516（外装用段ボール）に規定されている品質をもつものでなければならない．また，外装用段ボール箱は，JIS Z 1506（外装段ボール箱）に規定されている．一方，内装用段ボールは，軽量物の内装箱，個装箱，仕切り，緩衝材などとして使用されるものである．なお，JISには規定されていない．

(2)　段ボールの製造工程

段ボールの製造工程は，"段ボールシート"を作る貼合工程と"段ボール箱"を作る製函工程に大別される．貼合工程では，全長 70〜100 m あるコルゲータという機械で所定寸法に裁断された段ボールシートが生産される．コルゲータは，シングルフェーサ，グルーマシン，ダブルフェーサ，スリッタ，カッタ，スタッカなどで構成されている．製函工程では，段ボールシートに印刷，接合，打抜きなどを施し，用途に応じた段ボール箱が作られる．

(3) 段ボール用接着剤

　段ボールを貼合する接着剤は，特殊な場合を除き，ほとんどデンプン糊である．一般的には，デンプンを苛性ソーダとともに加熱水で膨潤させたキャリア部と，デンプンを水に分散させたメイン部を混合させた，比較的低粘度で高濃度のデンプン糊が使用される．この製糊方式はステインホール方式といわれ，生産性が良好で高品質の段ボールが得られる方式である（**図 7.3.7**）．最近では，プレミックス糊といわれる，あらかじめ配合された糊を温水に分散させるだけで使用できる糊も使われてきており，製糊工程の合理化が図られている．

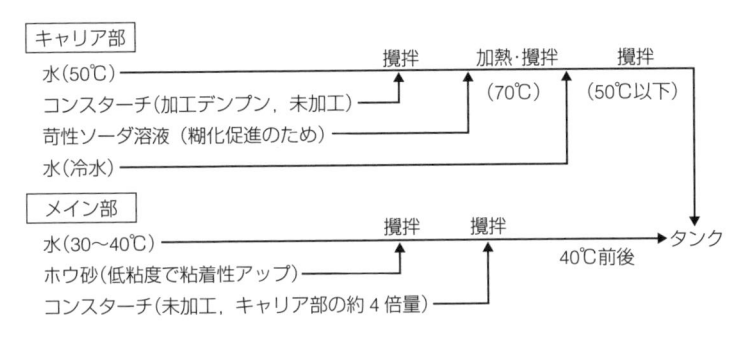

```
[キャリア部]
水(50℃) ─────────────┐
コンスターチ(加工デンプン，未加工)─┤ 攪拌 → 加熱・攪拌 → 攪拌
苛性ソーダ溶液(糊化促進のため)──┤     (70℃)    (50℃以下)
水(冷水) ────────────┘                          │
                                                 ↓
[メイン部]                                      タンク
水(30～40℃) ──────────┐ 攪拌  攪拌  40℃前後
ホウ砂(低粘度で粘着性アップ)───┤  →    →
コンスターチ(未加工，キャリア部の約4倍量)┘
```

図 7.3.7 段ボール接着剤の配合[78]

(4) グルア用接着剤

　段ボール箱の接合方式には，グルージョイント，ワイヤージョイント，テープジョイントの3方式がある．現在はグルージョイントが一般的で，ホチキス状のワイヤージョイントは，大形ケース，変形ケース，あるいは補強用に補助的に使用されている．

　グルア用接着剤には，高濃度低粘度で接着力に優れること，機械的安定性のよいこと，高サイズ・撥水加工のライナに塗布できること，初期接着に優れることなどが要求され，主に酢酸ビニルエマルジョン接着剤が用いられる．

7.3.3　紙　　器

　紙器は，従来，折りたたみ箱，組立て箱，貼り箱，および他の紙器に分類さ

れていたが，最近では，紙製カップや箱の中にフレキシブル容器を組み込んだバッグインカートン，ポリエチレンコート紙を使用したミルクカートン，コンポジット缶などの複合紙器も含むようになった．

（1） 一般紙器用接着剤

一般紙器の化粧箱に使用されているカートンは，通常，サイドが糊付けされている．接着剤としては，従来，デンプンやにかわなどの天然系接着剤が使用されてきたが，高速生産の必要性，樹脂加工紙の普及などにより酢酸ビニルエマルジョン，その他の合成樹脂エマルジョンが使用されるようになり，ホットメルト接着剤も使用されている．

（2） 複合紙器

複合紙器は，一般紙器の特長である軽量性，剛性，印刷適正，廃棄性，経済性などに加えて，紙器の弱点である耐水性，バリア性などの内容品保護機能や，便利性，包装ライン適正を付加することを目的とした，紙製の容器である．複合紙器は，材料技術，ラミネート技術，成形技術，シール技術の発展により，種々のタイプのものが開発されている．

複合紙器を分類すると，加工紙性容器，コンポジット缶，インサート成形容器，二重容器，バッグインボックス，バシッグインカートンに分けられる．

加工紙製容器やインサート成形容器を構成する主材料には，紙にプラスチック，金属箔などを積層した加工紙が用いられる．基本的な層構成は，表面側から，表面樹脂層／紙／バリア層／耐ピンホール層／内面樹脂層のようになっている．表面樹脂層は耐水性，バリア層と耐ピンホール層は内容品保護性，内面樹脂層は容器の密封性を確保する目的で設けられている．表面樹脂層，バリア層，耐ピンホール層は，用途や要求特性により必要としない場合もある．各材料の積層は，押出ラミネーション，ドライラミネーション，ウェットラミネーションなどの方法で行われ，最終容器形状や性能に応じて使い分けられている．表面樹脂層や内面樹脂層には，ポリエチレンが一般に使用されている．バリア層としては，アルミ箔が一般的であるが，シリカやアルミナをPETフィルムに蒸着したフィルムが適用される場合もある．耐ピンホール層としては，PET

7.3 包　　装

フィルムが一般的である．

　複合紙器としては，このようにあらかじめ複合化された材料を使用したものではなく，二重容器，バッグインボックス，バッグインカートンのように，外容器と内容器が別々に作られたものを，別工程で一体化する複合容器もある．また，プラスチックの成形時に紙を主体とする複合ブランク板と一体成形するインサート成形タイプの容器もある．

　複合紙器の形態としては，屋根（ゲーブルトップ）型，レンガ（ブリック）型，円筒型，カップ型，直方型など，種々のタイプがある．また，液体用の容器には，内容液の注ぎやすさ，開封，再封の役目をするプラスチック製の成形口栓が取り付けられたものもある．

7.3.4　紙　　袋

　セメント，肥料，穀物，工業製品などの包装用として，大型の重包装紙袋が使用されている．また，日用品などの買物を入れるための小型の軽包装紙袋もある．

　包装用紙としては，クラフト紙，ロール紙，模造紙などがある．クラフト紙はきわめて強く，工業用包材として重要である．ロール紙には，片面光沢で，さらしパルプを用いた純白ロールが多く，小袋などに用いられる．

　重包装紙袋は，"輸送又は貯蔵する目的をもって，粒状，粉状及び一定形状の内容物を重量単位に包装し，その重さと取扱いに耐える強じんな紙袋"とJIS Z 0102（クラフト紙袋—用語及び種類）に定義されており，一般に3枚以上のクラフト紙を重ねあわせた多層紙袋である．クラフト紙袋には，のり貼りクラフト紙袋とミシン縫いクラフト紙袋がある．また，クラフト紙に樹脂加工などの二次加工を施した加工紙を使用する場合もある．

　クラフト紙袋には，底と胴部との接着にはデンプン糊が使用されるが，耐水性や作業性が要求される場合には，酢酸ビニルエマルジョンが使用される．また，加工紙には，酢酸ビニルエマルジョンかアクリルとの共重合エマルジョン，エチレン-酢酸ビニル共重合エマルジョン，合成ゴムラテックスなどが使用さ

れる．軽包装紙袋には，変性酢酸ビニルエマルジョンが用いられることが多い．
　クラフト紙袋関係の規格としては，JIS Z 0102 以外に，JIS Z 1532（クラフト紙袋—底のりばり強さ試験方法）がある．

7.3.5 封緘材料

　封・封緘は，包装されたものが目的の人の手に渡るまでに勝手に開封されないようにするためのものである．一方，密封は，内容品の蒸発などによる容量の変化や，湿度や酸素などによる内容物の変質や微生物の侵入を防止するために行われている．

　密封に関しては，ガラス容器には栓，王冠，クロージャなどが用いられ，金属缶には二重巻き締め，プラスチックパウチ・容器には主にヒートシールによって密封が行われている．紙容器の場合，紙単体からなる容器は，糊づけ，テープシール，フィルムラッピング，収縮フィルムなどの簡単な封緘が応用されている．液体用の密封容器の場合は，紙とプラスチックの複合容器が使用されており，密封は内面プラスチックシーラントのヒートシールにより行われている．

　封緘材料としては，テープ類が多用されている．**表 7.3.8** に，テープ類の種類とそれらのテープの品質特性を規定した JIS を示す．粘着テープに関する用語については，JIS Z 0109（粘着テープ・粘着シート用語）に規定されている．また，ガムテープの粘着性能を評価する規定として，JIS Z 0218（ガムテープ接着力試験法）がある．

7.3.6 ラベル

　ラベルは，紙を基材とするものが一般的であるが，現在では，プラスチックを始めとして種々の基材が利用されるようになっている．
　ラベリングの定義については，JIS Z 0108（包装用語）に記されている．
　ラベルの種類としては，紙ラベル，ガムラベル，感熱ラベル，粘着ラベルなどがあるが，粘着ラベルの伸長が著しい．

表 7.3.8 包装用テープの種類と対応 JIS

種　　類		JIS
ガムテープ	紙ガムテープ	JIS Z 1511 ［紙ガムテープ（包装用）］
	布ガムテープ	JIS Z 1512 ［布ガムテープ（包装用）］
粘着テープ	紙粘着テープ	JIS Z 1523 （紙粘着テープ）
	布粘着テープ	JIS Z 1524 （包装用布粘着テープ）
	セロハン粘着テープ	JIS Z 1522 （セロハン粘着テープ）
	ビニル粘着テープ	JIS Z 1525 （包装用ポリ塩化ビニル粘着テープ）
	ポロプロピレン粘着テープ	JIS Z 1539 （包装用ポリプロピレン粘着テープ）
	両面粘着テープ	JIS Z 1528 （両面粘着テープ）

粘着ラベルに適用される粘着紙と粘着フィルムの品質特性に関しては，JIS Z 1538（印刷用粘着紙）および JIS Z 1529（印刷用粘着フィルム）で規定されている．

ラベルに使用される接着剤に関しては，ラベル貼着させる対象とラベル基材によって異なる．紙ラベルの場合，デンプン糊，酢酸ビニル系，ポリビニルアルコールなどが主な接着剤である．粘着ラベルの場合，合成ゴム系やビニルエーテル系の感圧接着剤が適用されている．

7.4　電気・電子

7.4.1　マグネット

JIS C 2502（永久磁石材料）は，硬質磁性合金，硬質磁性セラミック，硬質磁性ボンド材料の3種に分類している．通称プラマグといわれるプラスチック

ボンド磁石は，永久磁石粉末をプラスチック材料に埋め込んだ形で構成すると解説されており，バインダ（結合剤）は，ゴム，熱可塑性樹脂，熱硬化性樹脂，具体的にはポリアミド，ポリエチレン，エポキシ樹脂などである．

磁石材料には，AlNiCo，$SmCo_5$，Sm_2Co_{17}，NdFeB，ハードフェライト粉末がある．これら永久磁石材料の用途は，通信機器，回転機，各種計器，音響機器，医療機器など広範囲であり，接着対象になることが多い．磁石の性能は，残留磁束密度 B_r，保磁力 H_c，最大磁気エネルギー積 (BH) max がそれぞれ大きく，さらに磁気安定性が優れていることが望まれる．このため，高性能化を目指して，各種永久磁石が開発されてきた．

(1) 永久磁石の種類

(a) フェライト磁石

酸化第二鉄（Fe_2O_3）を主成分とする粉末冶金法によって作製される複合酸化物である．Ba フェライト系（$BaO·6Fe_2O_3$）と Sr フェライト系（$SrO·6Fe_2O_3$）がある．原料が酸化鉄と炭酸バリウム（または炭酸ストロンチウム）であることから，安価で資源的にも入手が容易である．原料は，混合－仮焼－粉砕－乾燥－造粒－成型－焼成－仕上加工－着磁－検査の工程を経て出荷される．希土類系磁石に比べ（BH）max 値は低いが，コストパフォーマンスに優れる．ボンド磁石として利用されることも多い．

(b) アルニコ磁石

FeNiAl 系に Co を添加することが磁石特性向上に有効であることから，Fe-Co-Ni-Al 四元系を基本として，Cu，Ti，Nb などを含有するものも含めて，アルニコ磁石という．文字どおり AlNiCo である．主に鋳造法で作られるが，粉末冶金法による焼結アルニコ磁石もある．温度による磁気特性の変化が非常に小さく，精密部品などに用いられる．

(c) 希土類磁石

希土類磁石には $SmCo_5$，Sm_2Co_{17}，$Sm_2Fe_{17}N_3$ 及び $Nd_2Fe_{14}B$ などがあり，ボンド磁石と焼結磁石の別がある．磁気特性がそれまでの磁石に比べ飛躍的に高い保磁力と最大エネルギー積を持った高性能磁石であるが，高

価な希土類金属を用いるため，高性能を要求される用途に向けられる．Sm（サマリウム）系希土類ボンド磁石は，磁石粉末を樹脂で結合させて成形するため，複雑形状に対応しやすい．Nd（ネオジウム）系希土類焼結磁石は，最大磁気エネルギー積が永久磁石材料の中で最大値を示す．

(2) 永久磁石の接着

(a) ボンド磁石の接着

結合材の種類に応じて接着剤を選択する．同時に，用途から要求される耐熱性，耐水性，耐油性などを考慮して適切な接着剤を選ぶ．熱硬化性樹脂を結合材とするボンド磁石の接着性は問題ないが（離型剤には注意），熱可塑性樹脂を結合剤とするボンド磁石の接着性は，その樹脂の種類によって大きく異なる（**3.1.3** 参照）．ゴムを結合剤とするボンド磁石（ゴムマグ）は，やはりゴムの接着性が関係するから，ゴムの種類を確認しなければならない（**3.1.4** 参照）．溶剤形ゴム系接着剤も選択肢の一つであるが，近接部位に接点がある（ブラシがある小型モータのような）場合，溶剤蒸気による接点障害を起こすことがあるので注意する．

(b) フェライト焼結磁石の接着

用途によって耐熱性が求められることが多い．例えば，スピーカの界磁部では高出力の要求から耐熱性が必要とされるし，車載モータでは使用環境から耐熱性が不可欠である．高い接着強さと耐熱性を兼備した接着剤として，2液主剤形アクリル系接着剤と1液加熱硬化形エポキシ系接着剤が使われる．耐熱要件が厳しくなければ，無溶剤反応形接着剤，2液常温硬化形エポキシ系，シアノアクリレート系，弾性接着剤が検討対象になる．この磁石はセラミックであるため，硬くて割れやすい性質がある．傷や亀裂があると，そこを起点として割れることがある．また，接着破壊の原因となることもあるから，表面を調べておくとよい．1液加熱硬化エポキシ系接着剤で接着不良を起こした原因が，加工によるヘアークラック（そこに吸蔵された空気，すなわち水分）にあった事例もある．接着前に105℃以上での乾燥が勧められる．

(c) Nd-Fe-B 希土類焼結磁石の接着

この磁石は，主成分が Fe のため錆びやすいことから，耐食性を付与するため表面をコーティングしている．アルミコーティングは耐食性と接着性を兼備，ニッケルメッキは耐食性と清浄性に優れている．絶縁性が要求される用途には，有機物塗装が施されている．接着耐久性が問題になる場合には，接着剤とコーティングの相性を確認しておくことが必要である．

(3) 永久磁石の用途例

(a) 電子部品

携帯電話のスピーカ，バイブレーションモータ，コンピュータのハードディスクのボイスコイルモータ，CD や DVD のピックアップシステムなどの用途には，使用環境が 100℃ 以下のため，嫌気性接着剤が使われている．

(b) 大形磁気回路

リニアモータ，エレベータは，環境温度が室温近傍のため，2液主剤形のアクリル系接着剤を使うのが一般的である．

(c) 自動車

各種モータ類，電動ステアリング，センサなどでは，環境温度が 120℃ 以上になることがあるため，耐熱性のある1液性加熱硬化形エポキシ系接着剤がよい．接着層の厚さが接着性能安定性に影響するから，実験で確認しておくことが望ましい．

7.4.2 スピーカ[79]

スピーカの種類は多いが，基本的なことは，電気信号になった音声や楽音を音響信号に変えて，広い空間に音を放射させる構造になっていることである．代表的なものは，コーン紙とよばれる振動板を使用したダイナミック形コーンスピーカで，**図 7.4.1**（スピーカの断面構造図）に示すように，内磁形磁気回路方式と外磁形磁気回路方式がある．

スピーカの接合部は，大きく3種に分けることができる．フェライト・マグネットの接着，3点接合部の接着，エッジ部の接着である．

7.4 電気・電子

マグネットの接着では，被着材は鋼材とセラミックスの場合が多く，接着強さに優れ，かつ耐衝撃性に富む，エポキシ樹脂系接着剤やSGA（第二世代アクリル系接着剤）が使用される．

3点接合部の接着とは，ダンパー，ボイスコイル，コーン紙の3点が集まった部分の接着のことである．ダンパーはフェノール含浸布，ボイスコイルはフェノール含浸紙，コーン紙は紙やポリプロピレンフィルムでできており，これら3種の材料を接着する．3点接合部の接着剤選定は難しく，通常出力が50W以下の汎用スピーカでは，クロロプレン合成ゴム系接着剤（ノントルエン，ノンキシレンのもの），速硬化エポキシ接着剤（エポキシ-メルカプタン系），SGAが使用されている．出力が50W以上のハイパワースピーカや車載用スピーカでは，速硬化エポキシ接着剤やSGAが使用されている．近年，コーン紙がポリプロピレンフィルムのものがあるが，これには，表面処理として，コロナ処理やプライマー処理が施されているため，接着剤は，クロロプレン合成ゴム系接着剤，速硬化エポキシ接着剤，SGAが使用されている．

エッジの接着とは，金属フレームとエッジ材料（圧縮ウレタンフォーム，紙，布など）の接着のことで，アクリルエマルジョン，ポリウレタンディスパージ

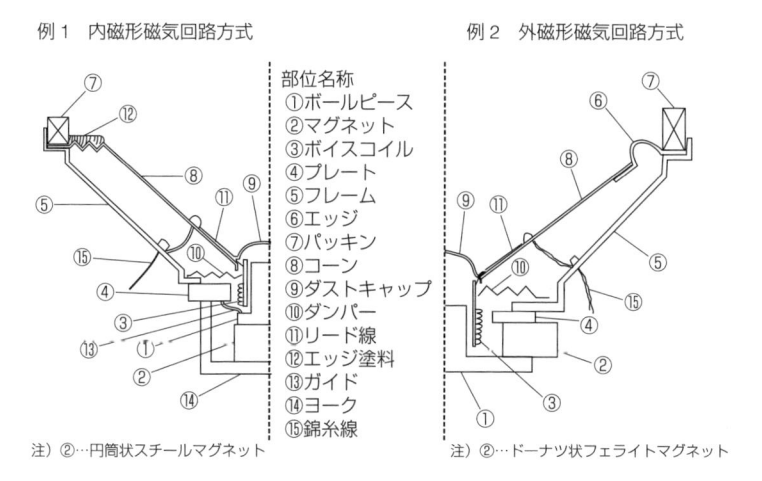

図 7.4.1　スピーカの断面[79]

ョン，変性 SBR エマルジョンなどの水系接着剤の使用が多い．

その他，ダストキャップの接着，リード線の固定ではセルロース系溶剤形や飽和ポリエステル系溶剤形などが使用されているが，環境問題への対応を考えて，反応性ホットメルト接着剤や変成シリコーン系接着剤の使用が始まっている．

7.4.3 液晶ディスプレイ[80]

携帯電話やパソコンに使用される液晶ディスプレイの断面は図 7.4.2 のようであるが，組立てにおいて接着剤が使用されるのは，2 枚のガラス基板の接着と液晶注入口の漏れ防止のための封止剤としてである．

接着剤に要求されることは，ガラスへの接着性に優れること，液晶成分と反応性がないこと，液晶に溶解する成分がないこと，不純物，特に金属イオンの溶出がないこと，シーリング効果があることの他に，低内部応力，透明性，遮光性，屈折率などの光学特性も要求される．

現在使用されている接着剤は，エポキシ系接着剤や UV 硬化接着剤である．液晶の注入口の封止剤としては UV 硬化接着剤が使用され，専用の UV スポットキュア装置なるものが開発されている．

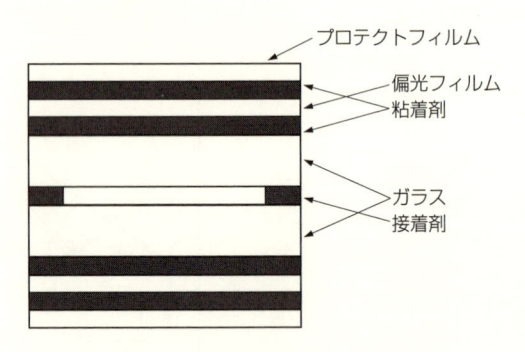

図 7.4.2　液晶ディスプレイの断面[81]

（プロテクトフィルム，偏光フィルム，粘着剤，ガラス，接着剤）

7.5 輸　　　送

自動車産業にて応用されている接着剤は，**2.3.1**で述べたように，ヘミング，ダイレクトグレージングなどのように自動車生産ラインにて使用されるものと，ヘッドライト，ブレーキライニングや内装部品など自動車部品工場にてアッセンブリーされるもの，さらに補修市場で使用されるものとがある．自動車製造ラインは，車体工程，塗装工程，艤装工程に大別され，それぞれの工程において種々な接着剤を使用している（**表7.5.1**）．通常，接着剤は主成分別に分類されるが，**表7.5.2**のように構造用・準構造用・非構造用接着剤と接着強さにより分類することもある．自動車生産ラインは，この3分類の接着剤を適材適所に上手に応用している代表的な産業である（**図7.5.1**）．

（1）車体工程

プレスラインで成形した板金を集成し，エンジンルーム，トランクルームなどを構成するホワイトボデーに組み立てる車体工程では，**表7.5.3**に示すように主に油面接着性，防錆性，一液加熱硬化性などが要求される．

（2）塗装工程

車体工程から出てきたホワイトボデーは，脱脂液，化成処理液，電着液を通り，電着焼付け炉にて，電着塗料と車体工程で塗布された接着剤が同時に硬化する．その後，中塗り・上塗り塗装がされるまでに，防錆，水密，防塵を目的としたボデーシーラなどが塗布される．

（3）艤装工程

この工程では，室温硬化し，短時間で接着作業が完了する材料特性が要求される．艤装工程で接着剤が関わる重要な工法が，ダイレクトグレージング工法である．ラインで使用される接着剤および接着の品質は，規定の試験方法にて試験される．代表的な試験規格であるJASO M323:1986（自動車規格　車体用シール剤）の概要を**表7.5.4**に示す．ここでは，自動車部品工場でアッセンブリーしているブレーキ及び，自動車生産ラインで適用されているダイレクトグレージングについて述べる．

表 7.5.1 硬化性樹脂を用いた接着関連材料[87]

工程		接着剤	樹脂系	使用例
車体関係	車体（メタル）	ヘミング用接着剤	変性エポキシ系（液状ゴム変性，ウレタン変性）アクリル粒子分散エポキシ系 PVC-エポキシ系	フード，ドア，トランクリッドのヘミング部の接着
		構造用接着剤	変性エポキシ系（液状ゴム変性，ウレタン変性）アクリル粒子分散エポキシ系	ピラー，ルーフレール，シルなどの接着
		マスチック接着剤	合成ゴム系（SBR系，NBR系など）	フード，ドア，トランクリッドなどのパネル接着
		外板補強剤（シート状）	エポキシ系	ドア，リヤフェンダーなどのパネルの補強
	塗装	シーリング材	PVCゾル＋熱硬化性樹脂	鋼板合せ目のシール
	組立（艤装）	ウインドウガラス用接着剤	湿気硬化ウレタン系	ガラスのボデーへの接着
		両面粘着テープ	アクリル系	樹脂モール類，インシュレータ類のボデーへの接着
エンジン，シャシー部品関係		構造用接着剤	2液ウレタン系 2液エポキシ系	スポイラー，樹脂外板などの接着
			ニトリルゴム-フェノール系 フェノール系	ブレーキ部品，クラッチフェーシングの接着
		FIPG* （液状ガスケット）	シリコーン系	オイルパン（エンジン，トランスミッション）のシール
		嫌気性接着剤	ジメタクリレート系など	エンジン，動力機構部品（ボルト，プラグなど）
その他		ガラス部品の接着	シリコーン系，ウレタン系エポキシ系テープなど	ガラスホルダー，ガラスヒンジ，インサイドミラー台座などのガラスへの接着
		内装材の接着	ホットメルト接着剤（湿気硬化ウレタン，ポリアミド系）2液溶剤系（ウレタン系）2液水性系（ウレタン系）	シード表皮，ドアトリム表皮，インストメンタルパネル表皮など
		ランプ類の接着	ホットメルト接着剤（ゴム系）ブチルゴム系粘着材	レンズとハウジングランプ取付け部のシール

*FIPG：Formed In Place Gaskets

表 7.5.2 接着強さによる分類[82]

概 要	接着剤の分類
構造用	構造部品の接着接合に適用される接着剤で長時間大きな荷重に耐える信頼できる接着剤	混合形 　ニトリル-フェノリック, 　ビニル-フェノリック 　ニトリル-エポキシ, 　エポキシ-フェノリック 熱硬化性樹脂形 　フェノール系, レゾルシノール系 　エポキシ系, ポリイミド系
準構造用	構造用と非構造用の中間的な特性を持ちある程度の荷重に耐える接着剤	熱硬化性樹脂形 　エポキシ系, フェノール系, 　ユリア系, レゾルシノール系 熱可塑性樹脂形 エラストマー形 　ポリアミド系 　ポリウレタン系 　ポリサルファイド系
非構造用	構造用のように高温時の高い接着性能や高度な耐水性, 耐薬品性などを要求しない接合部位に適用される接着剤	熱可塑性樹脂形 　ポリビニルアセタール系 　ポリビニルアルコール系 　塩化ビニル系, 酢酸ビニル系, 　アクリル系 エラストマー形 　クロロプレンゴム系 　ニトリルゴム系 　SBR系 　再生ゴム系 　SBS・SIS系

表 7.5.3 自動車ラインの工程[82]

	組立ライン	塗装ライン	艤装ライン
接着剤の塗布状況	油面鋼板へ接着剤塗布 ◆スポット溶接 ◆仮接着	表面処理された鋼板, ED面, 塗装面へ接着剤塗布 ◆シャワー, 水洗 ◆中塗, 上塗 ◆加熱硬化	塗装鋼板へ接着剤塗布 ◆室温硬化

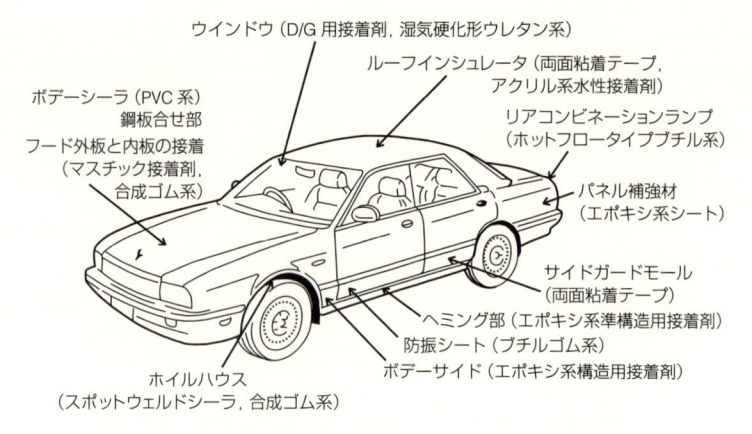

図7.5.1 自動車における粘着,接着材料の使用部位 [84)]

ウインドウ（D/G用接着剤,湿気硬化形ウレタン系）
ルーフインシュレータ（両面粘着テープ,アクリル系水性接着剤）
ボデーシーラ（PVC系）鋼板合せ部
フード外板と内板の接着（マスチック接着剤,合成ゴム系）
リアコンビネーションランプ（ホットフロータイプブチル系）
パネル補強材（エポキシ系シート）
サイドガードモール（両面粘着テープ）
ヘミング部（エポキシ系準構造用接着剤）
防振シート（ブチルゴム系）
ホイルハウス（スポットウェルドシーラ,合成ゴム系）
ボデーサイド（エポキシ系構造用接着剤）

7.5.1 ブレーキ

(1) ディスクブレーキ

　ディスクブレーキの製造は，表面処理したディスクブレーキパッドの裏金上に，接着性と防錆に富む変性フェノール樹脂系のプライマー兼接着剤を塗布する．その後，摩擦材の原料粉末を乗せ，加熱・加圧して一体成形して接着接合する．試験方法としては，JIS D 4422:2007（自動車部品—ブレーキシューアッセンブリ及びディスクブレーキパッド—せん断試験方法）に表示されているブレーキシュー試験ジグおよびディスクブレーキパッド試験ジグを図7.5.2～7.5.3に示す．なお，JISでは，この他，試験機およびシューアッセンブリのテストピース試料，試験手順などを規定している．

(2) ドラムブレーキ

　構造用接着剤が，わが国で工業用として本格的に応用されたのは，1960年頃より使用された自動車のブレーキライニングからであった．それ以前は，リベットにてブレーキシューとブレーキライニングを接合していた．今日，乗用車のブレーキ接合は，すべて接着剤にて接着接合している．わが国で使用されているブレーキシューアッセンブリ用接着剤の主流は，ディスクブレーキは変性フェノール樹脂系であり，ドラムブレーキはニトリル-フェノリック系であ

る．この他，ビニル-フェノリック，エポキシ-フェノリックも適用されている．ニトリル-フェノリックの構成成分を次に示す．

▶**ニトリル-フェノリックの構成成分**
- ニトリルゴム
- フェノール樹脂
- カーボン
- 硬化促進剤
- 老化防止剤
- 溶剤

なお，ビニル-フェノリックの構成成分は，ビニルアセタール樹脂（ホルマール樹脂，ブチラール樹脂），フェノール樹脂，添加剤，溶剤である．いずれも熱硬化性樹脂（フェノール樹脂）と熱可塑性樹脂・ゴム系（ニトリルゴム，ビニルアセタール樹脂）の複合形を主成分としている．

表 7.5.5 ニトリル-フェノリック系の性状

	高固形分タイプ	低固形分タイプ
不揮発分（％）	43～47	30～32
20℃での粘度(cps)	43 000～47 000	800～1 400
備考	ノズル用	スプレー用

図 **7.5.4** にニトリル-フェノリックの硬化曲線図，**表 7.5.6** にニトリル-フェノリックのせん断接着強さと温度との関係を，**図 7.5.5**～**図 7.5.7** にドラムブレーキライニングへの接着剤塗布状態，圧着ジグ，ブレーキライニングとブレーキシューの接着を示す．**図 7.5.8** にドラムブレーキの接着工程概略図を示す．前述以外のブレーキの接着に関する主な JIS を**表 7.5.7** に，JASO M 353:1998 の構造用接着剤試験方法の概要を**表 7.5.8** に示す．

298　第7章　製品（品質）規格にみる接着の実際

表7.5.4　試験項目一覧表（JASO M323:1986）[88]

試験項目番号	試験項目	記録	単位	数値の丸め方	試験片の数
9.1	外観試験	異常の有無	—	—	1
9.2	比重試験 A法	比重	—	小数点以下 1けた	3
9.3	比重試験 B法	比重	—	小数点以下 1けた	3
9.4	不揮発分試験	不揮発分	%	小数点以下 1けた	3
9.5	粘度試験 A法	粘度	Pa·s {P}	有効数字 2けた	1
9.6	粘度試験 B法	見掛け粘度	Pa·s {P}	有効数字 2けた	1
9.7	針入度（ちゅう度）試験	指示値	—	整数位	3
9.8	貯蔵安定性試験	ゲル化の有無，粘度，分離（ちゅう度）変化率	%	有効数字	3
9.9	引火点試験	引火点	℃	整数位	2
9.10	流動性試験	流れ長さ	mm	整数位	3
9.11	油面定着性試験 A法	定着時間	min	整数位	3
9.12	油面定着性試験 B法	定着時間	s	整数位	3
9.13	燃焼持続性試験	時間回数	s 回	整数位	1
9.14	フローバック性試験	戻りの有無	—	—	3
9.15	セルフレベリング性試験	色ぬけの有無	—	—	2
9.16	低温粘着性試験	せん断接着強さ	kPa {kgf/cm²}	小数点以下 1けた	2
9.17	引張試験 A法	引張強さ，伸び	kPa {kgf/cm²}%	小数点以下 1けた	3
9.18	引張試験 B法	引張強さ，伸び	kPa {kgf/cm²}%	小数点以下 1けた	3
9.19	引張接着強さ試験	引張接着強さ	N {kgf}	小数点以下 1けた	3
9.20	せん断接着強さ試験	せん断接着強さ	kPa {kgf/cm²}	小数点以下 1けた	3
9.21	180度はく離接着強さ試験	はく離接着強さ	N/25 mm {kgf/25 mm}	小数点以下 2けた	3
9.22	T形はく離接着強さ試験	はく離接着強さ	N/25 mm {kgf/25 mm}	小数点以下 1けた	3
9.23	硬さ試験	指示値	—	整数位	1

表 7.5.4 (続き)

9.24	耐 水 性 試 験	せん断接着強さ	kPa {kgf/cm²}	小数点以下 1けた	3
9.25	低温折曲げ試験	異状の有無	—	—	3
9.26	低温衝撃試験	異状の有無	—	—	3
9.27		せん断接着強さ	kPa {kgf/cm²}	小数点以下 1けた	3
9.28	定幅振動試験	異常の有無	—	—	3
9.29	定荷重振動試験	荷重グラフ	N {kgf/cm²}	小数点以下 1けた	10
9.30	促進耐候性試験	異状の有無	—	—	2
9.31	冷熱繰返し試験	せん断接着強さ	kPa {kgf/cm²}	小数点以下 1けた	3
9.32	水 密 性 試 験 A法	水漏れの有無	—	—	2
9.33	水 密 性 試 験 B法	水漏れの有無	—	—	2
9.34	体積変化率試験 A法	体積変化率	%	小数点以下 1けた	3
9.35	体積変化率試験 B法	体積変化率	%	小数点以下 1けた	3
9.36	吸 水 率 試 験	吸水率	%	小数点以下 1けた	3
9.37	膨 潤 率 試 験	膨潤膨潤率	%	小数点以下 1けた	3
9.38	腐 食 性 試 験	有害なさびの有無	—	—	3
9.39	油面接着性試験	せん断接着強さ	kPa {kgf/cm²}	小数点以下 1けた	3
9.40	溶接強度低下率試験	溶接強度低下率	%	小数点以下 1けた	5
9.41	圧縮回復率試験	圧縮率, 回復率	%	整数位	3
9.42	加熱垂下性試験	垂下温度	℃	整数位	3
9.43	塗膜汚染性試験 A法	汚染・浸食の有無	—	—	1
9.44	塗膜汚染性試験 B法	異状の有無	—	—	1
9.45	オーバーベーク試験 A法	異状の有無	—	—	3
9.46	オーバーベーク試験 B法	せん断接着強さ	kPa {kgf/cm²}	小数点以下 1けた	3
9.47	硬 化 試 験	硬化状態, 異状の有無	—	—	2

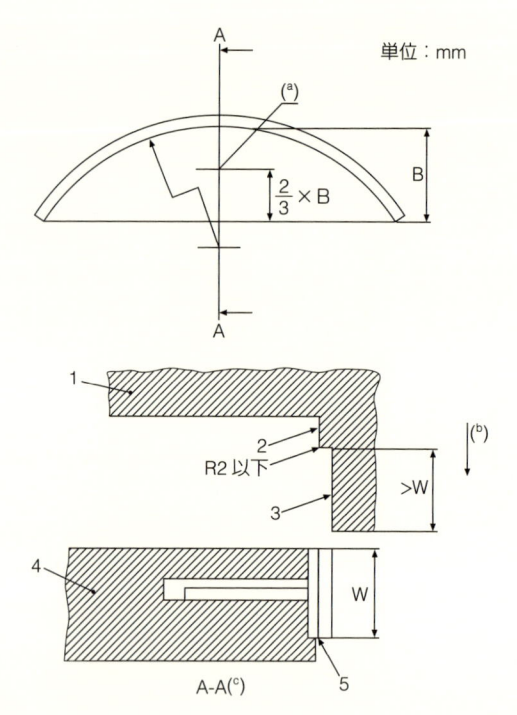

1：加圧ラム
2：加圧部形状，ブレーキシューのフランジ面とのすき間は(1±0.2)mm
3：摩擦材表面の保持部
4：固定受け部(下形)
5：固定受け部で保持されたブレーキシューのフランジ部
　　(保持部厚さ≦フランジ厚さ)

注　([a]) 上形ラムの加圧中心は，上記のように位置決めする．
　　　([b]) 荷重方向はブレーキシューのフランジ面に平行とする．
　　　([c]) 試験ジグの断面を示す．

図 7.5.2　ブレーキシュー試験ジグ[90]

7.5 輸　送

単位：mm

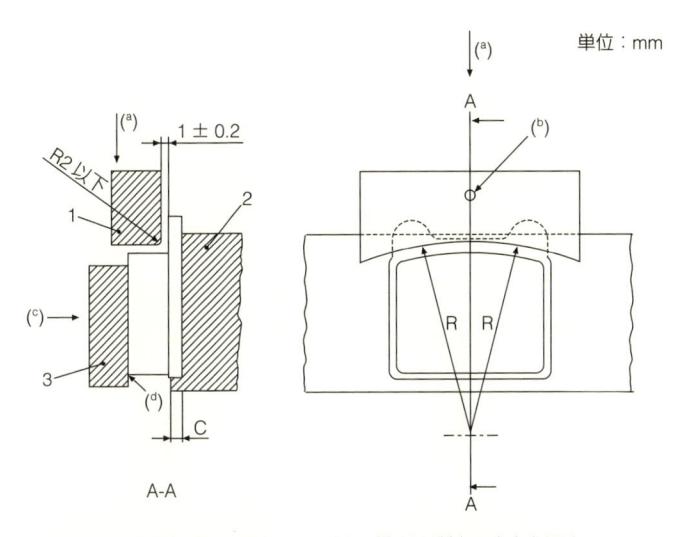

1：加圧ラム（裏板保持部に平行）
2：裏板保持部
3：側面荷重装置
C：裏板受け部厚さ（C≦裏板厚さ）

注　([a]) せん断力の方向を示す．
　　([b]) 軸中心を示す．
　　([c]) 側面荷重を示す．
　　([d]) この部分の接触面での摩擦を最小化する．

図 7.5.3　ディスクブレーキパッド試験ジグ[91]

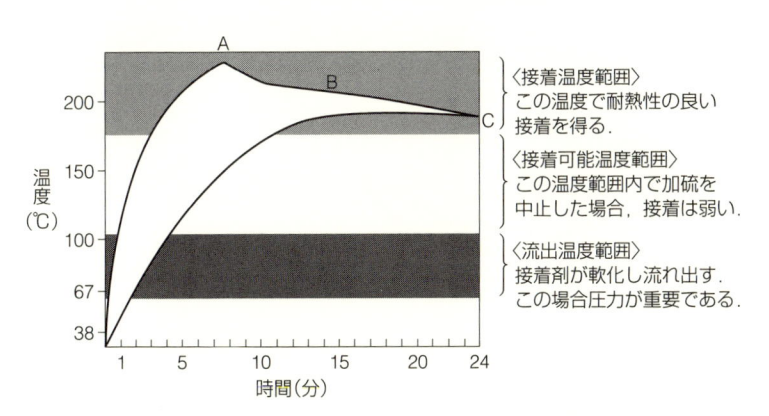

〈接着温度範囲〉
この温度で耐熱性の良い接着を得る．

〈接着可能温度範囲〉
この温度範囲内で加硫を中止した場合，接着は弱い．

〈流出温度範囲〉
接着剤が軟化し流れ出す．この場合圧力が重要である．

図 7.5.4　ニトリル-フェノリック硬化曲線[86]

表 7.5.6　ニトリル-フェノリックのせん断接着強さと温度との関係[85]

測定温度 (℃)	-30	-10	0	25	100	150	200
せん断接着強さ (MPa)	26.4	26.3	22.5	17.7	7.6	5.9	4.4

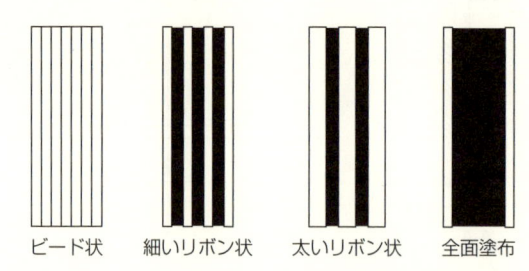

図 7.5.5　ブレーキライニングへの接着剤塗布状態[83]

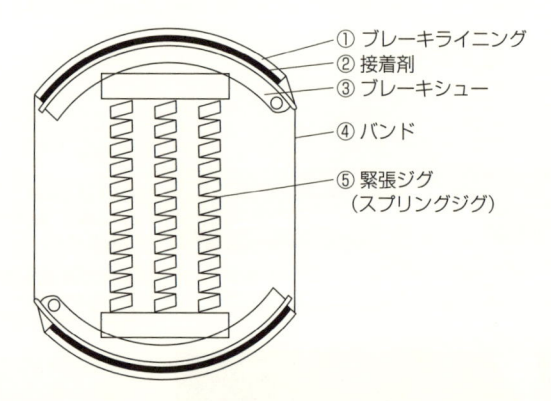

ビード状　細いリボン状　太いリボン状　全面塗布

図 7.5.6　ブレーキライニングとブレーキシューの圧着組付[83]

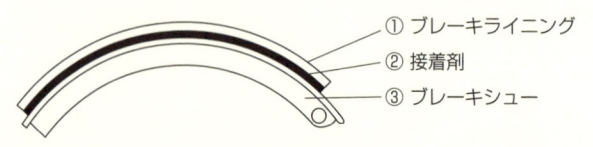

① ブレーキライニング
② 接着剤
③ ブレーキシュー
④ バンド
⑤ 緊張ジグ（スプリングジグ）

図 7.5.7　ブレーキライニングとブレーキシューの接着[83]

① ブレーキライニング
② 接着剤
③ ブレーキシュー

7.5 輸　送

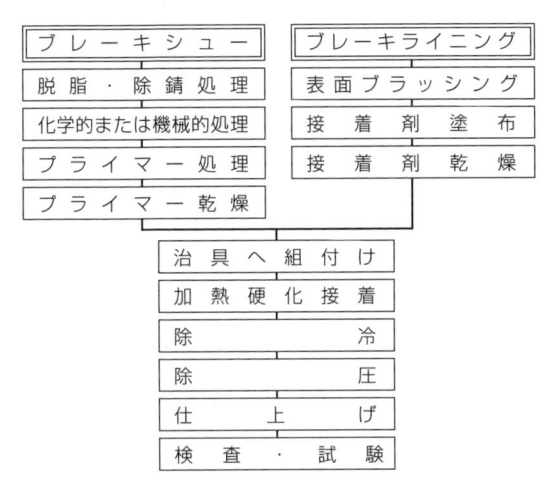

```
┌─────────────────┐      ┌─────────────────┐
│  ブ レ ー キ シ ュ ー  │      │  ブレーキライニング  │
├─────────────────┤      ├─────────────────┤
│  脱 脂・除 錆 処 理  │      │  表面ブラッシング   │
├─────────────────┤      ├─────────────────┤
│ 化学的または機械的処理 │      │  接 着 剤 塗 布   │
├─────────────────┤      ├─────────────────┤
│  プ ラ イ マ ー 処 理 │      │  接 着 剤 乾 燥   │
├─────────────────┤      └────────┬────────┘
│  プ ラ イ マ ー 乾 燥 │               │
└────────┬────────┘               │
         └───────────┬─────────────┘
                     ▼
            ┌─────────────────┐
            │  治 具 へ 組 付 け  │
            ├─────────────────┤
            │  加 熱 硬 化 接 着  │
            ├─────────────────┤
            │  除       冷      │
            ├─────────────────┤
            │  除       圧      │
            ├─────────────────┤
            │  仕       上   げ  │
            ├─────────────────┤
            │  検　査 ・ 試　験  │
            └─────────────────┘
```

図 7.5.8　ドラムブレーキの接着工程概略図[83]

表 7.5.7　ブレーキの接着に関する主な JIS 規格と対応 ISO 規格

JIS 名称	JIS 番号	ISO 番号
自動車部品－ブレーキライニング及びディスクブレーキパッド－圧縮ひずみ試験方法	D 4413 (2005)	6310:2001（MOD）
自動車部品－ブレーキライニング及びディスクブレーキパッド－第1部:さび固着試験方法（吸湿法）	D 4414-1 (1998)	6315:1980
自動車部品－ブレーキライニング及びディスクブレーキパッド－第2部:さび固着試験方法(浸せき法)	D 4414-2 (1998)	
自動車部品－ブレーキライニング及びディスクブレーキパッド－せん断強さ試験方法	D 4415 (1998)	6311:1980（MOD）
自動車部品－ディスクブレーキパッド－熱膨張試験方法	D 4416 (1988)	6313:1980（MOD）
自動車用ディスクブレーキパッドの接着面さび発生試験方法	D 4419 (1986)	
自動車用ブレーキライニング及びディスクブレーキパッドの水, 食塩水, 油及びブレーキ液に対する劣化試験方法	D 4420 (1986)	6314:1980（IDT）
自動車部品－ブレーキシューアッセンブリ及びディスクブレーキパッド－せん断試験方法	D 4422 (2007)	6312:2001

注　IDT：identical（一致）
　　MOD：modified（修正）

表 7.5.8　JASO M353:1998

試験項目	評価項目	試験条件及び試験方法
比重（密度）	比重（密度）	水中置換法
不揮発分	不揮発分	(170±2)℃，20分
粘度	粘度	単一円筒回転粘度計
体積変化率	体積変化率	A：アルミニウム板法 B：リング法
吸水率	吸水率	(23±2)℃，24時間浸せき
可使時間	粘度変化	単一円筒回転粘度計
	接着強さの変化	当事者間の協定
貯蔵安定性	外観，塗布性	——
	粘度変化率	単一円筒回転粘度計
	せん断強さ変化率	引張強さ 5 mm/分
流動性	流動性	(170±2)℃，10分，20分
油面定着性	定着性	接着剤滴下法
スポット溶接性	溶接強度低下率	せん断継手の破断強度
せん断強さ	せん断強さ	常態，高温（80±2)℃ 低温（-30±2)℃
はく離強さ	Tはく離強さ	常態，高温（80±2)℃ 低温（-30±2)℃
せん断衝撃強さ	せん断衝撃強さ	A：シャルピー衝撃強さ
		B：高速引張試験
せん断疲れ強さ	せん断疲れ強さ	周波数 30 Hz　応用比 0.1 繰返し数 10^7 回
熱老化試験	せん断強さ	(80±2)℃，30日
	はく離強さ	
耐湿試験	せん断強さ	(50±2)℃，95％ RH 以上，30日
	はく離強さ	
冷熱繰返し試験	せん断強さ	A：(-40±2)℃, 4 h→(80±2)℃, 4 h B：(-30±2)℃, 4 h→(80±2)℃, 20 h 　→(-30±2)℃, 4 h→(50±2)℃, 95% RH 以上, 2 h
	はく離強さ	
腐食環境試験	侵食深さ	塩水噴霧(35±2)℃, 2 h→乾燥(60±2)℃, 4 h→湿潤(50±2)℃, 95% RH 以上, 2 h
	せん断強さ	
	はく離強さ	
クリープ試験	破断荷重 破断時間	荷重範囲 0.5 kN～2.0 kN 温度範囲 50～80℃

7.5 輸 送

試験項目及び主な試験条件[89]

単位	測定回数	数値の丸め方	適用箇条
― (g/cm³)	3回	小数点以下2けた	6.
%	2回以上	小数点以下1けた	7.
mPa·s 又は Pa·s	2回以上	有効数字2けた	8.
%	2回	小数点以下1けた	9.
%	2回	小数点以下1けた	10.
時間,分	2回以上	整数位	11.
時間,分	5個以上	整数位	
―	―	―	12.
%	2回以上	有効数字2けた	
%	5個以上	有効数字2けた	
mm	3回	整数位	13.
時間,秒	3回	整数位	14.
%	5回以上	有効数字3けた	15.
MPa	5個以上	有効数字2けた	16.
N/25 mm	5個以上	有効数字3けた	17.
J,(kN)	5個以上	有効数字2けた	18.
kN			
MPa	3個以上	有効数字3けた	19.
MPa	各5個以上	有効数字2けた	20.
N/25 mm		有効数字3けた	
MPa	各5個以上	有効数字2けた	21.
N/25 mm		有効数字3けた	
MPa	各5個以上	有効数字2けた	22.
N/25 mm		有効数字3けた	
mm	各5個以上	有効数字2けた	23.
MPa		有効数字2けた	
N/25 mm		有効数字3けた	
kN 時間	1条件当たり3個以上	整数位	24.

7.5.2 ダイレクトグレージング

自動車のウインドガラスは，最後の工程である艤装工程にて，塗装された車体にウレタン系接着剤を用いて直接接着される（図 **7.5.9**）．ダイレクトグレージング工法が採用される前は，ガスケットを介して接合していたが，1961 年，GM 社はゴムガスケット法の代替としてポリサルファイド系接着剤を用いて直接ボディフランジに窓ガラスを接着接合する方法を開発した．この工法は米国自動車安全基準の 212 項の規定に合格するので，わが国においてもほとんどの車種に適用されている．この工法の利点は外観および車体剛性の向上，車体デザインの自由度化などがある．GM では 1970 年より湿気硬化性 1 液形ウレタン系が採用されており，わが国でも 1970 年にポリサルファイド系，1973 年に 2 液形ウレタン系が採用され，現在では湿気硬化性 1 液形ウレタン系が適用されている．この工法用接着剤の構成は接着剤，ガラス用プライマー，塗装面用プライマーより構成されている．近年は，プライマーレスタイプや，塗布後，粘着性物質に変化して仮固定が可能なホットアプライ形材料も，一部実用化されている．**表 7.5.9** にウレタン系接着剤構成成分とその原料，**図 7.5.10** にウレタン系接着剤の反応，**表 7.5.10** に JASO M 338:1989 のダイレクトグレージング用接着剤の試験条件等の概要を示す．

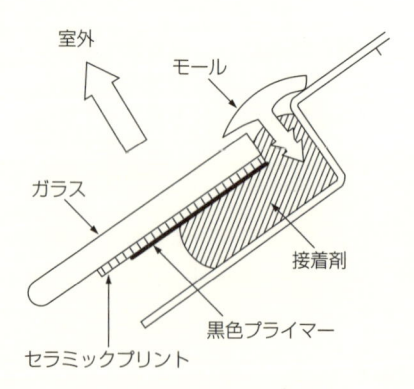

図 7.5.9 ダイレクトグレージング構造の断面図 [93]

表 7.5.9 ウレタン系接着剤構成成分とその原料 [92), 108]

構成成分		原料名
NCO成分	NCOモノマー	トリレンジイソシアネート(TDI)，ジフェニルメタンジイソシアネート(MDI, 液状MDI, クルードMDI)，ヘキサメチレンジイソシアネート(HDI)，キシリレンジイソシアネート(XDI)，イソホロンジイソシアネート(IPDI)，デスモジュールR $(OCN-\bigcirc-)_3CH$　トリス(イソシアネートフェニル)メタン デスモジュールRF $(OCN-\bigcirc-)_3P=S$　トリス(イソシアネートフェニル)チオホスフェート
	NCO変性体	ウレタンプレポリマー（代表例） $CH_3CH_2C-(-CH_2OCONH-R-NCO)_3$ (TMP/OCN-R-NCO=1/3付加体) R：TDI, MDI, HDI, XDI, IPDI HDIビューレット $OCN-(CH_2)_6-N-(-CO-NH-(CH_2)_6-NCO)_2$ HDI, IPDIトリマー （イソシアヌレート環構造）
活性水素酸化物 添加剤	低分子ポリオール	EG, DEG, DPG, 1,4-BD, 1,6-HD, NPG, TMP
	ポリエーテルポリオール	ポリエチレングリコール（PEG），ポリオキシプロピレングリコール（PPG），ポリテトラメチレンエーテルグリコール（PTG），EO/PO共重合体等
	ポリエステルポリオール	ポリβ-メチル-δ-バレロラクトン（PMVL），ポリカプロラクトン（PCL），ジオール／二塩基からのポリエステル ジオール：EG, DEG, DPG, 1,4-BD, 1,6-HD, NPG 等 二塩基酸：AA, AzA, SA, IPA, TPA
	その他	ひまし油，液状ポリブタジエン，ポリカーボネートジオール，エポキシ樹脂，アクリルポリオール，クロロプレン（CR）等
	カップリング剤	シランカップリング剤，チタンカップリング剤
	粘着付与剤	テルペン樹脂，フェノール樹脂，テルペン・フェノール樹脂，ロジン樹脂，キシレン樹脂

EG：エチレングリコール
DEG：ジエチレングリコール
DPG：ジプロピレングリコール
1,4-BD：1,4-ブタンジオール
1,6-HD：1,6-ヘキサンジオール
NPG：ネオペンチルグリコール
TMP：トリメチロールプロパン
EO/PO：エチレンオキシド／プロピレンオキシド
AA：アジピン酸
AzA：アゼライン酸
SA：セバチン酸
IPA：イソフタル酸
TPA：テレフタル酸

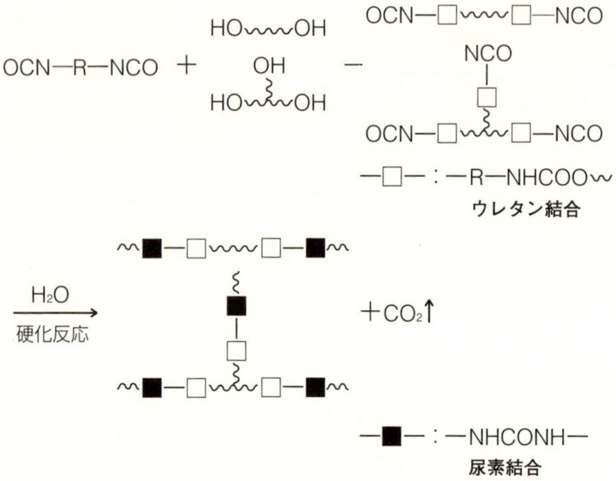

$$OCN-R-NCO + \begin{matrix} HO\sim\sim OH \\ OH \\ HO\sim\sim OH \end{matrix} \longrightarrow \begin{matrix} OCN-\square\sim\sim\square-NCO \\ NCO \\ \square \\ OCN-\square\sim\sim\square-NCO \end{matrix}$$

$-\square-: -R-NHCOO\sim$ ウレタン結合

$$\xrightarrow[\text{硬化反応}]{H_2O} \quad + CO_2\uparrow$$

$-\blacksquare-: -NHCONH-$ 尿素結合

図 7.5.10 ウレタン系接着剤の反応 [93]

表 7.5.10 ダイレクトグレージング用接着剤 (JASO M338:1989 より) [102]

試験条件	せん断接着強さ (MPa)	はく離接着性	
		ガラス面	塗装面
常態 20℃　65%RH，168 時間	1.5 CF-100 [注]	CF-100	CF-100
耐熱 90℃　336 時間	1.5 CF-100	CF-100	CF-100
耐水 40℃水，336 時間	1.5 CF-100	CF-100	CF-100
冷間 −40℃，1 時間	1.5 CF-100	—	—
熱間 80℃，1 時間	1.5 CF-100		
促進耐候 サンシャイン WOM，2 000 時間	1.5 CF-100	CF-100	—
屋外暴露 沖縄，2 年	1.5 CF-100	CF-100	
耐ウインドウォッシャー液 20℃液，168 時間	1.5 CF-100	CF-100	CF-100

注　接着剤の凝集破壊

7.5.3 接着絶縁レール

鉄道車両には，床，屋根，窓，内装などにニトリルゴム系，クロロプレンゴム系，ウレタン系，アクリル系，ポリサルファイド系，変性シリコーン系，エポキシ系など，種々の接着剤・シーリング材が幅広く使用されている（**表7.5.11**）．一方，骨組と外板などの接合部分は，通常，溶接して組み立てられ

表 7.5.11 接着剤・シーリング剤の使用リスト [103]

部位	箇所	接着	シーリング	種類
床	ビニル床材貼り	○		ニトリルゴム系，クロロプレンゴム系
	出入口マット貼り	○		ニトリルゴム系
	床材端末押え金		○	油性パテ，ブチルゴム系
	出入口金属くつズリ		○	油性パテ，ブチルゴム系，クロロプレンゴム系
屋根	ビニル屋根布貼り	○		ニトリルゴム系，クロロプレンゴム系
	〃 端末		○	ウレタン系，シリコーン系，クロロプレン系
	パンタグラフ取付台		○	シリコーン系
	取付機器ボルト孔		○	シリコーン系
	雨ドイ溝ゴム		○	クロロプレンゴム系
	〃 取付ネジ		○	クロロプレンゴム系，ウレタン系
	FRP雨ドイジョイント		○	エポキシ系，アクリル系
	通風器取付		○	ブチルゴム系，ウレタン系
窓	ユニット窓取付		○	ブチル系
	一般側窓		○	チオコール系
	側引戸Hゴム		○	クロロプレンゴム系
	運転室前面窓		○	チオコール系
	Hゴム継目	○		クロロプレンゴム系，シアノ系
内装	ハードボード・パッキン	○		クロロプレンゴム系
	風道継目		○	クロロプレンゴム系
	風道断熱材	○		クロロプレンゴム系
	プラスチック銘板	○		アクリル系粘着テープ
	ビニルフィルム包装ガラスウール	○		ニトリルゴム系
	内張板・パッキン	○		ニトリルゴム系，クロロプレンゴム系
	便所・手洗化粧板端部		○	ウレタン系，ブチルゴム系，クロロプレンゴム系
	風道パネル	○		ウレタン系，エポキシ系，クロロプレンゴム系
構体他	外板・構体ハリ		○	ウレタン系，クロロプレンゴム系
	キーストンプレート継目		○	ウレタン系発泡塗料
	引戸・戸袋部		○	シリコーン系，ウレタン系，クロロプレンゴム系
	スカート塩ビパッキン	○		アクリル系
	足掛類取付		○	油性パテ，ブチルゴム系，シリコーン系
	前灯・標識灯取付		○	チオコール系，シリコーン系
	金属補強剤	○		エポキシ系，アクリル系
	床下機器取付金		○	クロロプレンゴム系，ウレタン

ているので，構造接着の応用例は，わが国では少ないが，一例として，東北・上越新幹線車両の床に変性エポキシ樹脂系接着剤で接着したアルミ合金のサンドイッチ構造体が使用されている（図 7.5.11）．東北・上越新幹線には，降雪地域走行に対する保護，付帯設備の搭載が必要であり，これらは大幅な重量増を招くことになるので，軽量構造が求められる．そこで，車両の床に，変性エポキシ樹脂系接着剤にて接着接合されたアルミニウム合金材のハニカムサンドイッチ構造体が初めて応用された（図 7.5.12）．ハニカムサンドイッチ構造体は，重量のわりに非常に強い強度と剛性があり，さらに，熱交換作用，断熱作用，平滑度，衝撃吸収作用を持っているので，航空機，自動車，車両，建材などの軽量構造部材として応用されている．ここでは，鉄道のレールに用いられている接着絶縁レールについて述べる．

　接着絶縁レールとは，"突き合わせたレール間に絶縁材を挿入し，レールと接着継ぎ目板とを絶縁性がある接着剤で結合したレール" と JIS E 1125（接着絶縁レール）では定義している．同 JIS では，適用範囲を，鉄道線路において軌道回路に用いる 50 KgN 及び 60 Kg レール用接着絶縁レールと規定してい

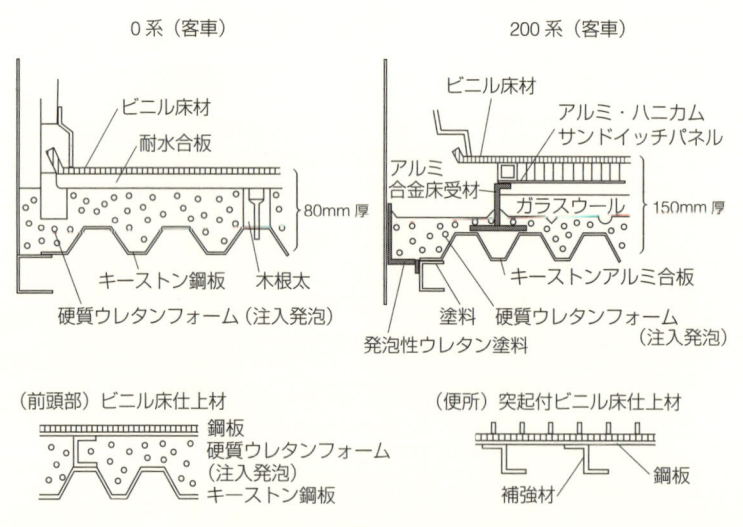

図 7.5.11　新幹線車両床構造 [103]

7.5 輸　送

る．日本の営業用鉄道では，長さ1mあたりの重量が60 Kg，50 Kg，40 Kg，37 Kg，30 Kgの規格が使われており，これらは普通レールとよばれている．レールの長さは，一般的にロングレール：200 m以上，長尺レール：25 m以上200 m未満，定尺レール：25 m，短尺レール：5 m以上25 m未満となっている．ロングレールでは，レール間に樹脂製の絶縁物を挟んで接着した接着絶縁レールを用いて，鉄道信号のための絶縁を確保している．ロングレールは，新幹線で本格的に採用され，その後，在来線や私鉄の幹線にも導入が進んでいる．接着工法としては，従来は2液形エポキシ樹脂系とガラスクロスとを組み合わせた湿式法がとられていたが，主剤のエポキシ樹脂と硬化剤のポリアミドとの混合やガラスクロスへの含浸などに熟練を要するなどの難点があるため，現在は乾式法が主流となっている．JIS E 1125 では，接着絶縁レールの品質を次のように規定している．

引張強さ又は圧縮強さ：

　　試験片の全数が2.25MN以上

絶縁抵抗値：

　　乾燥状態　5MΩ以上，浸せき状態　0.5MΩ以上

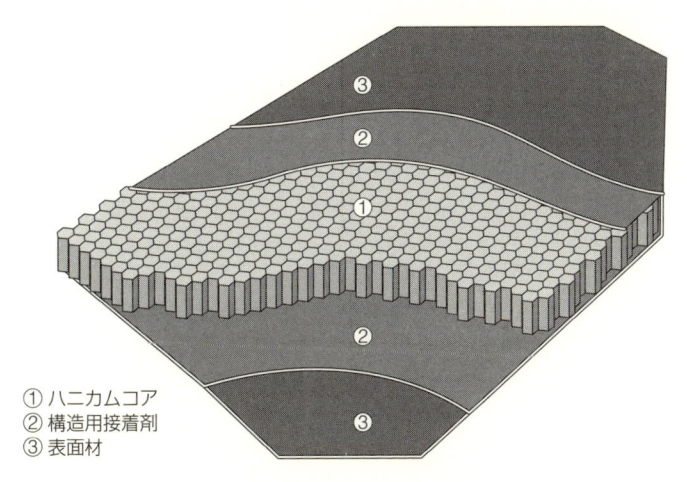

① ハニカムコア
② 構造用接着剤
③ 表面材

図 7.5.12　ハニカムサンドイッチパネル材[82]

その他，外観，形状，寸法，材料，接着継ぎ目板，絶縁材などを規定している．

また，使用される乾式接着材及びプライマーに関する規定は，次のようになっている．

乾式接着材：

ガラスペーパを基材として熱硬化性エポキシ樹脂接着剤を含浸し，乾燥状態にしたもの．

表 7.5.12　接着剤の引張りせん断接着強さ

単位：MPa

条件及び処理	平均値	最小値
常温	25	24
60℃以上に加熱後	20	19
−8℃以下に冷却後	25	24

注　常温，常湿は JIS Z 8703 による

プライマー：

エポキシ化フェノール樹脂系で一般特性は次に示す特性に適合するもの．

表 7.5.13　プライマーの一般特性

項目	単位	特性
不揮発分	％	50±2
粘度（25℃）	cm^3/s	0.50〜1.40
密度（20℃）	g/cm^2	0.94〜0.99
外観	—	黄色透明
溶剤	ブタノール，イソブタノール，キシロール	

引用・参考文献

1) 国連食糧農業機構 FAO（2001）
2) 宮俊輔，林知行（2007）：合板技術講習会「合板 100 年の変遷と未来」，p.2，日

本合板工業組合連合会
3) 森林総合研究所（2004）：木材工業ハンドブック，p.3-11，p.439-476，p.477-572，p.687-755 より，丸善
4) 今村祐嗣編（1997）：建築に役立つ木材・木質材料学，p.1-98 より，東洋書店
5) 梶田煕，川井秀一，今村祐嗣，則元京（2002）：図解 木材・木質材料用語集，p.116，東洋書店
6) 日経BPマーケティング（2006）：クォータリー日経商品情報 2006年第2四半期 第112号，p.60-70，日本経済新聞社
7) 堀岡邦典（1979）：日本接着協会誌，接着の耐久性の理論，Vol.15，No.10，p.38-42，日本接着協会
8) JIS K 6831:2003 接着剤—接着強さの温度依存性の求め方
9) ISO 19212:2006 Adhesives — Determination of temperature dependence of shear strength
10) ISO DIS 26842 Adhesives — Guidelines for the selection of adhesives for indoor wood products by durability testing, p.4
11) R. Iwata, N. Inagaki（2006）：Journal of Adhesion Science and Technology, Durable adhesives for large laminated timber, Vol.20, No.7, p.633-646 より
12) 梶谷辰哉（2004）：炭素吸収源対策から予測される国産材供給の変化，APASTシンポジウム，p.1-5 より，林野庁森林整備部
13) JAS 木—1:2006 合板，p.53
14) 平井信二，堀岡邦典（1960）：合板，日本合板工業組合
15) 日本接着学会編（2007）：接着ハンドブック第4版，p.1067-1085 より，日刊工業新聞社
16) 平成19年政令第375号 労働安全衛生法施行令の一部を改正する政令，平成19年12月14日公布
17) 平成19年厚生労働省令第155号 特定化学物質障害予防規則等の一部を改正する省令，平成19年12月28日公布
18) JAS 木—3:2007 集成材
19) 牧広，島村昭治（1976）：複合材料技術集成，産業技術センター
20) 青木，小島（1961）：接着剤による各種太柄接着後の引抜き強度試験（第2報），技術ノート，No.19
21) 宇川，青木（1964）：ニダボ接合における基本的な問題，木工業界研修会テキスト，日本木製品技術協会
22) 古沢（1970）：木製家具の接合法とその効率について，第5回木工技術研究会発表会要旨
23) 大野，宇川，高柳（1972）：家具構造部材の強度性能の適正化に関する研究（Ⅱ），収納家具の剛性試験，製品科学研究所報告，No.68

24) 谷口韀 (1993)：木材工業, WPC の研究・開発—現状と将来, Vol.48, No.7, p.304-309 より, 日本木材加工技術協会
25) 岡本忠 (2002)：木材とプラスチックとの複合体, APAST, No.42, p.11-15 より
26) 岡本忠 (2003)：木材学会誌, 木材とプラスチックとの複合体開発の現状, Vol.49, No.6, p.401-407 より, 日本木材学会
27) Plastics Additives & Compounding, North American market for WPC set to grow, 2005.2, p.11 より
28) M. TAKATANI (2005)：日本接着学会誌, The Properties of Wood Flour/Thermoplastic Polymer Composites of a High Wood Content, Vol.41, No.8, p.301-305 より, 日本接着学会
29) 鈴木滋彦 (2005)：木質廃材マテリアルリサイクルの現状と課題, 木材・プラスチック複合体研究会第 8 回公開講演会, 木材加工技術協会
30) JIS A 5741:2006 木材・プラスチック再生複合材, 表 4
31) JIS A 5741:2006 木材・プラスチック再生複合材, 表 5
32) 小野昌孝 編 (1986)：接着と接着材選択のポイント [改訂版], p.84-96, 日本規格協会
33) 小野昌孝 編 (1986)：接着と接着材選択のポイント [改訂版], p.61, 日本規格協会
34) 小野昌孝 編 (1986)：接着と接着材選択のポイント [改訂版], p.62, 日本規格協会
35) 小野昌孝 編 (1986)：接着と接着材選択のポイント [改訂版], p.63, 日本規格協会
36) 小野昌孝 編 (1986)：接着と接着材選択のポイント [改訂版], p.64, 日本規格協会
37) 小野昌孝 編 (1986)：接着と接着材選択のポイント [改訂版], p.70, 日本規格協会
38) 小野昌孝 編 (1986)：接着と接着材選択のポイント [改訂版], p.71, 日本規格協会
39) 小野昌孝 編 (1986)：接着と接着材選択のポイント [改訂版], p.73, 日本規格協会
40) 小野昌孝 編 (1986)：接着と接着材選択のポイント [改訂版], p.74, 日本規格協会
41) 小野昌孝 編 (1986)：接着と接着材選択のポイント [改訂版], p.75, 日本規格協会
42) 小野昌孝 編 (1986)：接着と接着材選択のポイント [改訂版], p.77, 日本規格協会
43) 小野昌孝 編 (1986)：接着と接着材選択のポイント [改訂版], p.84-85, 日本規格協会
44) 小野昌孝 編 (1986)：接着と接着材選択のポイント [改訂版], p.86, 日本規格協会
45) 小野昌孝 編 (1986)：接着と接着材選択のポイント [改訂版], p.87, 日本規格協会
46) 小野昌孝 編 (1986)：接着と接着材選択のポイント [改訂版], p.89, 日本規格協会
47) 小野昌孝 編 (1986)：接着と接着材選択のポイント [改訂版], p.90, 日本規格協会
48) 小野昌孝 編 (1986)：接着と接着材選択のポイント [改訂版], p.91, 日本規格協会
49) 小野昌孝 編 (1986)：接着と接着材選択のポイント [改訂版], p.92, 日本規格協会
50) 小野昌孝 編 (1986)：接着と接着材選択のポイント [改訂版], p.93, 日本規格協会
51) 小野昌孝 編 (1986)：接着と接着材選択のポイント [改訂版], p.94, 日本規格協会
52) 小野昌孝 編 (1986)：接着と接着材選択のポイント [改訂版], p.95, 日本規格協会

7.5 輸送

53) JIS K 6806:2003 水性高分子―イソシアネート系木材接着剤, 表4
54) 第54回 ISO/TC61 済州島年次会議報告書 (2005), リエゾン会議録
55) 接着剤・接着評価技術研究会, 2003.5.22 報告会, 報告会資料
56) 日本学術会議第6部報告 (2000)
57) 財団法人 化学物質評価研究機構 (2007): EU 新化学品規則 REACH がわかる本, 工業調査会
58) JAS 木―3:2007 集成材, p.14
59) 上山幸嗣 (2004): 日本接着学会構造接着委員会資料, 希土類磁石接着体の耐久性について, 2004-03-25
60) JIS A 5550:2003 床根太用接着剤, 表4
61) JIS A 5550:2003 床根太用接着剤, 表5
62) JIS A 5537:2003 木れんが用接着剤, 表4
63) JIS A 5536:2007 床仕上げ材用接着剤, 表4-1
64) JIS A 5536:2007 床仕上げ材用接着剤, 表4-2
65) JIS A 5536:2007 床仕上げ材用接着剤, 表4-3
66) JIS A 5536:2007 床仕上げ材用接着剤, 図2
67) JIS A 5538:2003 壁・天井ボード用接着剤, 表5.1
68) JIS A 5547:2003 発泡プラスチック保温板用接着剤, 表4
69) JIS A 5548:2003 陶磁器質タイル用接着剤, 表1
70) JIS A 5548:2003 陶磁器質タイル用接着剤, 表4
71) JIS A 5548:2003 陶磁器質タイル用接着剤, 表5
72) JIS A 5557:2006 外装タイル張り用有機系接着剤, 表2
73) JIS A 6024:2008 建築補修用注入エポキシ樹脂, 表4
74) セメダイン カタログ 建築内装用接着シリーズ
75) 日本接着協会編 (1989): 接着ハンドブック (第2版), p.18, p.21 より, 日刊工業新聞社
76) 日本包装学会 (2001): 包装の事典, p.30, 朝倉書店
77) 日本包装学会 (2001): 包装の事典, p.31, 朝倉書店
78) 日本包装学会 (2001): 包装の事典, p.36, 朝倉書店
79) 若林一民 (1990): 接着, Vol.34, No.5, p.14, 高分子刊行会
80) 日本接着剤工業会教育委員会編 (2006): 接着技術講座 金属・複合接着テキスト (第3巻), 日本接着剤工業会
81) 日本接着剤工業会教育委員会編 (2006): 接着技術講座 金属・複合接着テキスト (第3巻), p.53, 日本接着剤工業会
82) 柳澤誠一 (2005): 接着の技術, 金属, Vol.25, No.3, p.30, 日本接着学会
83) 柳澤誠一 (2005): 接着の技術, 金属, Vol.25, No.3, p.33, 日本接着学会
84) 宮入裕夫編 (1991): 接着応用技術, p.619, 日経技術図書

85) 柳澤誠一（1998）：接着剤への応用，カップリング剤の最適選定および使用技術，評価，p.166, 技術情報協会
86) 柳澤誠一（1998）：接着剤への応用，カップリング剤の最適選定および使用技術，評価，p.170, 技術情報協会
87) 芦田正（1999）：接着の技術，自動車，Vol.18, No.4, p.19
88) JASO M323:1986　車体用シール剤，p.8, 社団法人　自動車技術会
89) JASO M353:1998　自動車—構造用接着剤—試験方法，p.3, 社団法人　自動車技術会
90) JIS D 4422:2007　自動車部品—ブレーキシューアッセンブリ及びディスクブレーキパッド—せん断試験方法，p.5
91) JIS D 4422:2007　自動車部品—ブレーキシューアッセンブリ及びディスクブレーキパッド—せん断試験方法，p.6
92) 柳澤誠一（1989）：機能別接着剤，新版　接着と接着剤　小野昌孝編，p.98, 日本規格協会
93) 柳澤誠一（1989）：機能別接着剤，新版　接着と接着剤　小野昌孝編，p.99, 日本規格協会
94) 柳澤誠一（1984）：接着の技術，高強度接着，Vol.4, No.2, p.41 より，日本接着学会
95) JIS D 4413:2005　自動車部品—ブレーキライニング及びディスクブレーキパッド—圧縮ひずみ試験方法
96) JIS D 4414-1:1998　自動車部品—ブレーキライニング及びディスクブレーキパッド—第1部：さび固着試験方法（吸湿法）
97) JIS D 4414-2:1998　自動車部品—ブレーキライニング及びディスクブレーキパッド—第2部：さび固着試験方法（浸せき法）
98) JIS D 4415:1998　自動車部品—ブレーキライニング及びディスクブレーキパッド—せん断強さ試験方法
99) JIS D 4416:1998　自動車部品—ディスクブレーキパッド—熱膨張試験方法
100) JIS D 4419:1986　自動車用ディスクブレーキパッドの接着面さび発生試験方法
101) JIS D 4420:1986　自動車用ブレーキライニング及びディスクブレーキパッドの水，食塩水，油及びブレーキ液に対する劣化試験方法
102) 中田芳浩（1996）：接着の技術，自動車用，Vol.15, No.3, p.55 より，日本接着学会
103) 宮入裕夫編（2000）：先端接着接合技術，p.626, エヌジーティコーポレーション
104) JIS E 1125:1995　接着絶縁レール
105) 林安男（1982）：接着の技術，接着絶縁レールの開発，Vol.2, No.1, p.1 より，日本接着学会
106) 大石不二夫ほか（2000）：コンポジット材料の製造と応用，p.142 より，シーエ

ムシー
107）日本材料化学会編（1996）：接着と材料，p.99 より，裳華房
108）JASO M338:1989　自動車用窓ガラス用接着剤，社団法人　自動車技術会
109）平成 17 年度　森林・林業白書　本文（要旨）　図Ⅳ-1

第 8 章 環 境 側 面

8.1 環境対応のための基礎知識

8.1.1 世界の流れ

地球サミット"環境と開発に関する国連会議"が 1992 年リオデジャネイロで開催されその行動計画"アジェンダ 21"第 19 章が環境対応化学物質管理の基本となり，その後"持続可能な開発に関する世界首脳会議"が 10 年を経た 2002 年，南アフリカのヨハネスブルグで開催され，2020 年までに"化学物質が科学的根拠に基づく手順を用いて人の健康と環境にもたらす影響を最小化する方法で使用，生産される"ことを達成する計画を明確にした．

その後，ロッテルダム条約（有害化学物質の事前貿易手続き）：2003 年発効，ストックホルム条約（難分解性・高蓄積性 etc の物質の製造・使用などを原則禁止）：2004 年発効，のほか，GHS（化学品の分類及び表示に関する世界調和システム，Globally Harmonized System of Classification and Labelling of Chemicals）の 2008 年実行の目標策定が盛り込まれた．

また，リスク評価を基礎とする化学物質管理の考え方を具現化した RoHS（電気・電子機器に含まれる特定有害物質"鉛，水銀，カドミウム，六価クロム，ポリ臭化ビフェニル，ポリ臭化ジフェニルエーテル"の使用制限に関する欧州議会及び理事会指令，Restriction of the use of certain Hazardous Substances in Electrical and Electronic Equipment）2006 年 7 月施工，及び，REACH（化学物質の登録，評価，認可及び制限に関する規則，Registration, Evaluation, Authorisation and Restriction of Chemicals）2007 年 6 月発効がある．RoHS が，特定の化学物質の使用を禁止・制限する指令（いわゆるピンポイント規制）であるのに対し，REACH は，化学物質を使用する場合にそれにまつわるデータ

を提出することを定めた規則（包括的管理の規制）である．REACH は，規則として制定されており，法律的な位置付けも REACH の方が RoHS より上位である．化学物質管理の国際的な流れは，予防原則（precautional approach）と科学的根拠のリスク評価の二つを基本的考えの基礎としている．

現在，化学物質管理制度はほとんどの先進国で導入され，日本：化審法（化学物質の審査及び製造の規制に関する法律，1972 年制定），米国：TSCA（有害化学物質規制法；Toxic Substance Control Act, 1976 年制定），カナダ：環境保護法（1988 年制定），EU：現行法（危険な物質の分類，包装，表示に関する理事会指令 67/548/EEC, 1989 年制定），オーストラリア：工業化学品法（1990 年制定），韓国：有害物質管理法（1990 年制定），及び，中国：新化学物質環境管理弁法（2003 年制定）がある．EU の既存化学物質リスト "EINECS" には，約 10 万種が掲載されている（**表 8.1.1**）．

また，屋内空気質は，人の健康と環境に影響をもたらす最も重要な要因である．室内空気汚染の問題は，ホルムアルデヒドに代表される化学物質による影響の報告が多い．最近は，揮発性有機化合物による化学物質過敏症が注目されている．揮発性有機化合物は，室内において，建材・内装材，家庭用品，喫煙等，多くの発生源を有し，室外大気濃度に比べ室内大気濃度が高い傾向を示す（**図 8.1.1**）．揮発性有機化合物（volatile organic compounds；VOC）は，WHO によると，VOC を沸点 50-100〜240-250℃の有機化合物と定義されるが，VOC による室内空気汚染を問題にするときには，一般に，ホルムアルデヒド（沸点 −19.3℃）も含める（**表 8.1.2**）．世界の VOC 関連規格は，ISO 16000，ISO 12460，ENV 13999，ドイツ GEV，フィンランド MI Code などである[1〜8]．

8.1 環境対応のための基礎知識

表 8.1.1 世界の環境対応の化学物質管理規制の流れ [23]

年	国名	規制名称
1972	日本	化審法（化学物質の審査及び製造の規制に関する法律）
1976	米国	TSCA（有害化学物質規制法，Toxic Substance Control Act）
1988	カナダ	環境保護法
1989	EU	危険な物質の分類，包装，表示に関する理事会指令 67/548/EEC
1990	オーストラリア	工業化学品法
1990	韓国	有害物質管理法
2003	中国	新化学物質環境管理弁法
2006	EU	RoHS（電気・電子機器に含まれる特定有害物質の使用制限に関する欧州議会及び理事会指令，Restriction of the use of certain Hazardous Substances in Electrical and Electronic Equipment）
2007	EU	REACH（化学物質の登録，評価，認可及び制限に関する規則，Registration, Evaluation, Authorisation and Restriction of Chemicals）
2008 目標	国連	GHS（化学品の分類及び表示に関する世界調和システム，Globally Harmonized System of Classification and Labelling of Chemicals）

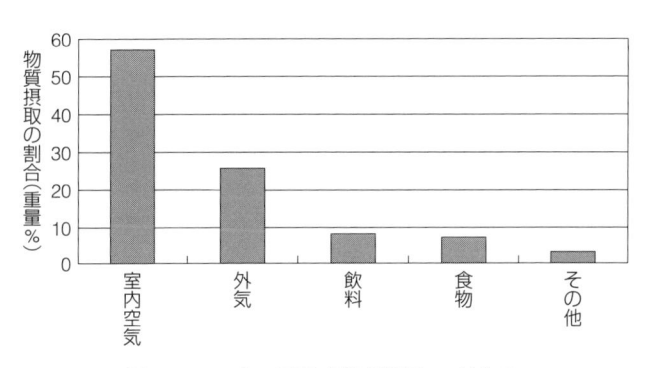

図 8.1.1 人の平均的物質摂取の割合 [20]

表 8.1.2　WHOによる揮発性有機化合物の分類[22]

揮発性有機化合物	沸点（℃）
高揮発性有機化合物 VVOC（有機溶剤，燃焼生成ガスなど）	0～100
揮発性有機化合物 VOC（有機溶剤など）	50（100）～260
半揮発性有機化合物 SVOC（殺虫剤，可塑剤，難燃化剤など）	260～280
粒子状有機物 POM（殺虫剤，可塑剤，不完全燃焼生成物など）	380～

8.1.2　日本の流れ

1979年，人の健康と環境にもたらす影響を最小化する方法として化審法が制定され，2005年5月までに環境基本法，循環型社会形成基本法が成立し，環境分野の施策の基本的方向及び循環型社会形成の基本的枠組みが示された．

JISに関しては，2000年にJIS Z 7001（プラスチック―環境側面―規格への一般導入指針）が制定（2007年改正）され，同規格を基にして，一連のプラスチック関連規格が制定・改正された．また，ISOでは，同JISを骨格として，ISO 17422:2002 Plastics ― Environmental aspects ― General guidelines for their inclusion in standards，ISO 15270:2006 Plastics ― Guidelines for the recovery and recycling of plastics waste）が制定された．

表 8.1.3 に，国内の機関・官庁によるシックハウス症候群規制状況を示した．

地球環境対応の動きは，年ごとに益々高まるばかりである．それにつれて，接着剤は"ユリア樹脂接着剤・メラミン樹脂接着剤・フェノール樹脂接着剤のホルムアルデヒド低減，酢酸ビニル樹脂系エマルジョン接着剤の未反応モノマー低減など"の方向に改善されており，また環境対応型接着剤として"無可塑剤・無溶剤の酢酸ビニル樹脂系エマルジョン接着剤など"が既に開発されて販売されている．接着剤ユーザにおいては，ホルムアルデヒド，有機溶剤などのVOC，環境ホルモン，塩素，可塑剤などの対策が，また接着剤メーカにおいては接着剤製品の環境対応策が検討され，既に多くが実施されている．

1997年，日本接着剤工業会では，環境委員会が"製品安全，環境／衛生，

表 8.1.3 官庁・機関等によるシックハウス症候群／関連規制，試験法の動向 [9), 10)]

年月日	官庁・機関	規制	細目
1996	健康住宅研究会		
2001	屋内空気対策研究会		
2001.8.1	国土交通省	住宅性能表示制度	ホルムアルデヒド測定等
2002.1.22	厚生労働省 SHS 会	屋内濃度指針値提示	13 物質
2002.2.5	文部科学省	学校環境衛生基準の改正	ホルムアルデヒド，トルエン，キシレン，p-ジクロロベンゼン測定
2002.7.5	国土交通省	建築基準法改正国会成立	ホルムアルデヒド（面積制限），クロロピリホス（使用禁止）
2003.1.20	経済産業省	VOC 測定法 JIS 公示	ホルムアルデヒド，その他
2003.3.20	経済産業省	ホルムアルデヒド放散測定法 JIS 公示	2003年7月より施行
2003.3	農林水産省	合板ホルムアルデヒド JAS 新基準	F0.3
2003.3	経済産業省	JIS A 1901, JIS A 1460	小形チャンバー法，デシケーター法
2003.7.1	国土交通省	建築基準法改正	ホルムアルデヒド，クロロピリホス
2008.4.1	財団法人建材試験センター	建材からの VOC 放散速度基準	トルエン，キシレン，エチルベンゼン，スチレン

廃棄物・リサイクル，その他環境安全に係る全般"を課題として組織され，2002 年〜2006 年に，室内空気 VOC 委員会・ノンホルムアルデヒド製品登録審査委員会（JAIA）・大気汚染 VOC 排出抑制委員会が組織され，環境対応の施策を実施してきた[11)]．

8.2 環境性能基準

接着剤や接着性能の評価に必要な国内あるいは世界共通の試験方法を開発し、それを社会へ普及させることを目的として設立した NPO 法人"接着剤・接着評価技術研究会（Evaluation Committee for Adhesion and Adhesives；ECAA)"は、"接着剤・接着製品について、Inventory 分析によるリサイクル指針作成、基準化（住宅性能表示に類似した接着剤性能表示など)"、"団体規格化－JIS 規格化－ISO 規格化"の目標を早期に達成すべく、環境側面に関する調査研究を 1999 年より進め、活動してきた（**表 8.2.1**）。

以降約 10 年の経過の中で、前述の JIS Z 7001、ISO 17422 などの制定にみられるように、環境側面への対応の方向性は明確に示されてきたが、具体的な実業務は、接着剤・接着評価技術研究会の活動に委ねられている[12]～[14]。

同研究会の活動による、接着剤製造に際しての投入、排出及び設備における環境側面の調査の結果、投入時の直接的環境側面（アメニティ悪化の環境影響の負荷）がトップであることがわかった（**表 8.2.2**、**図 8.2.1**）。今後の課題

表 8.2.1 接着剤、接着製品のインベントリ分析によるリサイクル指針／規格化概要[11]

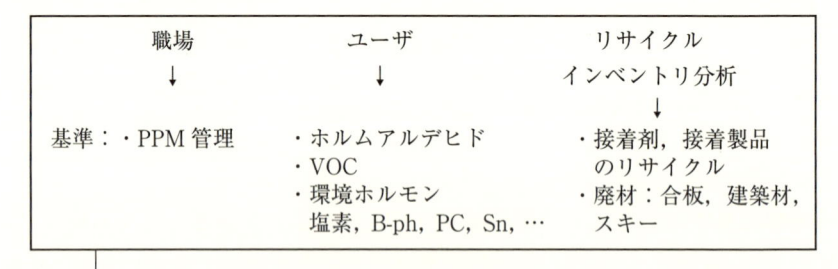

	職場	ユーザ	リサイクル
	↓	↓	インベントリ分析
			↓
基準：	・PPM 管理	・ホルムアルデヒド ・VOC ・環境ホルモン 　塩素，B-ph，PC，Sn，…	・接着剤，接着製品 　のリサイクル ・廃材：合板，建築材， 　スキー

製法の規格化	ユリア系：E0，E1，E2，E3 有機溶剤系：水性化，無溶剤化（反応形，ホットメルト，…） 環境ホルモン：可塑剤（DOP，…），ビスフェノールA，鉛， 　　　　　　　ノニルフェノール（界面活性剤） リサイクル：接着剤使用しない製法，熱硬化→熱可塑， 　　　　　　長持ち接着 その他：MDI，酢ビエマルジョン，アクリル，フッソ，シリコン，

8.2 環境性能基準

表 8.2.2　接着剤の直接的環境側面／評価調査表[11]

分　類		項　目	環境影響							
			アメニティ悪化	大気汚染	水質汚濁	地下水・土壌汚染	廃棄物処分場不足	オゾン層破壊	地球温暖化	森林破壊	酸性雨	その他地球環境	資源枯渇
投入	エネルギー(電気)	電気の使用											
	エネルギー(燃料)	燃料(蒸気)の使用											
		燃料の取扱, 保管(液体燃料)											
		燃料の保管(気体燃料)											
	資源(水)	水の使用											
	資源(紙)	紙資源の使用											
	資源(木材)	木材の使用											
	資源(金属)	金属材料の使用											
	原材料(プラスチック)	プラスチックの使用											
	原材料(化学物質)	有害物質の使用											
		有害物質の取扱, 保管											
		有機溶剤の使用											
		有機溶剤の取扱, 保管											
		酸・アルカリ・他の使用											
		酸・アルカリ・他の取扱, 保管											
		ガスの使用											
		ガスの取扱, 保管											
		ODS・地球温暖化物質の使用											
		ODS・地球温暖化物質の保管											
排出	排出物	排出物の発生											
	排ガス	排ガスの排出											
	排水	排水の排出											
	アメニティ(騒音)	騒音の発生											
	アメニティ(振動)	振動の発生											
	アメニティ(悪臭)	悪臭の発生											
設備	環境設備(大気)	集塵機の使用											
		排ガス洗浄装置の使用											
		ばい煙発生施設の使用											
	環境設備(水質)	排水処理施設の使用											
		油保管施設の使用											
	環境設備(化学物質)	薬品槽, 薬品タンク											
		危険物倉庫											
		焼却炉の使用											
		廃棄物置場											
		廃棄物処理設備											

接着剤・接着評価技術研究会／環境 Task WG 調査

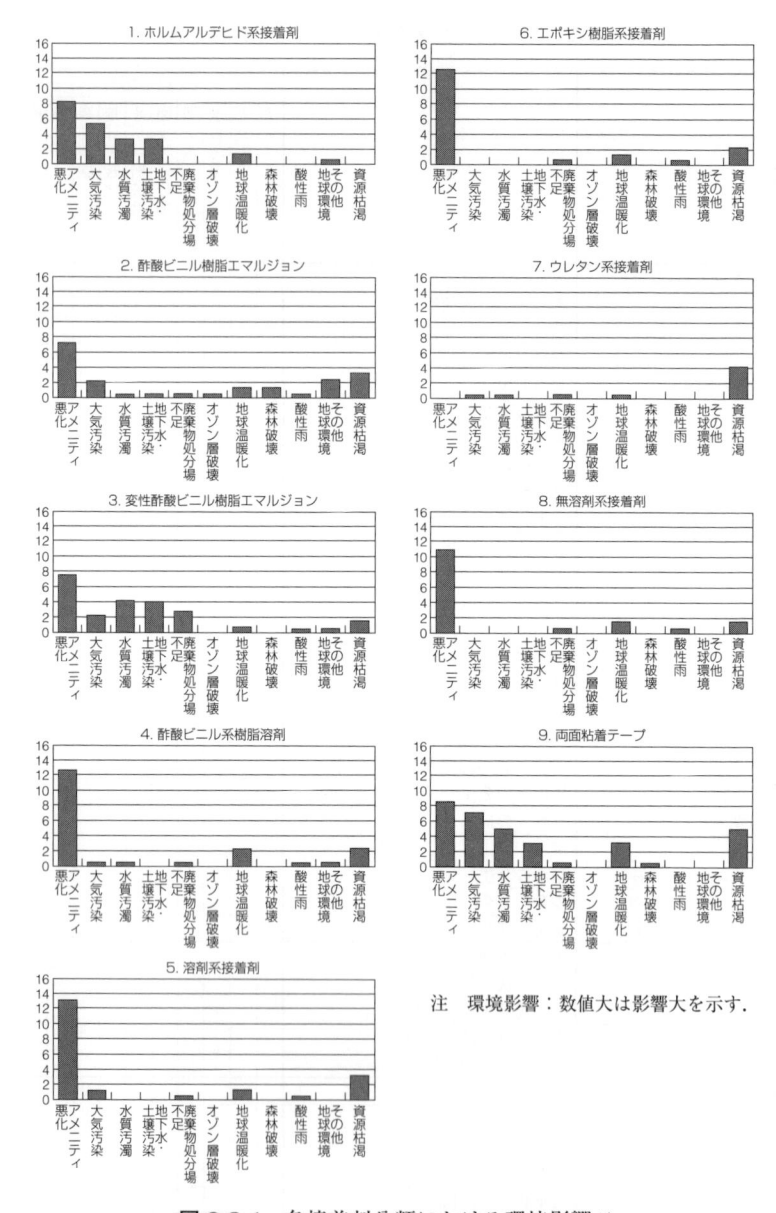

図 8.2.1　各接着剤分類における環境影響 [11]
（2001 年，接着剤メーカ調査）

8.2 環境性能基準

は，いかにして標準化するかに集約され，接着剤ごとの環境性能基準の表示が，製造・接着・使用・廃棄時の各ステージにおいて必須と考えられる．そこで，NPO法人 接着剤・接着評価技術研究会は，接着剤に関する環境性能基準規格ECAA-005:2007を，2007年10月5日に制定した．同規格の全文（解説を除く）を次ページ以降に掲載する．

同規格は，2007年9月開催の第56回ISO/TC61インド ゴア国際会議において，既にpre-NWI（予備-新テーマ）として提案し，2008年のNWI（新テーマ）としてISO提案することが承認され，進行中である[16),17)]．

表8.2.2と図8.2.1に，同規格の策定にあたり使用した直接的環境側面の評価調査表と，接着剤の分類別に環境影響をグラフ化した資料を示す．

ECAA-005:2007

1. **適用範囲** この規格は,接着剤に関する環境性能基準について規定する.
2. **引用規格** 次に掲げる規格は,この規格に引用されることによって,この規格の規定の一部を構成する.これらの引用規格は,その最新版(追補を含む)を適用する.

   JIS Z 7001:2000*プラスチック規格への環境側面の導入に関する指針 (Plastics — Environmental aspects — Guidelines for their inclusion in standards), ISO 17422:2002 (Plastics — Environmental Aspects — Guidelines for their inclusion in standards: general guidelines)

   その他 大気汚染防止法,水質汚濁防止法,下水道法,悪臭防止法,廃棄物処理法,リサイクル法,化審法,労働安全衛生法,消防法,毒物および劇物取締法,有機則,ダイオキシン類対策特別措置法,PRTR法,建築基準法,バーゼル条約附1廃棄物,RoHSなど

3. **接着剤環境性能表示** 接着剤を環境負荷の少ない順に表1に示すようにEP-1,EP-2およびEP-3とし,その詳細を表2に示す.
4. **結果の表示** 環境影響のステージ毎に表3に示すように各接着剤毎に接着剤環境性能表示をする.

表1 接着剤環境性能表示 [15]

接着剤環境性能表示	環境性能基準(環境負荷の度合)
EP-1	優秀(評価研推薦,独自に決める)
EP-2	可(やや環境負荷あり)
EP-3	不可(排斥要)

表示性能:ホルムアルデヒド,遊離モノマー(酢ビなど),有機溶剤(トルエン,キシレンなど),可塑剤,環境ホルモンなど(EP=Environmental Performanceの略)

---

* JISは,2007年に改正されている(JIS Z 7001:2007 プラスチック—環境側面—規格への一般導入指針).なお,この改正JISもISO 17422:2002にIDTである.

8.2 環境性能基準

表2 環境影響ステージ毎の規制基準 EP-1, EP-2, EP-3 の評点[注) 18)]

ステージ	規制基準	EP-1	EP-2	EP-3
製造時	土壌汚染・水質汚濁対象物質無	0	0	1
	地球温暖化物質無	0	0	1
	大気汚染有害物質無	0	0	1
	労働安全衛生法 特化則第1類物質 製造許可物質無	0	0	1
	VOC 物質無	0	0	1
	毒劇物質無	0	1	1
	労働安全衛生通知対象物質無	0	1	1
	労働安全衛生有機溶剤物質無	0	1	1
	大気汚染防止施行令特定物質無	0	1	1
	化審法対象物質無	0	1	1
	PRTR 法特定1種指定化学物質（特定除く）無	0	1	1
	バーゼル条約附1廃棄物無	0	1	1
	RoHS 物質無	0	1	1
接着時（施工）	有害物質放出無	0	0	1
	有機溶剤放出少（溶剤蒸発程度）	0	1	1
	廃棄容器少又は回収可能	0	0	1
使用時	接着剤からの放散物質厚生労働省濃度指針値の2倍未満	0	0	1
	接着剤からの放散物質厚生労働省濃度指針値未満	0	1	1
廃棄時	燃焼時ダイオキシン等有害物発生可能性無	0	0	1
	埋設時廃棄有害物発生流出可能性無	0	0	1
	解体時有害物放出可能性無	0	0	1
	Recycling, Reuse 可能有	0	0	1
	生分解性有	0	1	1
	合計評点	0	1-11	12-23

注 適合＝0, 不適合＝1

表3 環境影響のステージ毎の接着剤環境性能表示（例）[19]

接着剤名称・品番	
環境影響のステージ	接着剤環境性能表示
A．接着剤製造時	EP-3
B．接着時	EP-1
C．ユーザー使用時	EP-2
D．廃棄時	EP-1

引用・参考文献

1) 独立行政法人新エネルギー・産業技術総合開発機構（2007）：NEDO 海外レポート，No.1006，NEDO
2) 財団法人 化学物質評価研究機構（2007）：EU 新化学品規則 REACH がわかる本，工業調査会
3) VOC 委員会（2006）：接着剤からの VOC 等放散に関する調査研究，日本接着剤工業会
4) ヨーロッパ接着剤製造業者協会（2002）：接着評価，室内空気汚染対策の現状，Vol.14，No.1，p.1-7 より
5) ISO 12460-1:2007 Wood-based panels — Determination of formaldehyde release — Part 1: Formaldehyde emission by the 1-cubic-metre chamber method
6) ISO DIS 12460-2 Wood-based panels — Determination of formaldehyde release — Part 2: Small-scale chamber method
7) ISO 12460-3:2008 Wood-based panels — Determination of formaldehyde release — Part 3: Gas analysis method
8) ISO 12460-4:2008 Wood-based panels — Determination of formaldehyde release — Part 4: Desiccator method
9) JIS A 1901:2003 建築材料の揮発性有機化合物（VOC），ホルムアルデヒド及び他のカルボニル化合物放散測定方法―小形チャンバー法
10) JIS A 1460:2001 建築用ボード類のホルムアルデヒド放散量の試験方法―デシケーター法
11) 岩田立男（2002）：調査・研究報告書 第 2 報，p.27-38 より，NPO 接着剤・接着評価技術研究会

12) JIS Z 7001:2007 プラスチック―環境側面―規格への一般導入指針
13) ISO 17422:2002 Plastics ― Environmental aspects ― General guidelines for their inclusion in standards
14) ISO 15270:2006 Plastics ― Guidelines for the recovery and recycling of plastics waste
15) ECAA-005:2007 接着剤に関する環境性能基準, 表1, NPO 接着剤・接着評価技術研究会
16) 岩田立男 (2007):接着評価, 第56回 ISO/TC61(プラスチックス)/SC11(製品)/WG5(接着剤)国際会議報告, Vol.19, No.4, p.1-9 より
17) Minutes of ISO/TC61/SC11/WG5 Polymeric adhesives, Goa, India (2007) p.5, Document No. ISO/TC61/SC11/WG5 N879
18) ECAA-005:2007 接着剤に関する環境性能基準, 表2, NPO 接着剤・接着評価技術研究会
19) ECAA-005:2007 接着剤に関する環境性能基準, 表3, NPO 接着剤・接着評価技術研究会
20) 社団法人 日本建築学会 室内化学物質汚染調査研究委員会 2003.5
21) 梶谷辰哉 (2004):炭素吸収源対策から予測される国産材供給の変化, APAST シンポジウム, p.1-5, 林野庁森林整備部
22) 今村祐嗣編 (1997):建築に役立つ木材・木質材料学, p.1-98, 東洋書店
23) 財団法人 化学物質評価研究機構 (2007): EU 新化学品規制 REACH がわかる本, 工業調査会

第 9 章　接着試験方法

9.1　規格体系[1]

9.1.1　はじめに
材料と材料を接合（結合）する手段が，すなわち"接着技術"であり，接合に用いられる材料が，①接着剤，②粘着材（粘着テープ，絶縁テープなど），③シーリング材などである．

接着性能を判定する方法は，次の二つに大別される．
(a) 評価研究といわれる領域で，先端技術に対応できる高性能かつ機能性及び高信頼性（耐久性）の接着剤を開発するために必要な性能を評価する方法を確立することを目的とし設計に役立つデータを得ることにある．
(b) 流通している製品の接着性能について，ユーザとメーカ間で接着製品の品質を保証するために，公に定められた方法（例えば JIS，ISO，CEN 及び ASTM 他）で試験，測定し，あらかじめ設定された性能値を呈示することにあり，これが，ここでいう"規格体系"である．

9.1.2　国際規格
代表的な国際標準化機関である国際標準化機構（International Organization for Standardization；ISO）は，電気・電子分野と通信分野を除くあらゆる分野の標準化を推進する標準化団体であり，非政府機関ではあるが，各国／地域の代表的標準化機関（1か国／地域につき1機関，我が国は日本工業標準調査会：JISC）が会員団体（member body）として加盟している．加盟団体数は，2008年現在，各種あわせて約160である．ISOが発行するISO規格は，任意参加する専門委員会（TC）もしくは分科委員会（SC）で作成，審議された後，発

行される．TC は，その業務に応じて，SC 及び作業グループ（WG）を設置することができる．

　接着剤については，ISO/TC61（プラスチック）のリーダ会議でSC11（製品）に接着剤の WG を設置することが1971年開催されたロンドン大会で合意され，1972年に ISO/TC61/SC11/WG5 として正式に発足した．このとき日本は，O メンバー（observer）として参加していた．1974年のISO/TC61 東京大会から，P メンバー（participating member, 積極的な参加が求められ，一国/地域に一票の投票が義務化されている）となった．WG5 の我が国の担当組織は，特定非営利法人 接着剤・接着評価技術研究会（ECAA）である．

　1995年，我が国が加盟，締結したWTO/TBT 協定（貿易の技術的障害に関する協定）附属書3において"標準化機関は国際規格が存在するときは，当該国際規格又はその関連部分を任意規格の基礎として用いる"と規定され，国際規格の最優先が決められた．そのため，接着剤規格の国際整合化作業は，1979年に合意したガット・スタンダードコード以来推進されていたが，95年以降，さらに加速された．

　なお，接着剤の ISO は，試験，測定方法の規格のみで，製品規格は制定されていない．

9.1.3　国 家 規 格
（1）　JIS

　日本工業規格（Japanese Industrial Standards ; JIS）は，我が国の代表的な国家規格であり，工業標準化法に基づいて主務大臣によって制定される．医薬品や食品・農林分野を除く鉱工業品を対象としている．日本工業標準調査会（工業標準化法に基づき設置, JISC という）の審議を経て主務大臣（主に経済産業大臣）によって制定され，日本規格協会（Japanese Standards Association ; JSA）から発行，頒布される．JIS は，主に基本規格（用語，記号，単位，標準数など），方法規格（試験・測定方法，分析方法，使用方法），製品規格の3種類に大別される．接着関係のJIS は，JSA より毎年，編集，発行される"JIS ハン

9.1　規格体系

ドブック　接着"[2)] に詳細に記述されているので，活用されたい．

前述の ISO に提案することができるのは，原則として国家規格であることが定められている．団体規格を ISO に提案するためには，まず，団体規格を JIS 化した後，ISO 化をすることになる．

(2)　その他の国家規格

先進国のほとんどは国家規格を制定しており，英国は BS，ドイツは DIN，フランスは NF 等々である．これらの国家規格は，日本国内では JSA（日本規格協会）で閲覧・購入することができる．

9.1.4　地 域 規 格

(1) 最も知られた地域規格は，欧州規格（European Norm；EN）である．これは，欧州連合が制定する規格である．この EN の制定機関である欧州標準化委員会（Committee European de Normalization；CEN）は，国際規格でいうところの ISO に対応する機関で，欧州の 30 か国（2008 年現在）が加盟し，本部はベルギーのブリュッセルにある．ISO と CEN は，1991 年に結ばれた技術協定（ウィーン協定）により，重複作業をしないことになっている．つまり，CEN は，定められた手続に従って ISO と相互に情報交換し，提案をすれば，平行投票で EN 規格を ISO 規格にするための投票にかけることができる．当然，CEN は，ISO 規格を必要に応じて EN 規格にすることもできる．

接着剤は，CEN/TC193 が担当する．CEN から ISO への提案は，従来の国別提案より CEN からの提案が多くなり，ISO の動向を見通すためにも，CEN の活動を知ることが重要となっている．

CEN/TC193 には，WG1（用語，物理的・化学的試験一般），WG2（構造用接着剤），WG3（紙・ボード類，包装・使い捨て衛生用品用接着剤），WG4（建築用接着剤），WG5（皮革・履物用接着剤）及び WG6（熱可塑性パイプ用接着剤）の作業グループと，SC1（木材用接着剤）の分科委員会がある．

ところで，米国材料試験協会（American Society for Testing and Materials；ASTM）は，米国の有力な民間の標準化団体であり，ASTM 規格を作成してい

る．ASTM規格は，今まで広く世界で活用されていて，産業界に大きな影響力を持っている．ASTMは，CENとISO間で締結されたような技術協定をASTMとISOの間に結ぶことを求めている．

また，アジア地域では，アジア規格（仮称）とでもいうべき地域規格を制定することも議論されている．

9.1.5 団体規格

接着の分野の主だった団体規格を次に紹介する．

(1) ASTM

アメリカ材料試験協会（American Society for Testing and Materials）が制定する規格で，我が国を含む世界各国で広く利用されている．正式な米国の国家規格ではないが，一部のASTM規格は，米国規格協会（American National Standards Institute ; ANSI）が国家規格として認定している．

ASTMは，大きく次の5種類に分類できる．

　①該当分野における共通用語の定義
　②与えられた課題を達成するために適切と考えられる手順
　③与えられた測定を行うための手法
　④対象物あるいは概念をグループ分けする基準
　⑤製品や材料の特性の範囲や限界を決めるもの

ASTM規格は，分類記号と一連番号及び制定または改正年で表される．

接着剤は，分類記号Dに区分され，D-14委員会が担当している．この委員会には分科会（SC）が設けられ，分野別（木材用接着剤，金属用接着剤など）の案件について審議を行い，投票により処理される．

(2) ECAA　特定非営利活動法人　接着剤・接着評価技術研究会（Japan Evaluation Committee for Adhesion and Adhesives ; JECAA）

ECAAが制定する規格であり，そのいくつかはJIS化し，さらに，そのJISをISO化した実績がある．例えば，ECAA-004:1993（接着強さの温度依存性試験方法）は，JIS K 6831:2003（接着剤—接着強さの温度依存性の求め方）と

して制定され，このJISがISO 19212:2006（Adhesives — Determination of temperature dependence of shear strength）として制定された．

(3) JAI 日本接着剤工業会規格（Japan Adhesive Industry Association ; JAIA）

JAIAが制定する規格で，製品規格と，これに関連する試験，測定方法規格である．これらの規格は"JISハンドブック　接着"[2]に掲載されているが，個別の規格票は，同工業会から入手することができる．

〔規格を調べるときの注意事項〕

JIS規格票の引用規格の定型文に"これらの規格は，その最新版（増補を含む）を適用する"とあるように，規格は定期的（原則として5年ごと）に見直しが行われ，必要があれば改正されるので，注意が必要である．"JISハンドブック　接着"は，毎年，ISO，EN，JIS，ASTMのタイトルを記載しているので，参考にするとよい．

9.2 接着剤の試験，測定方法

9.2.1 試験，測定方法の定義

接着剤と接着製品の性能評価は，接着剤そのものの性能と接着製品の接着性能を評価することから始まる．これらに関連する種々の試験，測定を行い，それで得られた結果のデータを精密に解析し，接着剤及び接着製品を構成する被着材，さらには接着界面の有効性を判定せねばならない．接着の性能は，被着材の種類（大別すれば，金属類，無機材料，プラスチック類，木材・木質材料及びその他の材料等，多岐にわたる）の組合せ，形状・寸法，使用環境条件，荷重条件，期待される寿命（耐久性）など，多くの要素を考慮して試験・測定し，その評価をしなければならない．

最終的には，接着製品の評価基準を定め，その評価項目によって試験・測定し，品質の維持，向上を目指さなければならない．よって，試験・測定は，要

求される性能によっては基礎的（科学的試験[1]; scientific test）なことから実用的なものにまで至る．

ここでいう規格体系では，次の試験，測定方法が主体となる．

①実用試験（practical test）[1]

　ユーザに対するサービス試験，あるいは用途に対する試行試験であり，一般に試験費用がかさみ，長期を要し，データも不正確になりやすいので，実験室試験（laboratory test）がこの代わりとして用いられる．この実験室試験を実施するには，忠実に実際のサービス条件を再現すると同時に，迅速に正確な結果を示せることが必要となる．

②混成試験（hybrid test）[1]

　実用試験と科学的試験の中間的なもので，求められるサービス条件を忠実に再現するものでもなく，また基本的な物理的性質などが正確には求められないが，サービス条件に近い条件と実験室的試験の特長であるスピードと精度とを適当に兼ね備えるものである．

接着に関する試験，測定方法は，実験室試験が中心であり，標準試験，測定方法（例えば，JIS法，ISO法など）に従って性能を評価するのが一般的である．用途が明確であれば，混成試験で実用性を評価することも可能である．

接着技術がほとんど全ての産業に活用されている現在では，長期間にわたる実用試験の例が，産・学・官の共同研究として，あるいはユーザとメーカの間で実施されることが多くなっている．

被着材の新規性，多様性に対応するために，製品を構成する材料の一つとしての接着剤に物理的，化学的（科学的）新機能を新規性接着剤の設計に織り込むために，弾性率，ポアソン比，ガラス転移温度，電気特性，ナノ構造や反応特性，界面機能などの試験，分析測定が求められている．

ISOでは，設計に役立つデータ（デザインデータ）を求める傾向が高くなり，データベース化する規格作りが進行している．

9.2.2 試験,測定方法

接着製品の接着性能評価方法の基本は,①接着剤の基本特性,②接着強さ(静的強さ,動的強さ),③接着の安全性,信頼性(耐久性能,VOCなど)に大別される.

以下に,JISを中心とする規格を紹介しながら,解説を行う.なお,JISとISOとの同等性を,ISO/IEC Guide21-1に基づいて,次のように示す(それぞれの同等性の正確な定義は,同規格を参照のこと).

IDT(identical,一致):
国際規格と一致した規格である.

MOD(modified,修正):
国際規格を,一部修正し,修正箇所を明示するなどして採用している.

NEQ(not equivalent,同等でない):
国際規格との明確な対応が見られない.よって,国際規格を採用した規格とはいえない.

9.2.2.1 接着剤の基本特性の試験,測定方法(JIS K 6833-1:2008, JIS K 6833-2:2008)

従来,JIS K 6833:1994が一般に用いられてきたが,2008年に,"接着剤—一般試験方法"の"第1部:基本特性の求め方"と"第2部:サンプリング"の2規格に分けて,新たに制定された.

(1) 一般性状に関する試験
　①外観
　②密度
　③pH
　④粘度
　⑤不揮発分

(2) 使用条件に関する試験(その1)
　①水混和性
　②塗布性

③白化温度及び最低造膜温度

④接着強さ発現性

⑤貯蔵安定性

(3) 使用条件に関する試験（その2）

ポットライフ（可使時間）：

2008年に，JIS K 6870:2008（ISO 10364:2007のMOD）が，旧版（2001年版，ISO 10364:1993のIDT）に代わり改正された．

(4) 接着層の性能に関する試験

①ブロッキング性

②軟化温度

なお，ブロッキング性は，①接着性ブロッキング，②凝集性ブロッキング，③ブロッキングなしに分類される．

この接着剤の基本特性は，用いる接着剤の性能を十分に理解し，製品を構成する被着材への適性，被着材の表面処理方法の選択，接着工程の管理（接着剤の塗布方法，塗布量，接着の時間，温度，圧縮圧など）に役立つ．また，接着製品の耐久性（寿命），安全性，信頼性などの推定にも役立つものである．また，接着不良の原因を解析する方法の一つとしても有効となる．

9.2.2.2 接着強さ試験，測定方法

(1) 接着剤―接着強さ試験方法―第1部：通則（JIS K 6848-1:1999）について

接着の技術は，被着材を組み合わせて形を造ること（構造体）が主たる目的である．そのため，接着性能の評価で接着強さの試験，測定は重要な領域である．"接着強さ"には，接着接合部の部位に適した試験，測定方法が適用される．

接着強さの試験，測定方法には，①静的強さ，②動的強さ（衝撃強さ，疲れ強さなど），③クリープ特性などがある．

この通則には，各種の接着強さの試験，測定項目と被着材の種類との組合せが表示されている．

9.2 試験,測定方法

9.2.2.2.1 静的な接着強さ試験,測定方法

(1) 引張り接着強さ（JIS K 6849:1994 ; ISO 6922:1987 の NEQ）

被着材としては,金属,プラスチック,強化プラスチック（FRPなど）及びゴムとし,12.7mm径もしくは角丸棒や角棒を突合せ接着した試験片を用いて引張り応力を加え,破断した時の強さを求める．一般に,試験片作製に手間がかかる,接着剤の種類も化学反応形など高強度のものに限定されるなどの問題点がある．しかし,接着剤の弾性率に応じた形状・寸法を設定すれば,接着剤の特性試験として応力集中が少なく,接着剤の純粋な引張強さに近い測定値が求められると考えられている．なお,工夫すれば,密度の高い木材の試験片を用いることも可能である.

(2) 引張せん断接着強さ（JIS K 6850:1999 ; ISO 4587:1995 の MOD）

剛性被着材のせん断強さを求める方法であるが,剛性被着材（主として金属類）といっても種類は多く,その弾性率の影響は無視できない．この測定方法は,一定の荷重速度で試験機を操作してもよいことになっているが,荷重速度の設定に考慮せねばならない．また,この測定方法は,試験片の重ね端部に応力集中が発生することが指摘されているので,データの取扱いについては,ASTM D 4896（単純重ね合わせ接着継手試験片を用いた試験結果の利用指針）を考慮しなければならない.

被着材の厚さが薄い場合は,応力集中の他に,単純重ね部分に,変形によるはく離応力が作用するので,試験片の厚さを厚くすることも必要になる．まず,異種材料間のせん断接着強さの測定や厚さの異なる場合の測定では,添え板をするなどの工夫が必要である.

JIS K 6851:1994（接着剤の木材引張りせん断接着強さ試験方法）は,被着材としての木材及び木質材料が天然材料で不均質な材料であるという特性を考慮して制定されたものである．旧ISO 6237:1987がこのJISに関係（NEQ）する．試験片は,3ply合板形と厚板（5～10mm）の二枚合わせ試験片の2種類である.

(3) 圧縮せん断接着強さ （JIS K 6852:1994 ; ISO 6238:1987 の NEQ）

薄板を用いる引張せん断の問題点（接合端部の応力集中，曲げモーメント）に対し，厚板を接着したブロック材を用いた圧縮せん断（ジグを使用し圧縮応力を加える方法）は比較的純粋せん断に近いため，せん断接着強さ試験，測定方法としては適している．厚板の厚さは 5～15 mm と規定され，接着面積は 25×25 mm である．厚さ 5 mm，接着面積 25×25 mm の木材ブロックに古くから適用されていたが，金属，プラスチック，強化プラスチック（FRP）等にも適用できるようになった．この JIS に対応（NEQ）する ISO 6238 は，当初，接着面積 50×45 mm のみであったが，日本の粘り強い提案により，JIS K 6852:1994 の試験片形状，寸法（5×25×15 mm）を併記することで国際的に合意された実績をもつ．

(4) ねじりせん断接着強さ（JIS K 6868-1:1999 ; ISO 11003-1 の IDT）

JIS K 6868-1:1999（接着剤—構造接着のせん断挙動の測定—第 1 部：突合せ接合中空円筒ねじり試験方法）の測定方法は，接着層のせん断応力—ひずみ線図からせん断弾性率を求めるものである．JIS K 6868-2:1999（厚肉被着材を用いた引張試験方法，旧 ISO 11003-2:1993 の IDT）と共に，接着接合の設計作業，例えば有限要素法にとって有用となり，構造用接着剤を対象とする．

なお，ISO 10123:1990（ピンおよびカラーの試験片を用いる押し抜き法を規定）と ISO 10964:1993（トルク強さ測定）は，嫌気性接着剤の試験，測定方法で JAI 6 にも引用されている．

(5) はく離接着強さ （JIS K 6854-1, 2, 3, 4 : いずれも 1999）

① 第 1 部：90 度はく離 （ISO 8510-1:1990 の IDT）
② 第 2 部：180 度はく離 （ISO 8510-2:1990 の IDT）
③ 第 3 部：T 形はく離 （ISO 11339:1993 の IDT）
④ 第 4 部：浮動ローラ法 （ISO 4578:1997 の IDT）

接着強さが荷重速度に依存することは，ほとんど全ての試験，測定方法でも同様であるが，はく離接着強さでは，それに加えて，はく離角度に大きく依存

する．

　90°はく離は，その試験方法に問題がある．ASTM D 6862 は，90°のはく離角度を正確に維持するためのスライド装置を用いなければならない試験方法であるため，ISO の定期見直し時に，ASTM D 6862 を参考に修正するか廃止するか判断されることになっている．

　180°はく離では，剛性被着材とたわみ性被着材を接着し，たわみ性被着材を折り返して引っ張るときに，剛性被着材と接触しないように（摩擦の発生を排除するため）する．つかみ移動速度は毎分 100 mm が推奨されている．被着材が伸びなければ，はく離速度は毎分 50 mm となる．

　T 形はく離試験とは，たわみ性被着材どうしを接着した試験片を T 形に折り曲げて 180°方向にはく離させる方法であり，一般的に利用されているが，薄板の被着材であっても，はく離点が荷重線から著しく離れることがある（はく離角度が変動する）．伸びのある被着材では，複雑なはく離モードになる．このような場合は，ジグ（例えば，ECAA-003:1991 の図 1）を用いるか浮動ローラ法を適用することが望ましい．

　浮動ローラ法は，高強度接着剤のはく離試験に適している．たわみ被着材（金属薄板）とローラ（ジグ）の摩擦の有無が指摘されたが，ISO/TC61/SC11/WG5（合成接着剤）の会議でオーストラリアの代表が理論解を示し，影響なしとの結論が得られている．

(6) 割裂接着強さ（JIS K 6853:1994）

　被着材の種類は，金属，プラスチック，強化プラスチック（FRP）の厚板とし，ブロック状の試験片を用いて引張試験機で上下に引き裂く（割裂）ときの接着強さを測定する方法で，高強度接着剤の性能評価に用いられる．

　なお，接着強さの評価には，接着面の破壊状態の測定が必要である．JIS K 6866:1999（接着剤—主要破壊様式の名称，ISO 10365:1992 の IDT）の表 1 及び図 1，2 に，基材（被着材）と接着剤の破壊様式が詳細に示されているので，活用するとよい．

　この破壊様式は，被着材の表面処理方法，接着剤の選定，接着工程（圧締温

度，圧力，時間等）の良否を判定するのに役立ち，接着不良の因子を解析することができる．

9.2.2.2.2 動的な接着強さ試験，測定方法

動的測定方法は，接着製品に振動，衝撃，繰返し荷重（疲れ強さ）が加えられた場合の性能を評価するために必要な試験，測定方法である．

特に，疲れ接着強さの解析は，接着製品の寿命（安全性，耐久性）の推定に役立つ．

(1) 衝撃接着強さ（JIS K 6855:1994；ISO 9653:1991 の NEQ）

アイゾット式の振り子形衝撃試験機を用いる試験，測定方法である．実用性はあるが，試験機に課題がある．接着試験片を破壊するときの吸収エネルギーと接着面積（せん断面積）から衝撃せん断接着強さを求める方法であるが，接着層に正確に衝撃エネルギーが負荷されているか否か難しい点が存在する．

また，高速衝撃接着強さを求めることができる測定方法の開発研究や接着層への正確な吸収エネルギーを 100％検出できる測定方法の開発研究が ECAA の研究テーマとして進行中であり，早期の開発が望まれるところである．

(2) 疲れ接着強さ（JIS K 6864:1999；ISO 9664:1993 の IDT）

JIS K 6864（接着剤―構造用接着剤の引張りせん断疲れ特性試験方法）は，主として金属用構造接着の特性を測定することを目的としている．引張応力により接着試験片のせん断疲れ接着強さを試験，測定する方法であるが，疲れ特性は試験片形状の関数であり，得られた結果は接着剤の固有な特性とは関係なく，設計に用いることはできない．

繰返し応力の数 N と繰返し数比 n/N，繰返し応力との実験値から SN 線図を作製（6 個以上の試験片数の静的せん断強さを評価する）し，疲れ特性を測定する．用いた試験片数の疲れ回数の時間変化での静的せん断強さから標準偏差を求めて判定する．

疲れ接着強さは，せん断方法のみでなく繰返し曲げ応力，突合せ接着試験片による繰返し引張応力によっても実験値を求めることができる．

この疲れ接着強さから，接着耐久性を推定することも可能である．

(3) くさび衝撃法 (JIS K 6865:1999 ; ISO 11343:1993 の IDT)

JIS K 6865（接着—高強度接着接合の衝撃条件下における動的割裂抵抗性試験方法—くさび衝撃法）は，機械メーカによって作製された装置付衝撃試験機により，動的割裂抵抗性を最小 50～300 丁の衝撃エネルギーと最小 3～5.5 m/s の衝撃スピードでくさび衝撃を与え，応力—時間曲線（又は応力—移動距離）データの記録から，平均割裂応力（データの初め 25％と終わり 10％間の積分によって試験片幅当りのエネルギー J/m）を計算する．

この方法は，産業界でよく使用される薄板，例えば，自動車用途の金属薄板の選択を可能[1]とする．

以上のような動的接着強さの試験，測定方法は，接着耐久性の推定に役立つものである．

9.2.2.2.3 クリープ特性 (JIS K 6859:1994)

JIS K 6859（接着剤のクリープ破壊試験方法）に規定されているクリープ特性とは，静的接着強さ試験，測定方法の一つであるが，接着耐久性を判断するのにも役立つ．

クリープは，接着接合部に応力が加わったときに生じるひずみが時間とともに変化することであり，一定の温度の下で接着試験片に長時間静荷重を加えた場合のクリープ破壊特性を測定する方法である．被着材の種類は金属，プラスチック，強化プラスチック，木材及び木質材料の厚板とすると規定されているが，その他の被着材や，異種材料間にも応用できる．

9.2.2.2.4 耐久性（寿命，安全性など），対環境性（温度，湿度，VOC 関連，光劣化，その他）関連の試験，測定方法

(1) 構造接着接合品の耐久性試験方法—くさび破壊法 (JIS K 6867: 1999 ; ISO 10354:1992 の IDT)

厚さ 3 mm の板（主にアルミニウムとチタン合金との接着に適用するが，被着材の厚さと硬さを考慮したうえで，他の金属及びプラスチックの評価に用いてもよい）25×150 mm の 2 枚を端部から 115 mm 接着し，非接着部に厚さ 3 mm の板（一般に，ステンレス鋼製が用いられる）のくさび（先端角度 60°）

を挿入する．そして，規定時間における亀裂の伝播長を求める．暴露環境を変えて試験することにより，比較的短時間で被着材の表面処理の良否と耐久性を評価することが可能な試験方法で，金属構造接着に有用な方法である．

(2) 接着強さの温度依存性（JIS K 6831:2003）

この JIS は，ECAA-004:1993 を基に JIS K 6831:2003 として制定したものである．

用いる被着材は，金属の薄板及び木材を主とし，設定された昇温又は冷却温度で試験し設定温度での接着強さを測定し，常態温度（温度 $23±5℃$，相対湿度 50^{+20}_{-10} ％）で 168 時間保持したときの常態接着強さを"せん断接着強さ─温度線図の例"として作製（図 1）し，その図より，接着強さの温度依存性を判定する．

また，この JIS を ISO に提案し，ISO 19212:2006 として制定された．

(3) 対環境性試験，測定方法

これには，①耐水性試験（JIS K 6857:1973），耐薬品性試験（JIS K 6858:1974），③耐候性試験方法通則（JIS K 6860:1974）などの長期，改正されていないものがあり，今後の検討課題でもある．

なお，JIS 分類 K（化学）ではないが，JIS A 1901:2003［建築材料の揮発性有機化合物（VOC），ホルムアルデヒド及び他のカルボニル化合物放散測定方法─小形チャンバー法］，さらに，JIS K 6807:1999（ホルムアルデヒド系樹脂木材用液状接着剤の一般試験方法；ISO 8989:1995 の MOD）がある．この規格の 6.6 に，遊離ホルムアルデヒドの測定方法が示されている．

詳細については，"JIS ハンドブック　接着"[2] を参照されたい．

接着耐久性の評価は，温度，湿度（高温，低温），接着製品の使用環境雰囲気条件（例えば，UV，酸性雨物質など）等の耐久性を左右する因子として，使用上の負荷条件（静的・動的応力，振動等の疲れ強さなど）との組合せで試験，測定される．また，被着材の種類も無限に近く存在し，接着剤の進歩も著しい現状では，普遍的な耐久性能を判定できるような方程式を得ることは困難であろう．

9.2 試験,測定方法

実際には,個別の製品毎に耐久性を測定できる因子をとりだして組み合わせ,必要とされる試験方法で一つひとつ解析を進めて行かねばならない.このように,非常に困難な実験の結果で得られるものである.耐久性の要求は不可欠なものであり,今後の研究成果に注目したい.なお,これら各製品間の耐久性判定結果の共通項が見出せることを期待している.

ISO 9142:2003 は,標準実験室的な老化試験条件(近く JIS 化の予定),ISO 14615:1997 は,構造接着接合の耐久性,荷重下での温度暴露についての規格である.参考にするとよい.

9.2.2.2.5 その他

(1) 曲げ接着強さ(JIS K 6856:1994)

これは静的接着試験,測定方法であるが,曲げ応力には,はく離,せん断の応力作用が含まれるので,この曲げ試験でいくつかの接着強さが得られる可能性がある.

接着試験片の形状は,シングルラップ,積層材で,金属,プラスチック,強化プラスチック(FRP),木材,木質材料に用いられる.

荷重方法は,基本的には3点曲げ試験である.曲げ試験,測定方法の理論的解析の前進を期待したい.

(2) 接着剤の物理的・化学的特性

接着剤そのものの物理的,化学的特性を試験,測定し性能を評価することも重要である.すなわち,科学的(論理的)試験の標準化が行われている.現在,計画されている ISO でのデータベース化の一環であり,当面,あらゆる接着剤について実施することは難しいので,エポキシ樹脂系接着剤のような構造強さの高い接着剤から始められている.

試験,測定用の接着剤の試験片の作製については,ISO 15166-1:1998(常温硬化二液性)及び ISO 15166-2:2000(加熱硬化一液性)がすでに制定されている.

2〜3 mm 厚さの板を成形し,ダンベル状に切り出し,引張試験機で引張り弾性率,破壊応力,破壊ひずみ,降伏応力,降伏ひずみ,熱的特性などを求め

る．また，その他の基本特性，環境耐久性データ，単純応力解析に必要な性能などを含めて検討されている（ISO 17164）．

　得られるこれらのデータは，例えば，接着強さ試験，測定のため有用な試験機器の開発や測定データの解析（有限要素法，エネルギー法等を含む）に役立つことが期待される．

　当然，理論解析（科学的試験とその測定値）の延長に実用試験，測定評価値があることが望ましい．

引用・参考文献

1) 日本接着学会編（2007）：接着ハンドブック　第4版　付録編2.接着試験方法，p.1315〜1344より，日刊工業新聞社
2) 日本規格協会（2008）：JISハンドブック29　接着，日本規格協会

付録1 季刊誌『接着の技術』特集テーマ一覧

発行:日本接着学会

年度	巻号	特集テーマ
1981	1-1	接着剤の選び方
1981	1-2	接着剤の使い方
1982	2-1	東北・上越新幹線と接着
1982	2-2	包装と接着
1983	3-1	接着トラブルとその対策1
1983	3-2	接着トラブルとその対策2
1984	4-1	接着関連機器
1984	4-2	機能性接着
1985	5-1	地域産業と接着剤
1985	5-2	新製品紹介
1986	6-1	ホットメルト接着剤の選び方と使い方
1987	6-2	エポキシ樹脂系接着剤選び方と使い方
1987	7-1	エンジニアリング接着剤最近の進歩
1988	7-2	シーリング接着
1988	8-1	粘着及び粘着加工品
1989	8-2	短時間接着
1989	25周年記念誌	新製品・新技術の紹介
1990	9-1	接着評価法の実際
1990	9-2	粘接着
1990	10-1	表面処理の実際
1991	10-2	ポリウレタン系接着剤の選び方使い方
1991	11-1	接着剤の法規則及び使用上の注意
1991	11-2	精密塗工と評価の実際
1991	11-3	水性接着剤の選び方使い方
1992	11-4	接着工程管理の実際
1992	12-1	プラスチックの接着
1992	12-2	ガラスの接着
1992	12-3	パネルの接着

年度	巻号	特集テーマ
1993	12-4	紙の接着
1993	13-1	金属の接着
1993	13-2	繊維の接着
1993	13-3	エラストマーの接着
1994	13-4	無機材料の接着
1994	14-1	新製品・新技術の紹介
1994	14-2	ホットメルト接着剤
1994	14-3	エポキシ樹脂系接着剤
1995	14-4	反応形アクリル系接着剤
1995	15-1	住宅・建築と接着（内外装）
1995	15-2	粘着・粘着加工品
1996	15-3	ウレタン系接着剤
1996	15-4	土木工事と接着－用途と実際
1996	16-1	スポーツ用品と接着
1996	16-2	接着試験法解説
1996	16-3	接着剤の分析技術・関連機器
1997	16-4	木材の接着
1997	17-1	シール接着
1997	17-2	耐久性試験法の実際
1997	17-3	接着性の向上技術
1998	17-4	安全・環境と接着
1998	18-1	接着作業の最新技術
1998	18-2	接着トラブルを避けるために Part I
1998	18-3	接着トラブルを避けるために Part II
1999	18-4	接着作業の最新技術 Part II
1999	19-1	新製品・新技術の紹介
1999	19-2	環境と法規制
1999	19-3	光硬化系接着剤
2000	19-4	接着関連機器 Part II
2000	20-1	身近な接着剤の選び方・使い方
2000	20-2	接着剤の設計 Part I ホットメルト
2000	20-3	耐熱性接着剤

年度	巻号	特集テーマ
2001	20-4	接着剤の設計 Part II エポキシ
2001	21-1	身近な複合材料と接着
2001	21-2	接着剤の設計 Part III ウレタン
2001	21-3	短時間接着
2002	21-4	接着剤の設計 Part IV ゴム・エラストマー
2002	22-1	環境にやさしい接着－リサイクルと廃棄物低減
2002	22-2	接着剤の設計 Part V シリコーンと変性シリコーン
2002	22-3	プラスチック材料の接着
2003	22-4	接着剤の設計 Part VI アクリル
2003	23-1	金属材料の接着（構造接着）
2003	23-2	接着に関する分析評価技術 Part I 表面分析
2003	23-3	高分子材料における分析技術
2004	23-4	接着剤の設計 Part VII 水性形接着剤
2004	24-1	新製品・新技術の紹介
2004	24-2	接着に関する分析評価 Part II 接着試験法
2004	24-3	難接着材料用プライマーと接着剤
2005	24-4	接着に関する分析評価 Part III 接着界面の分析（事例）
2005	25-1	エレクトロニクスと粘着技術
2005	25-2	材料の再発見シリーズ Part I 熱可塑性エラストマー
2005	25-3	接着剤の選び方，使い方，剥がし方
2006	25-4	材料の再発見シリーズ Part II 社会的ニーズへのポリマー
2006	26-1	－新しいニーズに応える－新製品・新技術紹介
2006	26-2	材料の再発見シリーズ Part III 充填剤
2006	26-3	自然界に学ぶ接着技術
2007	26-4	材料の再発見シリーズ Part IV 新ソフトマテリアル
2007	27-1	最新の複合材料と接着
2007	27-2	ユーザーから見た接着剤の適用例と今後の動向
2007	27-3	最近の環境関係の法規制とそれらに対応した接着剤
2008	27-4	環境を配慮した古くて新しい接着技術（乳化・分散技術）
2008	28-1	機能性接着剤 Part I　熱

付録2　接着関係団体一覧

＊ 本欄は，JIS の原案作成団体を中心に，日本規格協会でまとめたものです。（すべての接着関係団体が含まれているわけではありません。）

2008 年 4 月現在

団体名	所在地・Web サイト	TEL・FAX
塩化ビニル管・継手協会 （JPPFA）	〒107-0051 東京都港区元赤坂 1-5-26 　　　　　東部ビル 3 階 http://www.ppfa.gr.jp/	☎ (03) 3470-2251 FAX (03) 3470-4407
（財）化学技術戦略推進機構 （JCII）	〒111-0052 東京都台東区柳橋 2-22-13 　　　　　東京プラスチック会館内 http://www.jcii.or.jp/	☎ (03) 3862-4841 FAX (03) 3866-8340
（社）強化プラスチック協会 （JRPS）	〒101-0021 東京都千代田区外神田 6-2-8 　　　　　日誠ビル 3 階 http://www.jrps.or.jp/	☎ (03) 5812-3370 FAX (03) 5812-3375
軽金属製品協会 （JAPA）	〒107-0052 東京都港区赤坂 2-13-13 　　　　　アープセンタービル http://www.apajapan.org/APA2/framepage2.htm	☎ (03) 3583-7971 FAX (03) 3589-4574
（財）建材試験センター （JTCCM）	〒103-0025 東京都中央区日本橋茅場町 2-9-8 　　　　　友泉茅場町ビル 8〜9 階 http://www.jtccm.or.jp	☎ (03) 3664-9211 FAX (03) 3664-9215
研磨布紙協会	〒101-0041 東京都千代田区神田須田町 2-6-2 　　　　　神田セントラルプラザ 1004	☎ (03) 3258-3071 FAX (03) 3258-3072
合成樹脂工業協会 （JTPIA）	〒105-0003 東京都港区西新橋 1-4-10 　　　　　西新橋 3 森ビル 5 階 http://www.jtpia.jp/	☎ (03) 3580-0881 FAX (03) 3580-0832
（社）自動車技術会 （JSAE）	〒102-0076 東京都千代田区五番町 10-2 　　　　　五番町センタービル 5 階 http://jsae.or.jp/	☎ (03) 3262-8211 FAX (03) 3261-2204
樹脂ライニング工業会 （PLA）	〒532-0011 大阪府大阪市淀川区西中島 6-2-3 　　　　　地産第 7 新大阪 901 号室 http://www.pla.gr.jp/	☎ (06) 6885-0333 FAX (06) 6885-0777

団体名	所在地・Web サイト	TEL・FAX
情報通信ネットワーク産業協会 (CIAJ)	〒105-0013 東京都港区浜松町 2-2-12 秀和第一浜松町ビル 3 階 http://www.ciaj.or.jp/	☎ (03) 5403-9350 FAX (03) 5403-9360
ステンレス協会 (JSSA)	〒101-0032 東京都千代田区岩本町 1-10-5 TMM ビル 3 階 http://www.jssa.gr.jp/	☎ (03) 5687-7831 FAX (03) 5687-8551
(財) 製品安全協会 (CPSA)	〒110-0012 東京都台東区竜泉 2-20-2 ミサワホームズ三ノ輪 2 階 http://www.sg-mark.org/	☎ (03) 5808-3300 FAX (03) 5808-3305
石油連盟 (PAJ)	〒100-0004 東京都千代田区大手町 1-9-4 経団連会館 4 階 http://www.paj.gr.jp/	☎ (03) 3279-3816 FAX (03) 3246-4740
(社) 石膏ボード工業会	〒105-0003 東京都港区西新橋 2-13-10 吉野石膏虎ノ門ビル 5 階 http://www.gypsumboard-a.or.jp/	☎ (03) 3591-6774 FAX (03) 3591-1567
NPO 法人 接着剤・接着評価技術研究会 (ECAA)	〒169-0073 東京都新宿区百人町 1-20-3 新都心学術センター内	☎ (03) 3371-5181 FAX (03) 3371-5185
(社) 全国タイル業協会	〒461-0002 愛知県名古屋市東区代官町 39-18 日本陶磁器センタービル 2 階 http://www.tile-net.com/	☎ (052) 935-7941 FAX (052) 935-4072
全国段ボール工業組合連合会	〒104-8139 東京都中央区銀座 3-9-11 紙パルプ会館 http://www.zendanren.or.jp/	☎ (03) 3248-4851 FAX (03) 5550-2101
(社) 電子情報技術産業協会 (JEITA)	〒101-0065 東京都千代田区西神田 3-2-1 千代田ファーストビル南館 4～7 階 http://www.jeita.or.jp/	☎ (03) 5275-7251 FAX (03) 5212-8121

団体名	所在地・Web サイト	TEL・FAX
(社)日本アルミニウム協会	〒104-0061 東京都中央区銀座 4-2-15 塚本素山ビル 7 階 http://www.aluminum.or.jp/	☎ (03) 3538-0221 FAX (03) 3538-0233
(社)日本映画テレビ技術協会 (MPTE)	〒103-0027 東京都中央区日本橋 1-17-12 日本橋ビルディング 2 階 http://www.mpte.jp/	☎ (03) 5255-6201 FAX (03) 5255-6202
日本エマルジョン工業会	〒101-0048 東京都千代田区神田司町 2-7 福禄ビル	☎ (03) 3219-6766 FAX (03) 3219-6767
日本グリース協会 (JGI)	〒104-0041 東京都中央区新富 1-15-14 相互新富ビル	☎ (03) 3553-6178 FAX (03) 3553-6178
(社)日本ゴム協会	〒107-0051 東京都港区元赤坂 1-5-26 東部ビル 1 階 http://srij.or.jp/	☎ (03) 3401-2957 FAX (03) 3401-4143
日本ゴム工業会 (JRMA)	〒107-0051 東京都港区元赤坂 1-5-26 東部ビル 2 階 http://www.jrma.gr.jp/	☎ (03) 3408-7101 FAX (03) 3408-7106
日本シーリング材工業会 (JSIA)	〒101-0041 東京都千代田区神田須田町 1-5 翔和須田町ビル http://sealant.gr.jp/	☎ (03) 3255-2841 FAX (03) 3255-2183
日本伸銅協会 (JCBA)	〒110-0005 東京都台東区上野 1-10-10 うさぎやビル 5 階 http://www.copper-brass.gr.jp/	☎ (03) 3836-8801 FAX (03) 3836-8808
(社)日本水道協会 (JWWA)	〒102-0074 東京都千代田区九段南 4-8-9 日本水道会館 http://www.jwwa.or.jp/	☎ (03) 3264-2281 FAX (03) 3262-2244
日本接着剤工業会 (JAIA)	〒101-0047 東京都千代田区内神田 1-15-10 福島ビル http://www.jaia.gr.jp/	☎ (03) 3291-3303 FAX (03) 3291-3066
日本繊維板工業会 (JFPMA)	〒103-0028 東京都中央区八重洲 1-5-15 田中八重洲ビル 2 階 http://www.jfpma.jp/	☎ (03) 3271-6883 FAX (03) 3271-6884

団体名	所在地・Web サイト	TEL・FAX
日本ゼラチン工業組合 (GMJ)	〒103-0023 東京都中央区日本橋本町 2-8-12 新田ゼラチン㈱東京支店内 http://www.gmj.or.jp/	☎ (03) 6667-8251 FAX (03) 6667-8250
(財) 日本塗料検査協会 (JPIA)	〒150-0013 東京都渋谷区恵比寿 3-12-8 東京塗料会館 205 http://www007.upp.so-net.ne.jp/jpia/	☎ (03) 3443-3011 FAX (03) 3443-3199
(社) 日本塗料工業会 (JPMA)	〒150-0013 東京都渋谷区恵比寿 3-12-8 東京塗料会館 1 階 http://www.toryo.or.jp/	☎ (03) 3443-2011 FAX (03) 3443-3599
日本粘着テープ工業会 (JATMA)	〒101-0047 東京都千代田区内神田 1-9-12 興亜第 2 ビル 3 階 http://www.jatma.jp/	☎ (03) 5282-2736 FAX (03) 5282-2737
日本ビニル工業会 (JVAS)	〒107-0051 東京都港区元赤坂 1-5-26 東部ビル 3 階 http://www.vinyl-ass.gr.jp/	☎ (03) 5413-1311 FAX (03) 3401-9351
日本プラスチック工業連盟 (JPIF)	〒106-0032 東京都港区六本木 5-18-17 化成品会館 4 階 http://www.jpif.gr.jp/	☎ (03) 3586-9761 FAX (03) 3586-9760
有限責任中間法人 日本壁装協会 (WACOA)	〒107-0052 東京都港区赤坂 4-9-6 タクアカサカビル 6 階 http://wacoa.ne.jp/	☎ (03) 3403-6351 FAX (03) 3403-6352
(社) 日本防錆技術協会 (JACC)	〒105-0011 東京都港区芝公園 3-5-8 機械振興会館 309 号 http://www1.sphere.ne.jp/jacc/	☎ (03) 3434-0451 FAX (03) 3434-0452
(社) 日本包装技術協会 (JPI)	〒104-0045 東京都中央区築地 4-1-1 東劇ビル 10 階 http://www.jpi.or.jp/	☎ (03) 3543-1189 FAX (03) 3543-8970

索　引

A–Z

1類　209
2類　210
ANSI　336
ASTM　335, 336
CEN　335
CVCM　134
ECAA　324, 327, 334, 336, 343, 346
EINECS　320
EN　335
GHS　319
IDT　339
ISO　333
JAI　337
JAIA　337
JAS　208, 214, 217
JASO　293
JECAA　336
JIS　334
joint factor　191
JSA　334
MOD　339
NEQ　339
PBI　66
PI　69
plywood　203
POM　322
REACH　319
RoHS　319
SC　333
SP値　104
SVI　141
SVOC　322
TC　333
Tg　72, 133
TI　141
TML　134
TSCA　320
UL　136
VOC　320, 322
VVOC　322
WBL　120, 137, 149
WPC　233
θ　149

あ行

アウトガス　133
圧縮せん断接着強さ　105
アンカー効果(投錨効果)　27
イエローブック　136
板目　109
一般紙器用接着剤　284
ウィーン協定　335
ウェットラミネーション　265
エフロレッセス　131
エポキシ
　——ナイロン系　58
　——フェノリック系　58
　——変性シリコーン　84
　——変成シリコーン系　59
　——ポリサルファイド　85
エポキシ樹脂　70
　——系　82
　——系接着剤　48
応力　183
押出ラミネーション　269
オフガス　133

か行

かくはん　174
化審法　320
カップリング剤　161
紙用接着剤　129
ガラス転移温度　72, 133
ガラス用接着剤　128

木口　109
揮発性有機化合物　322
キュアリングサイクル　177
吸油性接着剤　89
金属用接着剤　121
グルア用接着剤　283
クロム系コンプレックス　34
クロロプレン-フェノリック系　58
クロロプレンゴム系接着剤　41
構造粘性指数（SVI）　141
合板　203, 208
ゴム用接着剤　127
コロナ処理　159
コールドプレス　207
コンクリート用接着剤　131

さ行

シーリング材　21, 25
紫外線照射処理　159
集成材　198, 211, 217
充てん　174
使用環境A　214
使用環境B　215
シラン系カップリング剤　33, 161
スチレン-ブタジエンゴム系接着剤　44
接合係数（joint factor）　191
接触角　26, 149
接着　23
　——剤　23
　——剤・接着評価技術研究会　334
　——剤チェックリスト　101
　——の阻害因子　30
　——の破壊　29
繊維・皮革用接着剤　130

た行

堆積時間　207
ダイレクトグレージング　306
ダボ接合　232
段ボール用接着剤　283
チキソトロピック・インデックス（TI）　141
チタネート系カップリング剤　163

チタン系カップリング剤　34
着く　26
ディスクブレーキ　296
低粘化　174
特類　208
共押出ラミネーション　271
ドライラミネーション　265
ドラムブレーキ　296

な行

ニトリル-フェノリック系　56
ニトリルゴム系接着剤　43
ぬれ　149
ぬれ張力　121
ぬれる　25
熱可塑性エラストマー系接着剤　45
熱可塑性ポリマー接着剤　56
粘着　24
　——剤　17, 24
　——テープ　17

は行

はく離率　218
ハニカムサンドイッチ構造　191
被着材　24
表面処理　171
　——方法　150
フィレット　191
プライマー　160
プラスチック用接着剤　125
プラズマ処理法　159
プレポリマー接着剤　56
米軍仕様書　135
ポットライフ（可使時間）　141
ポリイソシアナート接着剤　49
ポリイミド（PI）　69
ポリウレタン系接着剤　49
ポリベンズイミダゾール（PBI）　66
ホルムアルデヒド　208
　——放散区分　239
　——放散量基準　115
ボンディングサイクル　177

ま行

柾目　108
水切り試験　173
無溶剤ラミネーション　268
木材含水率　106
木材・プラスチック再生複合材　233
木材用接着剤　114

や行

ヤング-デュプレの関係式　149

有機りん酸塩系接着促進剤　34
油性コーキング材　21
溶解度パラメーター　104
養生　179

ら行

臨界表面張力　26, 151
レイタンス　131

JIS使い方シリーズ
接着と接着剤選択のポイント　改訂2版

定価:本体3,800円(税別)

2008年6月25日　第1版第1刷発行

編集委員長　小野　昌孝
発　行　者　島　弘志
発　行　所　財団法人 日本規格協会
　　　　　　〒107-8440　東京都港区赤坂4丁目1-24
　　　　　　　　　　　　http://www.jsa.or.jp/
　　　　　　　　　　　　振替　00160-2-195146

印　刷　所　株式会社平文社
製　　　作　株式会社大知

© Masataka Ono, et al., 2008　　　　　　　Printed in Japan
ISBN978-4-542-30409-3

```
当会発行図書，海外規格のお求めは，下記をご利用ください．
  出版サービス第一課：(03)3583-8002
  書店販売：(03)3583-8041    注文FAX：(03)3583-0462
  JSA Web Store：http://www.webstore.jsa.or.jp/
編集に関するお問合せは，下記をご利用ください．
  編集第一課　FAX：(03)3583-8007    FAX：(03)3582-3372
● 本書及び当会発行図書に関するご感想・ご意見・ご要望等を，
  氏名・年齢・住所・連絡先を明記の上，下記へお寄せください．
  e-mail：dokusya@jsa.or.jp    FAX：(03)3582-3372
  （個人情報の取り扱いについては，当会の個人情報保護方針によります．）
```